JN024946

穀物の世界史

小麦をめぐる大国の興亡

スコット・レイノルズ・ネルソン

山岡由美［訳］

SCOTT REYNOLDS NELSON

OCEANS OF GRAIN

HOW AMERICAN WHEAT REMADE THE WORLD

日本経済新聞出版

穀物の世界史

小麦をめぐる大国の興亡

OCEANS OF GRAIN: How American Wheat Remade the World
by Scott Reynolds Nelson

This edition published by arrangement with Basic Books, an imprint of Perseus Books, LLC,
a subsidiary of Hachette Book Group, Inc., New York, New York, USA,
through Tuttle-Mori Agency, Inc., Tokyo.

この本を祖母のミルドレッド（「ミミ」）・ロフクィスト・ブラウン（１９１２～２００９年）に捧げる。

祖母は言っていた。あたしのおばあさん（「モルモル」）とおじいさん（「モルファル」）は「本当の大恐慌」をくぐり抜け、１８８７年にスウェーデンをあとにしたのだよ、と。

彼女はまた、靴下のほころびをつくろうこと、ポケットの破れをぬうこと、そして次に不況がきたときのためにジャムの瓶をとっておくことを、わたしに教えてくれた。

目次

鉄道
1 ハンブルク－バグダッド
2 オデーサ–ケーニヒスベルク
バルト海
サンクトペテルブルク
森林
モスクワ
ケーニヒスベルク
草原(耕地)
2
ロシア帝国
ブレスト・リトフスク
ヴィスワ川
囲み欄を
参照
キーウ
(キエフ)
ドン川
ドニエストル川
南ブーフ川
ドニエプル川
草原
ハンガリー帝国
ミコライウ
マリウポリ
ヴォルガ川
カグール
ロストフ・ナ・ドヌー
オデーサ
ルーマニア
イェウ
パトーリヤ
フェオ
ドーシヤ
SRB
ドナウ川
セヴァストーポリ
ブルガリア
黒海
ボスポラス海峡
カスピ海
シノップ
オスマン帝国
コンスタンティノープル／イスタンブール
ブルサ
エーゲ
海
オスマン帝国
コンヤ
ロシア帝国の中核農業県
ポルタヴァ
ヴォルィーニャ
エカテリノスラフ
GRE
キエフ
ポジーリャ
地中海
ヘルソン
タヴリダ
ベッサラビア
スエズ運河
クリミア半島
エジプト

穀物の海。左側にヨーロッパ、右側に黒海沿岸の穀倉地帯、中央には交通上の重要地点ボスポラス海峡（1912年頃）
地図作成：Kate Blackmer

はじめに

２０１１年春、わたしはある国際的な金融危機について調べるため、初めてオデーサ（オデッサ）に渡った。国際金融危機といっても、皆さんがおそらく耳にしたことのある、あの危機とは違う。渡航に先立つこと2年半の２００８年10月1日、わたしは『高等教育クロニクル』に寄稿していた。そのなかで、住宅金融市場の問題は国際貿易が抱えるもっと根深い問題の存在を示唆しており、この問題のために銀行貸付は阻害され、世界的不況が訪れかねないと予想した。さらにその根拠として、現代の住宅金融問題と、わたしのこだわりの対象である１８７３年恐慌とのあいだに共通点が見られることを指摘した。すると担当編集者から、１８７３年と２００８年が似ているとして何が起こりうるのかを、最後の数段落に書いてほしいと依頼された。わたしが貿易の急激な落ち込み、失業の拡大、金融企業による現金保蔵、国際貿易で使用される通貨のシフト、移民への責任転嫁、ナショナリズムの激しい高まり、さらには関税の急上昇という予測を立てると、世界中の新聞がその記事を翻訳・転載したのだが、その間に株式市場の急落が始まった。[1] ２００８年10月１日から２００９年3月9日にかけて、スタンダード・アンド・プアーズ５００種指数は50％超下落し、２０１１年には、わたしの予想がすべて現実になったのだ。[2]

わたしは２０１１年までに、アメリカにおける最初の金融恐慌についての本を脱稿しており、そのなかで金融恐慌と物価の激しい変動には大いに関係があると述べていた。[3] オデーサへとわたしを引き寄せたのは、ある商品の歴史上のバブルとその崩壊との、目に見えにくいつながりだ。その商品とは小麦である。２０１１年春には、２００８年の不況による長期的な影響がすでに現れていた。たとえばアラブ諸国では、穀物価格の上昇により、パンを求めての蜂起、つまりリビアやエジプト、シリアの政府をやがて揺るがすことになる「アラブの春」が始まった。[4] 新聞記者は抗議運動を受けてアラブ世界に飛んだが、歴史家であるわたしはオデーサに向かったのだった。２０１１年のエジプトのデモ参加者は「パンと自由と社会正義」を要求したが、わたしの頭に浮かんでいたのは、パン、自由、そして正義を求めた１７８９年のフランス革命、１８０７年におけるオスマン帝国のスルタン・セリム3世の廃位、ヨーロッパの１８４８年革命、青年トルコ人革命後の１９１０年、また１９１７年のロシア革命だった。戦争と革命は、過去と同じく現在においても、小麦と大いに関係する。これが本書の主題だ。

わたしは十数人のハンガリー人とともに時代物のコミューター機でブダペストから出発して南へ

と向かい、ユーラシア大陸の大草原上空にさしかかった。窓の外には麦畑がどこまでも続く。それはまるで巨大な「テトリス」のように見え、正方形や長方形の畑が幹線道路をはさんで並んでいる。黒土を切るように、南の黒海へとまっすぐ走る鉄道や道路。ロシア革命も第2次世界大戦も、はたまた2000年代のオレンジ革命も、19世紀にはっきり引かれたこの格子状の線を消し去ることはなかった。

ウクライナには、世界でもっとも肥沃と言ってもいい土壌がある。チェルノーゼムと呼ばれるその土は、黒くて通気性に優れたローム質で、虫やバクテリアの繁殖を可能にしている。1768年、エカチェリーナ2世は10万超の兵士をこの地に送り、黒海までを手に入れようとした。食糧を現地で調達していきながら草原地帯を掌握し、そこで小麦を栽培して全ヨーロッパを養い、それによってロシア帝国を強化するという壮大な計画を立てていたのだ。他方、そこから5000マイル離れたところにいたアメリカ入植者も似たような計画をもっていた。どちらの計画もまったくの絵空事であるかに思えたが、パンの価格をめぐって起きたパリでの革命、ナポレオンの台頭、そしてヨーロッパでおびただしい数の小麦畑が焼失したことが、状況を一変させる。オデーサの街は穀物輸出によってにわかに発展し、エカチェリーナ2世以後の歴代ツァーリや地主貴族を豊かにした。黒い長方形の畑で栽培された小麦は牛車に載せられてオデーサに行き、小麦袋は戦火のヨーロッパ諸都市を養うべく、リヴォルノやロンドン、リヴァプールへと向かうギリシャ人所有船に積み込まれた。新たに建設されたロシアの港に、富が流れ込んだ。それから二、三十年のうちに、革命を逃れた亡命フランス人の建築家や難民たちが、ヴォロンツォフ宮殿やアレクサンドル広場、オデーサ・オペラ・バレエ劇場、さらには南ロシアの裕福な地主や穀物商の夏用のダーチャ〔訳注：郊外にある別荘〕を設計していった。なかでも特別美しいダーチャは、帝国植物公園を囲むように建てられていた。

ナポレオンが敗北すると、このロシアの広大な小麦畑はヨーロッパの地主たちの不興を買うようになる。地主たちは、食糧価格が低下して地代が下落する問題、いわゆる「リカードのパラドックス」に突き当たったのだ。過去40年のあいだ、外国産穀物への関税がアジマやギルカといった安価なロシア産小麦の流入を抑えてくれていた。ところが何かの偶然でアメリカから入ってきた水生菌がジャガイモを枯らして食糧不安をもたらし、ヨーロッパ諸国は１８４６年に、ふたたび小麦輸入の門戸を大きく開くはめに陥った。そしてヨーロッパの労働者の食糧供給源という地位をめぐっての1世紀にわたる争奪戦が、ロシアの小麦畑とアメリカの小麦畑のあいだで始まる。

２つの帝国がそれぞれ奴隷制と農奴制の廃止を余儀なくされた１８６０年代、強いロシアと弱いアメリカの地位が逆転した。南北戦争が終わり、大量の安いアメリカ産小麦が海を渡ってヨーロッパ市場になだれ込むと、ロシアのバブルはたちまち崩壊してしまった。アメリカの資本家の一団（わたしが交通男爵〈boulevard barons〉と呼んでいる集団）は南部の奴隷所有者の勢力を削ぐ手助けをすると、続いてロシアの穀物商を出し抜いた。穀物を各国に販売していた交通男爵は連邦軍（北軍）と手を結び、先物契約という金融商品をつくり出した。そのおかげで、ロンドンの商人はシカゴで小麦1万ブッシェルを購入したのと同じ日に、価格変動リスクをほぼ排除しつつ、リヴァプールで将来の引き渡し分を売却できるようになった。またその他の技術革新がアメリカ産小麦を輸送するためのコストを引き下げた。大西洋横断電信ケーブルは先物を買い付けることを可能にしたし、運搬可能なニトログリセリン（ダイナマイト）はアメリカの河川を拡幅し、大草原と沿岸部を隔てていたアパラチア山脈を切り開いた。また、大型帆船はスエズ運河を通過できないため、大西洋での航行に使われた。小麦輸出量が一番多かった時期のオデーサが毎年100万トンを積み出していたのに対し、ニューヨークは1871年時点で毎週100万トンを送り出すまでになった。その結果、ヨーロッパの穀物価格は1868年から72年までのあいだに50％近く下がり、それに伴い業者の手数料も下落した。穀物船はほとんど空の状態でアメリカに戻ってきたので、ヨーロッパからアメリカまでの運賃は押し下げられた。数年もすると、何百万人ものヨーロッパ人移民が小麦を降ろしたばかりの船の3等船室に乗り込み、アメリカへと渡るようになった。この移動を後押ししたのは、アメリカ産穀物の輸出だ。

ヨーロッパの都市労働者はそれまで、低体重出産や乳幼児死亡率の高さ、くる病、栄養不良に悩まされていたが、安価な穀物からたいへんな恩恵を受けた。一方オデーサは、街の商工委員会が1873年に使った言葉を借りるなら、「破滅的な競争」にさらされた。委員会は、安価なアメリカ産穀物の問題（初めて注目されたのは1868年）のせいで、オデーサは「絶対的衰退の時代」に向かうとの予測を述べた。[5] 1873年半ばには、ロシアだけでなくヨーロッパの大半で、リカードのパラドックスの影響が現れる。市中銀行が銀行間融資を利用して不動産を買いあさっているとの懸念をいだいたイングランド銀行が金利を引き上げ、たびたびショックを引き起こした。そしてオデーサとウィーン、ベルリンでほぼ同時に、不動産バブルがはじけた。このときのいわゆる農業恐慌が金融恐慌を引き起こし、農業の比重が大きかったヨーロッパの諸地域に不況をもたらした。

それはあまりに深刻だったために、1930年代がくるまでは大恐慌と呼ばれていた。別の言い方をすると、穀物の海がヨーロッパにあふれ出てオデーサや中央ヨーロッパの好景気を終わらせ、世界中にショックの波を巻き起こしたのだ。

オスマン帝国やオーストリア・ハンガリー帝国をはじめとするヨーロッパの大農業帝国は、それから40年に及ぶ衰退期に入った。これに対し、アメリカとロシアの穀物を大量に消費する都市を抱えていたヨーロッパ諸国——イギリス、ドイツ、フランス、イタリア——は存在感を増していった。このうち3つの穀物消費「大国」——ドイツ、フランス、イタリア——の政治指導者は、輸入小麦に高い関税を掛けてこの農業恐慌に対処した。当時の論者の言葉を借りれば、かれらは労働者の懐から金銭をかすめ取って砲艦を買った。穀物で力をつけたこの国々は海軍と商船隊を築くと、アジアやアフリカ、中東を、彼らとは異質で一様でない残忍な帝国の前哨基地へと矢継ぎ早につくり替えてゆく。

ロシアは1884年、国費での鉄道敷設に加え、穀物を担保にしたアメリカの信用貸しの制度にならった低利の農業金融を使って事態に対応した。そのおかげで1890年代にはライバルの大西洋貿易国、つまりアメリカと正面から張り合えるまでになった。シベリアと中央アジアに穀物を植え付けるという壮大な計画はフランスの投資家の関心を引き、遠隔地満州（現中国東北部）の新しい穀物港へと延びる鉄道路線の敷設資金が集まった。だがロシアは1905年に日本帝国によって押し戻され、オデーサで得られる昔ながらの収入に目を向けざるをえなくなる。

陸軍の受けた屈辱、艦隊の大半の喪失、陸戦隊員や水兵の蜂起。アジアにおけるロシアのこうした壊滅的失敗は１９０５年にロシア第１革命を引き起こし、列強の１つに数えられたこの国は、オデーサからの穀物の輸出にふたたび集中することを余儀なくされた。そして１９１４年には、自国産穀物の黒海からの出荷がトルコに阻まれるかもしれないというロシアの懸念も手伝い、第１次世界大戦――まさにパンのための戦争――が起きた。ロシアは日露戦争で10万人を失ったが、大量の穀物をめぐるこの戦いにおいて、さらに数百万人を失ってしまう。命を失ったこれらの人々は、二度と小麦の収穫に携わることもなく、そのことがロシアをまたもや革命の瀬戸際へと追い込んだ。

　わたしはアメリカの食や技術、鉄道について30年以上も書いてきたので、アメリカ側のことならよくわかっている。本書では、ロシアとアメリカが国際市場のくびきにつながれ、しばしば壊滅的な影響を受けたことについて説明を試みた。アメリカ史家としての経験をもとに、わたしは10年以上にわたってアメリカと帝政ロシアのあいだの緊張についての研究を続けている。これまでさまざまな言語の文献を調べ、南北戦争とともに起きた経済的変化（わたしにとって既知の主題）と、第１次世界大戦およびロシア革命を招いたヨーロッパの経済的・政治的事象（新たに研究している主題）とをつなぎ合わせてきた。

　探求を進めるにつれ、わたしはパルヴスという筆名をもつロシアの穀物商・革命家による秀逸な分析に助けられることが多くなった。１８７３年の危機を子ども時代にオデーサで経験したパルヴスは、１８９５年に「農業恐慌」という言葉を考え出した人物だ。[6] 数ある著書や論説のなかで、穀物の道は帝国を形成もすれば破壊もしたと述べ、そのことは自分の生きる時代だけでなく、太古の時代にも当てはまると彼は説く。[7] こうした交易路をつくったのは帝国ではなくて商人であり、帝国は交易路の上に覆いかぶさっただけだという。[8] 交易や貿易とは、古代や中世や現代のそれぞれの社会において「多様な形態をとり、多様な意味を獲得していく」活発で自律的な力なのだとパルヴスは論じた。交易や貿易は社会の構造を形づくるが、その仕組みを完全に理解することはできないと彼は考える。帝国は交易路の上に形成されるが、帝国の核心部から周縁へと向かう、まさにその交易路が弱点になる。ゆえに帝国は、パルヴスの使った言葉を借りるなら、「崩壊」に向かいやすいのだという。[9] 彼は生涯を通じて、交易路と帝国との重なり方、破綻の起きる仕組み、またそれに続く社会構造の根本的変化を理解しようとした。

パルヴスは著名な革命家だが、皆さんにとってはおそらく初めて聞く名前だろう。アレクサンダー・イスラエル・ヘルファント。ベラルーシのユダヤ人街に、引退した港湾労働者の息子として生まれ、肩幅の広い巨漢に育った。ただ大人になってからはダンディな身なりで通し、シャツの襟に糊をきかせてベストとネクタイを着け、磨き上げた黒い革靴を履いていた。その洗練された服装のおかげで、贅肉が増えていくウエストから人の視線を逸らすことができたとも。ヘルファントというのは、イディッシュ〔訳注：東欧などのユダヤ人が用いる言語〕で「象」を意味するゲルファンドのロシア語読みで、彼は友人から陰で「象さん」だとか「おデブ君」などと呼ばれた。世界経済の研究家でギリシャ語、ラテン語、ロシア語、ウクライナ語、トルコ語、ドイツ語を理解した彼は、誇張を交えた辛辣な論説を新聞に寄せてヨーロッパ各地の君主や政治家を苛立たせた。その急進的な論説のせいで、ドイツの5つ以上の都市から追放され、一生を通じてロシアの警察から追われ続けた。

にもかかわらず、遅くとも1910年には、ロシアの穀物生産力を見極めようとしていたオスマン帝国とドイツ帝国の外務大臣の秘密顧問官になりおおせている。博愛的かつ享楽的で、女性革命家たちや女優たちと恋愛関係になった。この急進論者は生涯に何度か廉価な新聞を発刊しており、何万もの忠実な読者――おもにドイツやロシア、トルコの労働者――はそこから世界経済についての知識を得た。

パルヴスは学者・著述家であるにとどまらず、帝政ロシアの崩壊につながる変化の鍵を握る人物でもあった。バルカン戦争のあいだにはイスタンブールに武器や穀物を密輸してオスマン帝国のガリポリの守備増強を助け、巨万の富を築いた。第1次世界大戦中にはロシアでの革命の始動を助けるべく、ドイツ政府を説得して5000万マルク超の金銭を手に入れるとともに、革命家を乗せた封印列車をサンクトペテルブルクに送ることを可能にした。パルヴスは結婚していたが、婚外子の息子が少なくとも1人いた。そして晩年の1920年代には、ベルリンのヴァンゼー地区にある豪邸で暮らした。急進論者たちはこの家を革命家のサロンと、また批判的な人々は内輪向けの娼館と呼んでいたという。[10] しかし2011年のオデーサでは、わたしが出会ったうちの誰ひとりとして、パルヴスの名を知らなかった。この地の港を通った穀物を中心に世界の富が回る現実を見抜いた人物の名を。

2020年には、少なくともロシアとトルコ、中東の大半の国で、パルヴスはふたたび脚光を浴びていた。2017年、彼はロシア革命をテーマにした『革命の悪魔』という豪華絢爛な2部構成の歴史ドラマの主人公になったのだ。ドラマを最初に放送したのは、ロシアの国営テレビ局RT1。

1917年に消滅したロシア帝国への郷愁を呼び起こす方向にウラジーミル・プーチンの政権が急旋回するなか、ロシアのメディアはパルヴスを奸智(かんち)にたけたユダヤの策士として描いた。第1次世界大戦の最中(さなか)、言葉巧みにドイツ軍を操って金銭を手に入れ、ウラジーミル・レーニンによるロシア革命の掌握を可能にした人物として、である。ドラマのパルヴスは太ってはおらず、むしろ筋骨たくましい犯罪組織の親玉という設定で、お抱え運転手とロールスロイス、若い愛人を手元に置いている。彼のエージェントは闇に包まれ、行く手を阻むツァーリの忠臣はすべて息の根を止める構えでいる。新しいロシア帝国では、プーチンの権力維持を正当化するのに、パルヴスのようないかつい悪役を使う必要性が高まってきたのだ。パルヴスが革命で果たした役割は誇張されているものの、一部は史実である。

かたやトルコでは、パルヴスは過去100年のあいだ、トルコの国民国家建設における脇役と見なされていた。だが、わたしの見るところ、第1次世界大戦中にトルコが地図から消えずに済んだのはパルヴスが一役買ったからだ。それなのに、レジェップ・タイイップ・エルドアンが2016年のクーデター未遂事件で自衛に成功すると、トルコの国営メディアはオスマン帝国末期を美化するイスラム主義的世界観へと急激に移行した。トルコ国営放送の連続ドラマ『最後の皇帝』(2017〜20年)はパルヴスを、グローバルなユダヤ人の陰謀を指揮する痩身の首領につくり替えている〔訳注:『最後の皇帝』は英語版の題で、オリジナル版の題は『帝都:アブデュルハミト』〕。第2シーズンでは策略家のパルヴスが、最新式ラジエーターを使ってオスマン皇帝の部屋に毒ガスを充満させ、皇帝を除くほぼ全員を殺害する。ここにいるのはイギリスやカトリック教会、フリーメーソンとひそかに手を結ぶ、まったく別人のパルヴスだ。オスマン帝国を壊してパレスチナにユダヤ人国家を建設すべく、第1次世界大戦に火をつける行為にのめり込む人物。テレビドラマから伝わるロシアの歴史修正主義には多少の史実が盛り込まれているのに対して、トルコのそれは被害妄想的かつ反ユダヤ主義的なつくり話だ。

飛行機がオデーサの街はずれに到着したとき、わたしは自分の知識の限界をあらためて知らされた。ここの個人タクシー運転手たちのロシア語にはウクライナ風のくせがあってわたしには聞き取ることが難しく、その程度のロシア語会話力では値段交渉などおぼつかない。あれこれした末に、ドイツ語が多少できて英単語をいくつか知っている運転手を見つけた。その人にホテルの所在地を示すと、彼はわたしを頭のてっぺんから足のつま先まで2度ほど眺め回して肩をすくめ、乗車を促すようなそぶりを見せた。車が到着した段階で、彼がわたしの目的地にたいそう驚いた様子だった理由を理解した。カラシニコフを手に建物正面のゲートを警備する迷彩服の男たちをわたしがまじまじと見つめていると、運転手は顎をしゃくりながら「ルスカヤ・マフィア」と言った。2つの狙撃塔からの視線がタクシーに集まっている。どうやらわたしは、ロシア・マフィアの居住区にホテルを予約していたようだ。たどたどしいロシア語を話しながら予約確認書を見せて、警備員のあいだを通り抜けた。

ホテルの建つ地区の外には、崩れかけた道路や大規模なフリーマーケット、そしてわたしの祖母よりも年を重ねた公共交通機関が見えた。一方、内側に目を向けると、かつてのオデーサの豊かさを思わせる、途方もない富が――巨大なハンヴィー（高機動多用途装輪車両）や新型のベンツ、そしてウラジーミル・プーチンに近いロシア人新興富裕層の、数百万ドルはする夏用別荘が――視界に入った。ゲートで囲まれたこの地区のホテルからはプールを見下ろすことができ、その向こう側には黒海が広がっていた。ビキニを着た若い女性がプールで泳ぐ様子を、黒っぽいサングラスとスウェットパンツを身に着けた年配の恋人がデッキチェアから見守っていた。そう、これが新しいウクライナなのだ。ロシアの経済的植民地にして穀倉地帯だったウクライナは、1世紀以上をかけて富を築いていった。

わたしはタイルとガラスに囲まれた瀟洒（しょうしゃ）な部屋で――階下のプールに行こうとは思わなかった――調査旅行の行程を計画した。まず港から穀物の道まで行き、博物館を訪れ、街の記録を読み、ユダヤ人街を歩く。観覧すべき倉庫や、歩くべき道がある。船上から市街を眺める必要もある。わたしは穀物の道を見て、オデーサがウクライナ産穀物の輸出港になったいきさつを理解したいと思っていた。ウクライナの次は、古代に黒海地域産の穀物を世界に送り出したイスタンブールへと向かうつもりだった。ツァーリや数万人のフランス市民は、1880年代にリガ行きの鉄道に、その後は満州へと続くきわめて長大な鉄道に投資したわけだが、安価なアメリカの穀物がなぜそんな投資を促したのだろうと、わたしは疑問に思っていた。パルヴスは1895年、穀物の道を建設するために積み上げられた負債がロシアを飢饉や世界大戦や革命へと引きずり込むことになる、と述べている。わたしはパルヴスの足取りをたどるなかで、それ以上のことを学んだのだった。

第1章
黒い道
紀元前1万年〜紀元前800年

翌朝、わたしはマフィアの居住区を出て警備員に別れを告げ、オデーサの市街に向かった。ウクライナ人が「黒い道」と呼ぶ道をたどることがわたしの目標だった。この道はウクライナの平原を横切って黒海の港へと続く、古代の牛の通り道だ。

黒い道を探していたわたしは、帝国の痕跡に出くわした。道端にバス停があり、そこの待合所にクワスの大きな広告が掲げられているのを見つけた。クワスとは、水に浸したパンの皮からつくる、酸味のある微アルコール性飲料のことだ。10世紀にわたって農民が飲んできたクワスは、帝国の支配を象徴している。スラヴ人貴族の執事が農奴に支給していた、日常の飲み物だ。クワスは領主と農奴の結び付きを象徴するものとしてあまりに強力だったために、19世紀のツァーリ批判者は、むき出しの膨張主義的ロシア・ナショナリズムをクワス愛国心と呼んだ。今や炭酸入りで、濾過され、甘くなったこの飲料は、近年のウクライナとロシアで、割高なアメリカのソーダの競合品として再浮上している。[1]

クワスはかつての帝国の象徴だが、その酸味と泡立ちは、ライ麦パンの皮のなかで今も生きている酵母によるものだ。クワスの刺激的な舌触りは、パンにまつわる神秘を意識させる。酵母と水は地球の自然界にふんだんに存在するが、穀物粉と混じり合うと、複雑な化学反応を起こす。肥沃な三日月地帯（現在のヨルダンの近く）で行われた最近の考古学調査からは、微量の酵母を入れて焼き上げたパンが遅くとも1万4400年前にあったことがわかっている。[2] ということは、パンは文字や都市、また大半の家畜よりも昔からあるわけだ。ブリテン諸島と中国東端のあいだに広がる多くの社会では数千年にわたり、小麦と細菌と酵母の混合物を使った食べ物づくりの奥義が伝えられてきた。地中海地域で最古の民話のいくつかにおいては、パンづくりの奥義が語られている。

紀元前800年から紀元前700年にかけてまとめられたホメロスの諸神讃歌のなかのデメテル讃歌は、エンマー小麦、小麦、ライ麦などの花を咲かせる草の種を貯蔵する方法を教えてくれる〔訳注：デメテルは穀物をつかさどる女神〕。この物語は飢饉が起きたときや、なんらかの災厄から避難したとき、あるいは親が早世したときに覚えておくべき生存のための伝承として子どもたちに教え込まれたものだ、と一部の古代文明研究者は考えている。この歌によれば、種子の3分の1は収穫時に集められ、地下の貯蔵庫に収められた。これと同じで、デメテルの娘で「ほっそりした足首の」ペルセポネは、水仙の花が咲き乱れている季節（晩冬）に畑からさらわれ、「薄暗い場所に」押し込まれる。ペルセポネは家族への恋しさを募らせていくが、冥界に閉じ込められたままだ。何か月ものあいだ、助けを待つ。「長きにわたり苦しみつつも、彼女の強い心は希望に慰められた。女神の娘の声は、山々の頂と海の深みにこだました」。種子貯蔵庫に置かれた麦粒は、試験管内で「腐敗」させることなく何か月も保存することができる。つまり成長して葉を茂らせたり、細菌や酵母の宿主になったりすることはない。思春期のペルセポネのような小麦の種はしっかりと密閉して酵母と接触させなければ、次の春または秋に、収穫時とは別の場所に運んで植えることができる。[3] そう、長く生き延びるには、収穫や製粉、パン焼きと同じくらい、次の季節のために麦を蓄えることが重要なのだ。

貯蔵に回さなかった残りの生麦は、どのようにして食べるのだろう。デメテルの讃歌を見てみると、小麦は9日間、火を使って乾燥させねばならないことがわかる（デメテルはいっさい沐浴をせず、松明（たいまつ）を手に娘を探す）。熱すると、外皮を取り除くことができる（デメテルは黒いマントを脱ぎ捨てる）。その小麦粒を家（メタネイラの館）のかまどの傍らに置く〔訳注：メタネイラは古代ギリシャの小都市エレウシスの王ケレオスの妃〕。それから、小麦粒を水、大麦、ペニーウォーター（デメテルがメタネイラの家族に求めた飲み物）と混ぜる。これによって、パンづくりを始めるのに十分な酵母を用意できる。このとき野生の真菌と細菌が、糖化という魔法のような目に見えない働きをする。2つの微生物がミクロの世界で、小麦のでんぷんとセルロースを分解し、単糖を排出するのだ。真菌が二酸化炭素を吐き出すと、生地が膨らむ。膨らんだ生地は、加熱して子どもに食べさせれば、丈夫に育ってくれる。この寓話では、メタネイラは高齢のため幼い息子の面倒をみることができず、デメテルがこの奇跡的な産物で男の子を養う〔訳注：出版されているデメテル讃歌の主要な日本語訳では、男の子は食べ物を口にせず、乳をすわず、デメテルが「アンブロシア」を肌に擦りこんだ、としている〕。酵母はまだパンのなかで生きているので、余ったパンをふた付き容器に数日のあいだ保管しておけば、農民にとって大事なカロリー源であるビールやクワスができ上がる。

ペルセポネという小麦を瓶や袋のなかに保存できたおかげで、穀物の遠隔交易が可能になった。商人は、北方に運ぶ魚と塩、南方に運ぶ革と穀物といった大量の商品を100台ほどの荷車に積み、隊を組んで旅をした。そうした黒い道の1つは北に延びてから西に曲がり、現ドイツのバーデン・ヴュルテンベルク州の黒い森まで連々と続いていた。商人は時おり、時間と体力を節約するためにドニエストル川の航行可能な水路を使った。道の脇には、古代のクルガン——旅から帰れなかった人々の墳墓——があった。

ウクライナの伝説によると、黒い道をつくったのはチュマキ（チュルク語系の言語で「棒」や「槍」のこと）と呼ばれる、コサックの前身とも言うべき古代の戦士＝商人の一団だった。チュマキは2頭の牛が引く荷車とともに歩いた。アヴァールやハザール、ハイダマク、タタールなどの騎馬集団に襲われたときには、円陣を組んで槍を突き出した。チュマキにはユニークな物語や哀歌があり、その角笛も独特なら葬儀も特徴的だった。天の川——夜空に流れる星の長い帯——はウクライナ語で、チュマツキーの道と呼ばれる。チュマキはさまざまな歌でひとりの男として描かれており、その人物は旅の途上でも、帰郷したときにも次のように歌っている〔訳注：チュマキの単数形はチュマク〕。

川のほとりに沿って
ひとりのチュマクが鞭を手に歩いていたよ
ヘイ、ヘイ!
ドン川沿いの家をあとにして

袋を背負い
つぎ当てだらけのカフタンを着て――
ヘイ、ヘイ!
チュマク稼業にはもう飽き飽き
[…]
「自分の定めがわからなければ
酒場に行って――
ヘイ、ヘイ――やっかいごとを忘れるさ!」[4]

ウクライナの民俗学者は長年にわたり、チュマキの起源は古代以前にさかのぼると唱えてきた。1860年代にチュマキへの聞き取り調査を行った民俗学者イワン・ルドチェンコによると、チュマキが出現したのは「階級社会」や「文明」はおろか、「くに」が生まれる前の時代だ。チュマキは何世紀ものあいだ、牛に自分たちの行き先を教えてもらいながら、ウクライナ平原の農村から黒海の北岸に点在する石づくりの要塞に小麦を運んだという。ペルシャやアテナイ、ローマ、ビザンティン、モンゴル、ヴェネツィア、ジェノヴァ、オスマンといった帝国が消長を繰り返したが、いずれもチュマキの小麦に触手を伸ばした。チュマキのおかげで、黒海沿岸の要塞都市には皮革や鉛、奴隷に加え、あふれんばかりの穀物がもたらされた。[5] そして人間の定住地が平原から消え去るたびに、栄えていた道はさびれた。

ところが地理学者は道に情熱を注ぎ、商人を無視してきた。その主張によれば、帝国こそが何よりも先に立ち、帝国は、交易路（たいていは河川や海）の掌握によって定義されるという。紀元前2270年頃から紀元前1600年頃までは、「河川に立脚した」国家が水路を制し、近隣地帯から貢納品である穀物を運び込んでいた。現在のイラク、クウェート、イラン南西部を版図としたアッカド帝国は、チグリス川とユーフラテス川の上下流の農地から穀物を集めていた。またエジプト帝国はナイル川流域の農民から穀物を徴収した。紀元前3世紀には「海洋に立脚した」新しい帝国が出現する。インド亜大陸のマウリヤ帝国はアラビア海とベンガル湾を経由して食糧を集めたし、漢は西部の農地の穀物を求めるにとどまらず、東シナ海沿岸の農民から食糧を取り立てた。アテナイはイタリアとトルコ西部、黒海沿岸の農地を取り込んだ。[6] 帝国は穀物を吸い上げては送り出すポンプだった。つまり穀物は帝国の中央部を取り囲む地帯にある農地から中央部へと運ばれて首都の人々の口に入り、一方でまた、陸と海の辺境にも広がって遠隔地の船員や兵士の食糧となった。食糧を吸収した都市は、見返りとして布やワイン、皮革をチュマキの商人に与えた。[7]

歴史家も地理学者と同じく、長年にわたって黒海沿岸の港などの穀物輸出港を海洋帝国の所産として、またチュマキを働き蜂として見てきた。食糧供給のためのこうした港を古代ギリシャ語ではエンポリオンと言った。「帝国」（empire）という言葉のもとである。エンポリオンの商人は、出荷用の食糧の集荷、乾燥、貯蔵を専門としていた。穀物はエンポリオンに交易品、貢納品、税金として運ばれ、帝国の兵士たちを養った。歴史家の想像するところによれば、ローマ帝国は道路、里程標、軍隊によって西ヨーロッパをはじめとする地域に交易の体制を築いた。中国という存在も、漢代の運河がこの地域を単一の交易圏へとまとめ上げるまでは生まれていなかったという。新しい考古史料は民俗学者の解釈が正しいこと、つまり黒い道がパンに劣らず古く、先史時代からあったことをうかがわせる。交易路の古さを証拠立てるのが、チュマキの商人の体内を移動した小さな桿菌（かんきん）、エルシニア・ペスティスだ。現在わたしたちがペストと呼び、スラヴ人がチュマと呼んでいた病気を引き起こす細菌である。チュマは交易路を通じて平原を幾度も渡り、そのたびに、穀物を集め貯蔵していた町の人口を激減させた。チュマはチュマキと一緒に移動したのだ。

　最初にペスト菌が出現したのは先史時代だ。この菌によって疫病が起きたのは、河川を支配する帝国が現れる何世紀も前の紀元前２８００年頃のことだった。２０１９年に考古学者が確認した現存する最古のペスト菌は、オデーサの北方約３００マイルにある銅器時代の都市トリピーリャで出土した、人間の大臼歯から発見されたものだ。この菌はトリピーリャから黒い道をたどって、西や南、東へと移動したに違いない。５００年も経たないうちに、中国からスウェーデンにいたる領域で人々を死に追いやった。銅器時代のこの交易路のことがわかるのは、ペスト菌が移動するにつれて進化し、しかも移住や戦争といった要因では説明できないほど大きな距離を移動したからにほかならない。今の遺伝学者はゲノム全体を解析する次世代シークエンシング技術を使うことで、たった数百のDNAサンプルをもとに何百万人もの人間の数千年にわたる動きを追跡できる。[8] 長距離に及ぶ大規模な人的移動は、遺伝的浮動という現象を引き起こす。紀元前2800年から紀元前2300年にかけては、中国とスウェーデンを結ぶ距離の数分の一でさえ人間は移動しなかったということが、この期間についての遺伝的浮動分析からうかがえる。だが、チュマキのような数千人の商人たちが交易を重ねたことで、図らずも町から町へと菌が運ばれ、世界中の何百万もの家庭にペストがもたらされたのだろう。

それればかりか、チュマキのような集団による交易は、農耕の始まりにつながっているかもしれない。農耕の起源（紀元前1万年頃にさかのぼる）を研究する人類学者の示すところでは、黒曜石や貝殻などの希少かつ高価な資源を入手できる土地を渡り歩く人たちがそのあいだにある泉や湖の近くに湿潤な土地を見つけ、そこで穀物の栽培を始めたという。先史時代の旅人はこうした「停留地」に種をまくと、次の季節に戻ってきて穀物を刈り取って食用に製粉し、旅を続けた。最初に小麦の「耕作者」になったのは、何十年も移動を続けたのちに、このような路傍の土地にとどまった旅人や商人であったかもしれない。時代を重ねるにつれ、こうした停留地の周りに定住者の共同体ができていったものと見られる。

商人は他人の仕事から利益を吸い上げる蛭（ひる）と見なされがちだ。事実ロシア皇帝は、穀物の輸送に携わったオデーサのユダヤ人をそのように見ていた。だが交易と種まきは世界最古の職業であるかもしれず、農場や町も、また国家や帝国や軍隊も、流浪の商人が足元にまき散らした収穫物の受益者なのだ。[9]

エルシニア・ペスティスの古代の菌株がどれほどの致死率であったのかは推測するほかないが、DNAに記録された情報が示唆するところによれば、紀元前2800年頃にトリピーリャを離れて黒い道を旅した菌株は新石器時代の衰退期と呼ばれる時期、つまり世界の人口が激減した時期とほぼ同じ頃に人々の命を奪った。この衰退期ののちに、帝国が交易路沿いに出現している。衰退期から数世紀後には都市国家ウルクがアッカド人の手に落ち、アッカド人は現在のイラクにほぼ相当する場所に世界最初期の帝国の1つを築いた。

帝国が交易線に沿って出現するまでの経緯は、どのようなものなのか。それについての文字史料はない。おそらくどこかの軍閥が、地元の道が交差する場所に目を付け、通行料の支払いを要求したのだろう。または商人の集団がある地域から競合相手を締め出し、軍人一族と盟約を交わしたのだろう。あるいは武装した商人の集団が、弱体化した都市国家に対して支配権を主張したのだろう。つまり、はじめに交易網ができ、次にペストが発生し、そしておそらくは荒廃のなかで、各地の道の合流点と近隣の農村を掌握する軍人が登場したものと思われる。チュマキの道に沿って用心棒代の取り立てが根付いてゆき、数世代のうちに帝国が支配を引き継ぐようになったのではないだろうか。[10]

チュマキの視点から、つまり牛とともに働き、世界を初めてひとつにした人たちの視点から交易路について考えると、帝国は交易をつくり出したのではなく、むしろそれを遅らせ、縛りをかけ、課税したことになる。かたや帝国側の主張は、帝国は交易の安全を維持し保護している、というものだった。実際、帝国の起源についての物語は多くの場合、競合する徴税人（強盗や追いはぎ、海賊と呼ばれることが多い）を帝国が排除したことを力説している。だからトマス・カーライルはこう述べたのだ。フリードリヒが偉大であるのは、ライン川で交易を行う者に貢納金を求めてドイツを荒廃させていた強盗を打ち負かしたからだ。「その勢力に大小はあれ、諸侯は自らが些事と見なすいっさいをまったく顧みず、〔強盗行為を〕血沸き肉躍るゲームであると感じた。それが過ちであるなどとは少しも思っていなかった」[11]。フリードリヒ大王は各地における強盗行為を、はるかに血沸き肉躍るゲームに切り替えた。そう、強盗に課税したのだ。

皇帝たちは自らの利益のために交易コストを削減しようと、道路の改良、里程標や灯台の建設、港の浚渫（しゅんせつ）を臣民に行わせたのかもしれない。町と町とを結ぶ先史時代の交易路を改良すれば、1マイル・1トンあたりのペニー換算で測定された交通費——中世の古めかしい用語を使うなら「tollage」（輸送費）——を下げることができただろう[12]。この輸送費はコストと重量、距離の尺度でもあった。絶対主義国家は川を運河に変え、川をまたぐ道路を建設した。輸送費が低減すると、帝国の権威は中央に集まり、貿易は加速した。

黒い道、つまり商品としての食糧が通る血管にどれだけの効率性があるかは、けっして小さな問題ではない。国際連合と世界銀行は、すべての国の交通密度をトンキロメートル（tkm）で測定している〔訳注：交通密度とは一定の距離を集計単位として、ある時点に存在する車両の数を単位距離あたりの車両数に換算した値〕。たとえば2020年代では、ある国のｔｋｍに650を掛けると、その国のドル建ての国内総生産（ＧＤＰ）に近い値となる。ＧＤＰとｔｋｍは影響を及ぼし合う。ＧＤＰが伸びると黒い道を拡張して道路にすることへの需要が刺激され、黒い道の改良はGDPを押し上げるようだ。社会の経済的健全性の面では、何よりも黒い道が大事になる。世銀も国連も、黒い道の輸送効率（1tkmあたりセントで示される）を上げることで、その国の生産の増大が可能になると力説している。黒い道の輸送効率が上がるほど、国や村、帝国、町が加工用や輸出用の製品を集める能力が向上する。[13]

帝国と同様に、病気も黒い道に税を課した。紀元前2800年以降、エルシニア・ペスティスをはじめとする細菌は、黒い道を何度も乗っ取った。こうした菌は、荒廃をもたらすという意味で貿易に対する天然の税だった。聖書の黙示録（書かれたのは西暦95年頃）にあるパトモスのヨハネの示現は、疫病が交易路を移動するさまを、印象的な比喩をもって教えてくれる。預言者ヨハネは、4人の騎手とともにやってくる破局について語っている。白い馬に乗った騎手は「勝利の上に勝利を重ねようと去っていった」。赤い馬に乗った者は「地上から平安を」取り去った。黒い馬に乗った者は「小麦を1枡（ます）」しか売らないにもかかわらず、法外な高値を付けた。そして最後に、青白い馬に乗った騎手が死をもたらした。ペスト菌で汚染された交易品をチュマキが集落に持ち込んだとき、騎手たちの体を餌食に繁殖した菌も、この4人と一緒にやってきたに違いない。新石器時代の衰退を境に、人類は何世紀にもわたってこの平原から遠ざかっていたが、その後はゆっくりと再定住が進んだ。人間が戻ってくると、黒い道がふたたび人々をつなぎ、そのおかげで帝国は繁栄への道を歩み始めた。帝国の内部では、パンの道が絶えず増えていった。道は帝国を支えつつも、道自体を崩壊させるようなものをも通行させた。人類がこの平原に戻ってきたのは、記憶の消失や、仲間とパンを分かち合えることへの期待ゆえだった。

帝国は交易路に沿って拡大するなかで、穀物と酵母を使った食べ物づくりの奥義を吸収するとともに改良していった。ローマ帝国の人々は、デメテルとペルセポネのギリシャ神話をエレウシスの秘儀に――穀物と真菌、生命と食物にまつわる知を軸にした、デメテルおよびペルセポネ崇拝への入信を示す儀式に――仕立て直している〔訳注：厳密には、エレウシスの秘儀はギリシャで始まり、ローマに継承された〕。この儀式では、秘儀の内容を明かさないと誓った人々に、俳優たちが秘密の劇場で奥義を示した。すでにその頃には、ローマの名門既婚女性や神官によって、ギリシャの女神デメテルはローマの女神ケレスに替えられていた。ケレスに捧げる儀式もデメテルに捧げるそれと同じく実用的なものだったようで、帝国の儀式の形で受け継がれた、小麦の貯蔵や栽培、発酵、パン焼きについての講義のようなものだった。エジプトにも穀物神ネプリへの崇拝があり、その内容は伝説と植え付けの手引き、料理本を交ぜ合わせたものだったが、同時に帝国のエリートによる穀物の管理を正当化するのにも役立った。ロシアとウクライナでは、スラヴの春の神ヤリーロが（ペルセポネのように）棺のなかに納められ、しばらくしてから土葬された。小麦を実らせる取り決めを神々と結ぶには、人間は畑で交合せねばならない、とする伝説は多い[14]。

このように酵母入りの丸パンの保存や貯蔵、加熱は途方もなく遠い過去から行われていたが、それに要する物財を集めるのはすさまじく高く付くことだった。このプロセスは3つに分けられる。1つ目は、広々とした平坦な土地で植え付けと収穫を行うこと。2つ目は収穫物を貯蔵し、パンの食べ手のいる場所に出荷することで、これはエンポリオンが担う部分だ。3つ目は、小麦を砕いてふすまを取り除き、ふるいにかけて小麦粉にし、酵母と水を混ぜ込み、練り粉を膨らませて焼き上げること。このプロセスは、都市が担う場合が多かった。移動中の軍隊が小麦を収穫して製粉し、パンを焼くことも、もちろんあったろう。ローマの兵士は小麦をいつでも徴発できるよう、剣と一緒に鎌を携えていた。[15]少なくとも5000年にわたり、かなりの数の人間の労働力が2つ目のプロセスに投入された。小麦がもっともよく育つ乾燥した平坦な場所から、石や革、粘土、塩をもっとも容易にそろえることの可能な場所へと、人々は穀物を運んだのだ。帝国は農村と農村をつなぐネットワークの恩恵を享受して、2つ目のプロセスを独占したうえで一元化した。そして帝国そのものよりも古くから伝わる神話を、そのような至高の力の正当化に利用した。[16]

帝国には栄枯盛衰があるが、穀物の植え付けや収穫物の集荷、貯蔵、そして食品への加工の技術は、帝国をもっとも深いところで支える土台として残った。人間と人間をつなぐ穀物の道は文字よりも古く、ほとんど目に見えないほど深いところにある。だが穀物の動きをいつも注視している人、とくに穀物商から見れば、穀物の道は古来の人工的な循環システムであり、それが文明の出現を可能にしたのだった。道の向きが変わったり、道が遮断されたりすると、穀物倉庫(ホレウム)はたちまち空になってしまう。法律も軍隊も王も、さらにそれらを支える大理石の柱も崩れる。ペルセポネを失ったデメテルが泣き叫んだように、わたしたちは穀物が消え去ったことをなすすべもなく嘆くはめになる。

自分の手元の地図に目を落とせば黒い道が見えこそしたが、その線が帝国を築いたり破壊したりした仕組みは、わたしにはわからなかった。それを明らかにするためには、海につながる道をたどる必要があった。ボスポラス海峡の入り口にあった帝国の都市が弱体化しなければオデーサは存在しえなかったことを、わたしは知っていた。その都市は、はじめビザンティウムと呼ばれていたが、次にコンスタンティノープルと、その後はイスタンブールと呼ばれた。パルヴスは1896年、この都市は何千年ものあいだ世界貿易の中心地だったが、弱点を抱えたがゆえにオデーサを成長させたと述べている。それはいったいどういうことなのだろう。わたしは考えをめぐらした。[17]

第2章
コンスタンティノープルの門
紀元前800年〜紀元1758年

紀元前8世紀、イオニアのギリシャ人商人が、黒海の北側全体にいたる各地に石づくりの交易所を設けた。かれらはそれぞれの交易所から1000袋を超える穀物を集め、ロードス島やアテナイの穀物倉庫へと向かう巨大な船に積み込んだ。外国産の穀物はこうした都市に加え、スパルタやピュロス、ミケーネ、テーベも養った。この世紀には、ギリシャの諸都市との交易によって富を築いた新しいエリート、アリストイが現れた。アリストイの饗宴は広く知られていたが、かれらはあまり好かれていなかった。失われた黄金時代の記憶を描くギリシャの頌歌(しょうか)は、アリストイの富や途方もない影響力、そしてギリシャの都市の腐敗について、かれらに非難を浴びせている。

対するアリストイは、詩人や歌手、語り部を雇って自分たちの賢い商いや巧みな取引、また孤独や大胆な冒険についての物語を紡がせた。アリストイたちの穀物探しの旅は、『イーリアス』や『オデュッセイア』などの冒険物語という遺産を残している。ヒュドラやセイレーンと繰り広げられた黒海でのすさまじい戦いを誇大な表現で描く寓話は印象深いが、穀物商が重ねた苦労はむしろ実務的な性質のものだ。黒海で最大の重荷となったのは、非道なまでの税だった。アリストイの船はギリシャの諸都市を養うため、およそ1マイル幅のボスポラス海峡と近くのダーダネルス海峡を毎年通らねばならなかった。アリストテレスの弟子のひとりが「ボスポラスの僭主たち」と呼ぶビザンティウムの支配者らは、命のもとになる黒海の穀物を手にするための関門を管理していた。この僭主たちは長年にわたり、廃船や鉄の鎖、ギリシャの砲弾を使って、関門を大急ぎで通ろうとする穀物商の前に立ちふさがった。ビザンティウムを牛耳る僭主のしたことは、四つ辻で「あり金を全部置いて行け」と命じる追いはぎと同じだった。[1]

アリストイは長いあいだ、本来なら問題なく通れるはずの場所をビザンティウムが独占的に管理し、ギリシャと穀物とのあいだを阻んでいることに憤っていた。物流の要衝（ピンチポイント）を利用して穀物を手に入れるという方法は、パンやチュマキと同じく、有史以前から存在していた。ある寓話によると、海の神ポセイドンの息子ビザスが、黒海と地中海をつなぐボスポラス海峡に居を構えるようにとの神託を受けた。そしてビザスは東西間の水上交易を掌握すべく、ボスポラス海峡を見下ろす丘の上にビザンティウムを建てたという。数世紀を経るあいだに、ペルシャ人やスパルタ人、アテナイ人、ローマ人がこの都市を手中に収め、その市場やバザールには、フランスから中国にまで広がる古代の世界経済圏の品々が集まった。ビザンティウムは税を課す都市であるとともに交易の都市でもあり、皮革やスパイス、絹、ワイン、穀物が出会う場所だった。古代世界では、穀物を食べ物に加工するプロセスの2つ目、つまり収穫物の集荷と出荷については、収穫地から出荷先までの距離が数百マイルに及ぶこともあり、輸送にはかなりのエネルギーが必要だった。

紀元前5世紀頃のアリストイの「1万船」は、約1万袋の穀物（およそ400トン分）を黒海から地中海まで運ぶことができた。これには四角い帆がついていて、それぞれのオールを2、3人のガレー船奴隷が漕いでいた。このような船が、黒海沿岸の石づくりの港からギリシャの半島や群れなす島々の、空腹を抱える古代都市へと穀物を運んだ。それから数世紀のあいだに、ペルシャ人やマケドニア人、ローマ人がこの船をまねているが、大きさではとてもかなわなかった。アリストイの所有する最後の1万船がボスポラス海峡を通ったのは、紀元300年以前のことだと思われる。世界のどこであれ、これほど大きな船が頻繁に航行することは、16世紀にスペインのガレオン船が登場するまで久しくなかった。[2]

統制のゆるやかな帝国アテナイのアリストイにとって、穀物は富の象徴だった。穀物は濃縮・乾燥されたカロリー源にして、都市や軍隊を養うための重要な原料品だった。古代世界の驚異に数えられる有名なロードスの巨像の制作費を賄うことができたのは、ロードス島に集められた穀物のおかげだという。この彫像が地震で崩壊したとき、街がギリシャの穀物商に再建を依頼したことから、原像製作の費用も裕福な穀物商が支払ったのだろうと言われている。[3]

最初の1万船がビザンティウムの門をくぐってから200年を経た紀元前3世紀、ローマ人がギリシャの島々や半島の諸王国を倒し、この地域を掌握した。そして紀元前129年になると、今度はローマ人がかつての僭主の諸都市から貢ぎ物を受ける力を手にした。しかしホラティウスの言葉を借りるなら、ギリシャ人は素朴なローマに技芸をもたらし、それによって文明化されていない征服者を逆にとりこにした、とも言える。[4] ビザンティウムを占領したローマ人は、黒海沿岸の石づくりの港を破壊したが、のちに港を再建すると、穀物の集荷、乾燥、貯蔵にまつわるギリシャの神秘的な技術を取り入れた。[5]

ローマ人はビザンティウムを「宇宙の目」と呼んだ。ビザンティウムがもつ独特の力や地位を認識していたかれらは町の中心まで水道を引くとともに、アッピア街道と海を隔ててつながるエグナティア街道をこの街まで延伸した。街道のおかげでビザンティウムは拡大し、エーゲ海やイオニア海、アドリア海への接続が可能になった。アリストイの巨大な穀物船は、ほぼこの時代に考古史料から姿を消している。たぶんこれはローマの街道のせいで水運が弱体化したためか、黒海とビザンティウムを結ぶ短いルートでもっと小さな船が必要とされるようになったためだろう。

紀元324年、ローマのコンスタンティヌス帝はライバルを倒して自らを（統一したローマ帝国の）皇帝と称すると、ヨーロッパやアジア、アフリカの物産を意のままにでき、安全かつ防御可能な物流の集中地点であるビザスの丘に帝都を移した。紀元330年にはビザンティウムの広場に「チェンベルリタシュ」と呼ばれる塔を建て、ビザンティウムを新しいローマとして神に献納し、旧ローマ帝国中の裕福な名家の人々をこの地に住まわせた。その後のある時点で、ここはコンスタンティヌスにちなみ、コンスタンティノープルと呼ばれるようになる。黒海やエーゲ海から来た商人は、この街のホレウムに穀物を運んだ。ホレウムとは、敵対する帝国から長期にわたって包囲された場合に市民を養うための食糧を貯蔵できる、巨大な穀物銀行だ。[6]

ギリシャやローマ、ビザンティンといった帝国のこうした穀物倉庫は、現代の銀行の前身だった。[7]エリート市民は手押し車を使って穀物を預け入れたり引き出したりした。ホレウムの保管庫には、今日のビジネス街にある多くの銀行の貸金庫と同じように、貴重品が収められていた。預入先のホレウムが発行する受領証は、売買したり、契約の担保に使ったり、債務の担保として差し押さえたりすることが可能だった。こうした穀物の受領証が、やがて貨幣と総称されるものになる。[8] 2つの海に接し、貪欲に穀物を取り込む港であるコンスタンティノープルは、ユーラシアの大半の交易路が交差する場所に位置した。後年ビザンティンの皇女アンナ・コムネナが記したように、この帝国は「東端と西端にある2本の柱」を手中にしていた。スペイン南部にあった西側の柱、いわゆるヘラクレスの柱は、今はジブラルタル海峡と呼ばれている。インド西部にあったというディオニュソスの柱はホルムズ海峡のことなのかもしれない。[9]ローマ帝国はこのようにかなり広大だったが、帝国の拡大を可能にしたのは先史時代の交易、つまりアリストイの登場よりも、はたまたギリシャやペルシャ、マケドニア、ローマの誕生よりもはるか前から行われていた交易だった。

紀元330年にコンスタンティノープルがローマ帝国の都になると、穀物の道を知り尽くしていたギリシャの商人たちは、かつて自分たちの祖先がローマとアテネを養ったように、黒海から都へと食べ物を運んできた。商人たちはコンスタンティノープルのことを「街」と言い、その穀物倉庫のことは神話に出てくる巨大なサメの名前をとってラミアと呼んでいた。小麦に対する帝国の飽くなき食欲を表す呼び名だ。[10]その食欲を満たすために、東ローマ帝国の兵士によって、ケルソネソス、パンティカパエウム、ファナゴリア、ボリュステネスなどの黒海地域に要塞兼交易所が増設されていった。黒海と地中海を経由する穀物の道は、遅くとも紀元300年から1453年までの1000年以上にわたり、コンスタンティノープルを養った。帝都の富は、ボスポラス海峡に集まる黒い道とその転変をともにしている。

その何世紀もの帝国時代のあいだに、エルシニア・ペスティスがふたたび猛威を振るった。ペストは穀物交易の進路を、ひいては歴史の進路を2度変えた。1つ目の株は541年に、次の株は1347年に出現している。それぞれの株はコンスタンティノープルに到達すると、そこから外の地域へと広がった。交易路はめちゃくちゃになり、穀物の植え付けや収穫、食習慣の根本的な変化が、あらゆる方向に、何万マイルも隔たった場所へと波及した。帝国はヨーロッパにおいては小さな領邦へと分裂し、中東では新しい帝国が登場したが、ボスポラス海峡の都市はそうした変化をなんとかしのいだ。

541年、ユスティニアヌスのペストが古代世界に終止符を打った〔訳注：東ローマ皇帝ユスティニアヌスも感染したためユスティニアヌスのペストという呼称が生まれた〕。4人の騎手が進化した新しいペスト菌を携えて舞い戻り、ヨーロッパと中東に中世の幕開けをもたらしたのだ。コンスタンティノープルで書かれた最古の詳細な文献によると、ペストの流行は黒海の南と西、さらにアレクサンドリアの近辺で始まったという。ビザンティン帝国において黙示録を現実のものにし、古代世界を終わらせたのは牛車でも馬でもなく、船だった。黙示録は天然の入り江を利用した街の港、金角湾に漕ぎ入れたガレー船のなかのクマネズミや船長や奴隷の胃に乗り込んで到来したのだった。

帝国の食糧循環の結節点であった穀物集散地は、感染路の結節点になった。ドックから始まったペスト感染は、ほどなく街を席巻した。また、帝国の港からあらゆる地域の農村へと延伸された新しい道や水路を伝って、難民が疫病を運んだ。死亡率がどのくらいだったのかについては、確実なことはまったく言えない。1次史料によると、コンスタンティノープルでは、542年には1日あたりの死者数が5000人だったものの、ついには1万人に達したというが、この数字は多くの歴史家のあいだで論争の的になっている。死者を埋葬する人がほとんど残っていなかったため、ユスティニアヌス帝の伝達官が街の防御塔の屋根を取り払って遺体をそこに落とし、屋根を架け直してさらなる伝染を防いだと、ある史料には書かれている。ペスト菌は2年も経たないうちに古代の世界経済の中心地からアイルランドや満州のような周縁へと、一足飛びに感染の範囲を広げた。東西間の水上交易はふたたび縮小し、穀物船や農村は放棄された。草原地帯は古代末期にハネガヤだらけの平原に戻り、牧畜民が移動期に時おり訪れる程度になった。平原の各地ではフン族やアヴァール人、また後代のハザール人やモンゴル人といった騎馬帝国の騎兵たちが壮大な戦いを繰り広げ、散っていった。[11]

ユスティニアヌスのペストは地中海および黒海沿岸の交易都市の人口を激減させ、いくばくかのあいだヨーロッパ人を物々交換経済に引き戻し、閉鎖的な修道院の増殖を後押しした。新しい中世の王朝が古代の道を掌握して利益を手にしたのは、ペストのおかげだろう。ユスティニアヌスのペストが終息したのちに穀物をかき集めたのは、西のカペー家や、東のペルシャ人、アッバース家などだった。[12] それから450年のあいだに、ウマイヤ朝やアッバース朝、ムワッヒド朝などのイスラム帝国は、かつてのビザンティン帝国と部分的に重なるように東西に広がり、ヘラクレスの柱をジャバル・アルターリク（ジブラルタル）と改称した。[13] ローマ帝国におけるディオニュソスの柱は、ホルムズの交易都市に替わったものと思われる。[14] しかし今や、交易品の多くはペストに強いラクダに載って陸路で到来した。ペストを運ぶネズミは、木造船や牛車のなかであれば、人目を引かずに長距離を移動することができた。だが砂漠の隊商では、袋に入った状態で砂漠のなかを進み、25マイル間隔で建っていた隊商宿（たいしょうやど）で外気にさらされる可能性があったため、ペスト菌の伝染には歯止めがかかっていたのだろう〔訳注：ペスト菌は日光や熱に弱い〕。

５４１年以降にはまた、黒海の北・西沿岸地域に穀物とパンと国家の関係について新しい社会構造が出現した。農民は家族ごとに、１室の隅に石づくりの暖炉を備えた地下室付きの家屋を、１か所にかたまるように建てた。いわゆる中世的な秩序が生まれたのだ。そこでは共同の窯（かま）と土の鍋のあるひとつの大きな建物を十数戸が囲んでいた。小麦を集め、パンづくりを行ったのは、30人あまりの家族集団で、先史時代の都市国家やコンスタンティヌスの時代の広大な海洋帝国に比べればはるかに小規模だった。穀物を扱ううえでの奥義、つまり乾燥と輸送に関する知識は、疫病に伴う人口の激減によって格段に貧弱なものになった。分かち合える食糧が少なくなったことから、植え付けと収穫に関する知識がいっそう大切になった。これらの小規模な陸上完結型の穀物栽培集団は、殻竿（からざお）や鋤（すき）、三圃（さんぽ）制などのイノベーションによって自給自足度を高めていった。こうした中世的な土地利用が必要になったのは、過去数十年のあいだ、ペスト菌が水上交易路に蔓延（まんえん）していたためかもしれない。[15]

ペストが一因で7世紀に地中海東岸とエジプトの植民地を失ったビザンティン帝国にとって、黒海地方の穀物生産者はいっそう重要になった。こうしてビザンティン帝国はスラヴ人に対する支配を強め、その結果スラヴ人は帝国に賞賛と軽蔑が相半ばする感情をいだいた。コンスタンティノープルの側は黒海北岸の人々を無視しているようでいて、かれらが西の海洋に出ていくのを阻んでいたのだ。ボスポラス海峡に位置するこの街はまた、黒海西岸を走る穀物の道を侵食するブルガリア帝国とにらみ合ってもいた。穀物生産者は時として、コンスタンティノープルにとって大きな脅威になった。907年には、ルーシのオレーグ公がコンスタンティノープルを包囲している。オレーグはコンスタンティノープルの門に自分の盾を釘で打ち付けられるほど、この街に接近したと言われる。街では、ビザンティン皇帝が侵略者を撃退するために聖母マリアのマントを使ったという伝説が生まれた。ルーシが敗北してまもなく、ビザンティン皇帝は西洋世界最大の寺院であるアヤソフィアにモザイク画を施し、マリアの加護に対して教会と街を捧げることを誓った。[16]

西部のほとんどを失い、北部と東部でかろうじて命脈を保っていたビザンティン帝国は、スラヴ人の国々にキュリロスとメトディウスなどの宣教師を船で送り込み、北方への影響力を拡大し、帰りの船にはコンスタンティノープルに命を与える穀物を運ばせた。ビザンティン帝国はキリスト教の福音書や指導書、ビザンティンの聖人の生涯を記録した文書をキリル文字とともに広めることによって、自らの宗教、文化、統治の様式を遠隔地に押し付けていった。穀物は交易の道に沿って到来し、文化的な思想や慣習は逆の方向に流れていったのだ。スラヴの大公たちはゆっくりと東方正教会に改宗してゆき、コンスタンティノープルにおける所有と支配を司る宗教儀式を模倣して自分たちの文化に適応させた。キーウ（キエフ）とモスクワのイコンや布地、衣服の様式はビザンティンのものによく似ている。[17]

５４２年以降、東方との通常の交易関係から遮断されがちになった中世の西ヨーロッパは、根本から変化した。先史時代にはパンづくりにまつわる寓話を生み出し、古代には帝国を養ったパンは、中世にはパンの生産を担う主人による小さな農村の支配という形で農奴制を整えていった。ユスティニアヌスのペストののち、ユーラシアでは通常の奴隷制度は衰退した（それがペストの結果であるかどうかについては、歴史家のあいだで争点になっているが）。地主貴族は、規模こそ遠く及ばないものの、古代帝国の君主たちと同じように、穀物の製粉と分配を独占した。１つにはそのために、かれらは支配権を得ることができたのだ。例として中世のイングランドを見てみよう。主人（lord）という言葉はパンを守る人（loaf-ward）、つまり製粉所とパン焼き場から配られたパンを守る人を指す「hlāford」を語源とする。奥方（lady）という言葉はパンをこねる人（loaf-kneader）、つまりパンをつくる人を指す「hlǣfdīge」を語源とする。小麦やライ麦からパンがつくられたのは共同のパン焼き場であったことから、パンを管理することは人々を管理することにもつながった。

パン焼き場と製粉所と畑を抱える荘園は、英語で「soke」（領主裁判管区）と呼ばれていた。領主裁判管区は、領主が申し立てに基づき、自らの利益（sake）のために領民を捜索（seek）できる区域だった。法的にこの区域に縛り付けられていたのが領民たち（sokemen）で、領主の裁きを逃れた人々は主人の律法の外に出たことになり（outlaws）、それゆえに見捨てられた（forsaken）。このように、製粉所やパン焼き場を管理することは、穀物や酵母だけでなく、人やその労働力や領主法、またパン焼き窯の周囲に並ぶ家々の管理をも意味していた。パンの製造や提供、消費にまつわる慣習が、領主と土地、人々のあり方を規定した。

小さな違いは多々あるものの、西ヨーロッパとスラヴの封建社会の慣習は、男性と女性と子どもが同じ聖卓で、領主を名乗る男性から救い主の身体とされるパンを受け取るという、両者に共通するキリスト教の儀式を源流とする〔訳注：多くの場合、高位聖職者は領主でもあった〕。キリストの磔刑と死、埋葬、復活もまた、製粉と生地寝かせ、そして糖化ののちの魔法のような膨張という工程と深く結び付いていた。[18] つまり、封建的権力がパンを分け与えるということは、領主の権力を再確認させるものであるとともに福音書の再現でもあり、しかも食べることと同じくらい自然なことであると思われていた。もっとも、封建社会の領民が毎日食べていたのは、たいていは少量のカブやキャベツや魚と酵母入り全粒パンのかけらを混ぜた塩味のポタージュやシチューで、聖体パンのようなものではなかった。[19] 中世初期のスラヴの村落に関する史料はほとんど残っていないが、数百年下った1550年代のロシア貴族のための実用書『家政訓』では、荘園でパンづくりに関わる者を管理する方法が詳しく説明されている。たとえばどの使用人にいつ、どのくらいの食料を与えるのかや食品を保管する方法、また中世スラヴ諸国の地主貴族が召使いにパンを食卓に出すよう指示する際の方法などである。

ヨーロッパにおいては、541年から1100年までの数百年は、言わば泥棒男爵の時代だった〔訳注：泥棒男爵はもともと、19世紀アメリカでトラストの形成や非道徳的な慣習を利用して莫大な私財を蓄えた実業家を指す言葉〕。コンスタンティノープルがボスポラス海峡という物流の要衝を使って来航船から税を取り立てたように、男爵たちはライン川やドナウ川、テムズ川といった、本来なら問題なく通行できるはずの西ヨーロッパの貿易路の狭窄地点に要塞と門を建て、商人が川を使って町から町へと運ぶ穀物その他の商品に課税した。

12世紀以降、バルト海と北海の沿岸にハンザ同盟が生まれた。若い未婚男性の商人仲間が組織したこの同盟は武力を使い、泥棒男爵のみならず、川や海で交易を妨害するヴァイキングや強盗をも撃退した。ライ麦と小麦はハンザ同盟に守られ、ポーランドと北ヨーロッパの港のあいだを移動した。秘密の誓いを結んだ商人たちは、飢饉の際にライ麦をはじめとする穀物を売買して財を成した。とはいえ出荷された穀物の総量は、アリストイの扱った量に比べればたいした規模ではない。ハンザ同盟の商品は、プロイセンやイギリス、スウェーデン、オランダの町のはずれにある立ち入り禁止の港湾地区に秘蔵された。16世紀に同盟は崩壊し、後年イギリス商人にその座を奪われる。ロシア語を話すこの商人たちはサンクトペテルブルクに土地を保有し、ロンドンのバルティック取引所でライ麦と小麦を販売した〔訳注：厳密には、バルティック取引所は20世紀以前、別の名称だった〕。

やがてヨーロッパの絶対主義国家が国内の泥棒男爵の力を挫(くじ)くことで、勢力を伸ばしていく。これらの国家は川幅を広げたり、商人を武装させたり、敵の要塞に兵糧攻めを仕掛けて服従させたりして、交易路を整えていった。かたやコンスタンティノープルの南では、預言者ムハンマドの後継者に選ばれたカリフたちが、かつてコンスタンティヌスの支配していた地域で東西に勢力を拡大した。遅くとも1300年には、カリフたちはコンスタンティノープルの東門から始まり南を回って西門で終わる、長くて効率性の高い、比較的安全な交易路を建設していた。新しいイスラム諸帝国が拡大するにつれ、サトウキビ農場での奴隷の使用も広がっていった。

ところが1347年に4人の騎手がふたたび現れ、ペスト菌の再来を告げた。この菌はおそらく、モンゴルの世界帝国に広がる東部の草原地帯から、帝国のキプチャク・ハン国まで延びるシルクロードを通ってきたものだった。この経路で到来した菌のなかで史料に最初に現れるのが、黒海沿岸の食糧供給地、カッファの事例だ。伝説によると、ここを包囲していたモンゴル人がペストに感染した。このときモンゴル人は投石機を使い、感染者の死体を街の門の内側に飛ばしたという。[20] この話を疑うべき根拠はあるものの、現在のモンゴル国に当たる場所から東西に帝国が拡大するうえで、13世紀における中央アジアから草原地帯へのペストの拡大が役立ったということを、新しい遺伝学的分析の結果はうかがわせる。[21] ペストの伝染は陸路で始まったが、1340年には海路にも広がった。この頃にはジェノヴァとヴェネツィアの商人が、ビザンティン帝国から特権を与えられた代理商として、黒海から地中海にいたる長距離海路を確立していた。商人はコンスタンティノープルの門を通って西ヨーロッパに穀物や奴隷を持ち込むかたわら、またもや疫病をもたらしたのだ。

歴史家は、ジェノヴァとヴェネツィアの商人を最初の資本家と呼んでいる。[22] ビザンティン帝国から認可を受けて東方とヨーロッパのあいだで交易を行う代理商であり、南のイスラム諸帝国の競争相手でもあったこの商人たちは、2つの交易路の技術を融合させた。14世紀前半、かれらは古代ローマの伝統にアラビア数字や契約といった比較的新しいイスラムの伝統を組み合わせ、個人手形をつくり出した。また、この資本主義的商人たちがイスラム代数の発展の成果を取り入れたことが、複式簿記の発達と確立につながった。ヨーロッパで最初の中央銀行、ヴェネツィアの穀物局

(Camera del Frumento) は、黒海沿岸の港で穀物を買い入れ、地中海沿岸の都市で転売していた。商人は、船の入港後およそ90日以内に支払いを行うと約束して銀行で手形を振り出し、地元の市民から資金を借り入れた。この手形は商人の名前によって保証された個人向けの金融商品で、市民なら誰でも購入できた。手形は発行されてから船が入港するまでのあいだに価値が上昇したので、価値が増加する民間発行の通貨として機能していた。

手形は、まだ完了していない取引の物理的シンボルで、港と港を結ぶ目に見えない航路の記録をつくってくれるものだった。資産に余裕がある裕福な地主や商人は、小さくて保管しやすく、価値が高いうえに現金が必要な際にはすぐに売却できるからと、手形を購入した。輸送中の穀物その他の商品の代わりになった手形には、貨物の発送港と到着港、関係する商人と最終支払いを行う銀行の名前が記されていた。[23]

こうしたジェノヴァとヴェネツィアの広範な交易路を、ペスト菌が乗っ取ったのだ。菌は港から港へと航行する穀物船の甲板の下に安住するクマネズミの体内で成長し、広がっていった。隅から隅まで感染が広がった船はヨーロッパの港をへめぐり、その船長とガレー船奴隷は発病し、命を落とした。穀物船は「疫病船」と化した。人間やネズミやノミ、そしてなかにいるペスト菌は、はるか北のアイルランドまで旅をした。ペスト菌はふたたびユーラシアを荒廃させた。ヨーロッパだけで約2500万人、おそらくこの地域の3分の1に当たる人々を死に追いやっている。時に小さな流行を引き起こしつつ、その後も居座り続けたペスト菌だが、200年後には冬の厳しい寒さと交易に絡む新しい規則が相まって、感染拡大が押しとどめられた。新しい規則とは、各地の港が義務付けた検疫のことだ。これにより、船は荷降ろしの前に40日間待たされるようになった（検疫〈quarantena〉はラテン語で40を意味する言葉が変形したもの）。40日もあれば、穀物粒のあいだにいる感染したネズミとそれに寄生するノミが死に、船上の最後のペスト菌を殺すのに十分なほど排泄物が乾燥するということは、今では自明とされている。この解決策のもつ意味は当初よく理解されていなかったが、検疫の試行錯誤が重ねられるうちに、船から都市へのペストの広がりは確実に防止できるようになった。ペスト伝染を阻止するための検疫体制が根付くと、ビザンティン帝国はそれから100年近く（時として兵士や市民を養うことができなくなることはあれ）、黒海の門であるコンスタンティノープルを掌握し続けた〔訳注：厳密には、ヴェネツィアで検疫が始まったのは14世紀で、コンスタンティノープルの陥落は1453年〕。

ビザンティン帝国に代わってコンスタンティノープルの門の統制者になろうとする者が、ほかにもひそかに待ち構えていた。1299年、オスマン・トルコ人がイスラム君侯国を建てた。アナトリアの農民と商人、騎兵からなる国だ。かれらはコンスタンティノープルの南のブルサに首都を設けた。1340年代から50年代にかけてビザンティン帝国で摂政権をめぐり2つの勢力のあいだで起きた内戦に、傭兵隊として加わったことで勢力を拡大していった。この勢力が戦闘で勝利を収めるたびに、君侯国は領土を獲得した。それから100年のあいだに、オスマン・トルコ人は黒海と地中海の沿岸、およびコンスタンティノープルをはさんだアジア側とヨーロッパ側の両方で、ビザンティンの港を次々と占領していった。そして1451年、オスマン帝国のスルタン、メフメト2世が、ボスポラス海峡の狭窄地点に目を付けた。それにより、ビザンティンの穀物独占と、この街を取り囲むように広がる帝国とが完全に打ち砕かれることになる。メフメト2世はさらに、コンスタンティノープル付近の狭窄地点と同じくらいすぼまった場所をこの街の数マイル北に発見した。そこはローマがかつて要塞として使っていたところだった。それから数か月もしないうちに、彼は軍隊を使って新しい要塞ルメリ・ヒサル（Rumeli Hisarı）を築き、「ボアズキッセン（Boğazkesen）」という名で呼んだ。これは「海峡を切るもの」を意味し、偶然でもなんでもないが「喉を切るもの」という意味ももつ。彼はこの要塞とアジア側の要塞を使い、コンスタンティノープルに穀物を運搬しようとする黒海上のあらゆる船を妨害した。

1453年、ビザンティン帝国は、穀物輸出に使う要塞兼交易所の不足が深刻になるなか、オスマン・トルコ人との大規模な戦闘で崩壊した。侵略者は油を塗った木製のローラーを使って船を金角湾の港に移動させ、大砲で街の壁を破壊した。トルコ人は崩壊した街を拠点に新しい帝国を築き、コンスタンティノープルをイスタンブール（おそらくギリシャ語で「街へ」という意味）に改称した。かつてのギリシャ人やローマ人と同じように、街の巨大な穀物倉庫を維持し、新しい帝国の兵士や市民を養うための穀物を集めるべく、黒海沿岸に新しい要塞都市を築いた。

以上のように、コンスタンティノープルの門を通して世界を見ると、まず交易路が先にあって、繁栄を遂げた帝国群はそこを土台に広がったにすぎない、ということがわかる。アテナイやペルシャ、ローマの3帝国は穀物の道を建設したのではなく、むしろ道で課税し、これを延ばそうとした。オスマンとロシアの両帝国は中世的な領主裁判管区や領地、さらには家族集団や貴族集団を掌握して取り込み、穀物の道を伝うように広がっていった。

穀物の道が帝国の運命を左右した一方、穀物のほうはこのうえなく貴重なものだった。541年から1347年までのあいだに、パンの管理体制はボスポラス海峡をまたいで広がり、中世のヨーロッパや北アフリカ、アラブの諸帝国の法律という形に焼き上げられていった。王や女王、貴族、スルタン、ツァーリは、パン1個の大きさを決め、穀物とその栽培区域を管理し、穀物を土台に権力を築いた。1835年時点においても、イギリスのパン職人は公務員の身分にあり、焼いたパン1個ごとに国家から支払いを受けていた。イスタンブールでも事情は同じで、標準的なパンの重さは寸分の違いもなく110ディルヘム(13オンス強)とされていた。どこかの店のパンの重さが足りないような場合は、市場の検査官が地元の警察に伝えてその店の者を市中引き回しにするよう求めたし、累犯ならば、違反者の耳を店の扉に釘付けにすることもあったらしい[24]。

穀物の管理体制は君主によって押し付けられたものばかりではない。アイルランドのコークから黄海沿岸の港にいたる各地の街では、労働者が帝国のパン屋から提供される品の「公正な価格」を設定した。店による違反は、街全体を巻き込んでの抗議活動や暴力、さらには革命につながった。帝国が権力を掌握しきれていないのなら、それは収穫や製粉所、パン屋を民が管理することを意味していた。市中に出回るパンの価格高騰が、革命を引き起こすこともあった。1453年のコンスタンティノープル、1789年のパリ、そして1807年のイスタンブールでは(このときにオスマン帝国のスルタン・セリム3世が退位している)、パンを求めての蜂起が帝国崩壊のきっかけになった。

近代の帝国はパンを管理することで栄えてゆき、まるで酵母を混ぜ込んだ小麦粉のように膨張していった。17世紀以降にイギリスの都市が成長していくと、大英帝国はパンの管理体制を海の向こうのアイルランドに広げ、プロテスタントの土地所有者（請負人と呼ばれる）に補助金を与えて「農園（プランテーション）」を設け、穀物の植え付け、乾燥、輸送を担わせた。そして帝国の補助金を受けた艦隊が、ダブリンとコークに形成されたイギリスの食糧供給地で穀物を集荷した。アイルランドの農耕者は石づくりの小さな家に住んで、自家用にはジャガイモを育てて調理し、農園の収穫物、つまり小麦粉や牛肉、バターは都市住民たちを養うためにブリストルやリヴァプール、ロンドンへと送った。イギリスは先行する帝国群と同様、帝国の核心部を取り囲む地帯から届く穀物を土台に、帝国を築いたのだ。[25]

帝国間の競争の行方もパン生産のあり方に左右された。オスマン帝国が１４５３年にコンスタンティノープルの穀物倉庫と製パン所を占領し、街の名称をイスタンブールに変えると、イワン大帝（１４４０〜１５０５）の統治下のロシアは、ボスポラス海峡の両岸にまたがるこの街を奪い取ろうと、何世紀もかかるような闘争について考え始めた。イワン大帝は、南の黒海と北西のバルト海という2つの海を制する海洋帝国を築く構想を描いた。黒海沿岸の港に軍隊用の穀物を集めてイスタンブールを奪還し、そこに第3のローマを建設するというものだ。１４７２年、イワンは最後のビザンティン皇帝コンスタンティヌス11世の姪であるソフィアを探し出して結婚を申し込み、ロシア帝国の紋章に双頭のワシ（ビザンティン帝国の紋章）を選んだ。ロシアの支配者はツァーリ――カエサルのロシア語形――を名乗った。ツァーリたちは4世紀にわたってイスタンブールへの攻撃を綿密に計画し、イスタンブールにツァールグラード、つまり皇帝の街という野心的な新しい呼び名を与えた。支配下に置かねばならない場所のなかには、現在のウクライナ西部も含まれていたが、ここは当時ポーランド領だった。

オデーサから北と西方へ１００マイルにわたって広がる地域は、乾燥したステップが森と出会うところだ。平坦で湿り気があり、深く黒い土壌に恵まれたこの土地は、穀物の栽培に地球上でもっとも適した場所に数えられる。ポジーリャと呼ばれる西部は、19世紀前半にオスマン宮廷に仕えた年代記著者メフメト・エサド・エフェンディの言葉を借りると、「無限の川によって潤う肥沃な土壌」だった。[26] ポジーリャと近接するキーウでは、チェルノーゼムと呼ばれる黒いローム質の土壌のおかげで小麦とライ麦を楽に栽培できた。ポジーリャの木々が身近なところにあったため、家やボート、荷車を地元で製造できた。チェルノーゼム地帯を、翼を広げたワシに見立てると、西側の翼はポジーリャに、頭ははるか北方のリャザンに達し、東側の翼はオレンブルクまで延びている。胴体は黒海の北端に達し、西側の脚はクリミア半島に、東側の脚は黒海とカスピ海のあいだのテレクに下ろされている。この広大な地域で栽培される小麦は、すでに紀元前5世紀の段階で、各地の気候と土壌、湿度に適応した地方品種、つまり「在来種」への分化が始まっていた。ライ麦はもともと小麦の近くに生える雑草だったが、やはり亜種に分かれていった。寒冷な気候に適し、ワシよりも北の地域でよく生育した。

オスマン帝国は１４５３年にコンスタンティノープルを占領したとき、ポジーリャに対して名目上の支配権をもっていた。しかしほどなく、川にはさまれたパンの大地は、ここをめぐって争っていたポーランドとロシアの諸公に奪われてしまう。諸公は年代記に自分たちの名前を残したが、黒海の北にいた農民たちは数世紀ものあいだ、もっと大事な仕事をしていた。身近なところにあるさまざまな小麦種を探して交雑し、気候に合うものにしたのだ。諸公がわたしたちに残したものにはほとんど価値がないが、忘却のなかに埋もれている数多の農民は、人類が長く生存していくうえではるかに重要なものを残してくれた。何十種類もの気候や季節に適した、何十種類もの小麦である。カナダ西部、米国北部、アルゼンチン、オーストラリアへの後年における入植は、この地域で何世紀もかけてつくられた数多くの在来種小麦がなければ不可能だっただろう。[27]

1455年から1560年代までという短期間ながら、ポーランド帝国はオランダの商人から借り入れを行いつつ、ポジーリャの小麦とライ麦の畑を一手に握った。そこはワシの翼の西端に当たる場所、ドニエストル川の「右岸」だった。[28] オランダ商人はヴェネツィア人が使った資本主義の戦術をヒントに、ポーランドの貴族に必要な資金を貸し付けた。この土地で収穫されたライ麦や小麦の一部はチュマキの隊商によって従来のように南の黒海沿岸の港へと運ばれ、イスタンブールを養った。だがオスマン帝国がこの街を占拠してからは、穀物の大半は北方に運ばれるようになった。ヴィスワ川を通ってバルト海沿岸のダンツィヒ〔訳注：ポーランド語の名称はグダンスク〕の港に到着すると、オランダ商人の手で遠く離れたロンドンなどの市場で販売されたのだ。1496年、ポーランドとリトアニアの貴族は土地と人に対する支配権を行使すべく、国策として、おもにウクライナ語を話す農民を標的に、新たな農奴制を敷いた〔訳注：当時ポーランド王国とリトアニア大公国は同君連合だった〕。これにより、東ヨーロッパとロシアのいたる場所で農奴が小麦とライ麦を植え付け、収穫することになる。

パンの大地に対するポーランドの支配は、長くは続かなかった。1570年代にはロシアの諸公がモスクワの南西にいびつな形の境界線（チェルタ）を築き、徐々に無限の川を擁する大地に近づいていった。ロシアとポーランドの諸公のあいだで戦われた一連の戦争は、1650年前後に発生した農民の蜂起とともに、長期にわたる血なまぐさい紛争を引き起こし、ポーランドの人口のおそらく3分の1を死に至らせた。その後、統一を遂げたロシアはウクライナ人――農民やチュマキ、そして浮き草のようなウクライナ・コサックの集団――に、モスクワの君主に対する永遠の誓いを強制した。ロシアはパンの大地を徐々に取り込み、帝国の中核地につながる道を切り開いていった。すでにドニエプル川の東の土地を獲得していた1689年の段階では、さらに南と西にある土地を手に入れるという目論見をいだいていた。[29] だがロシアの計画においては、黒海への接続を確保することがつねに重要な位置を占めた。

「帝国」には多様な定義がある。共通法、単一の皇帝、複数の民族集団という要素を重視する場合もあれば、帝国を支配層のジェントリ（准貴族）がいる中核地を軍事地帯が取り囲むものとして説明する場合もある。また、辺境の所有地から利益を得る身分の高い紳士の一族という要素を強調する場合もある。[30] だがそのもっとも深い底の部分に目をやると、帝国とは、古代の穀物の道に沿って広がり続け、食糧を独占する者と言えるのかもしれない（にもかかわらず、帝国がその道を完全に理解することはない）。帝国は、兵士や市民を養うのに必要な食糧源を管理下に置いている限り、存続できる。なぜなら食糧を売る者に税を課すことによって、資金を得られるからだ。帝国が出現する以前は、チュマキの祖先が長い距離を移動し、塩や皮革とともに食糧を商っていた。ペスト菌がネズミの体に入り込み、この交易路をヒッチハイクしながら移動する方法を見つけると、国際的な交易は縮小する。この疫病は、桿菌（かんきん）とは桁違いに大きな影響を及ぼす寄生者のために地ならしをすることになった。わたしの考えでは、古代の海洋帝国はペスト菌によって切断された道に沿って膨張し、帝国の国境にいる軍隊を養うべく、さらなる征服のための踏み石として穀物港を築いていったのだと思う。

いわゆる中世のはじめに当たる542年頃、ペスト菌が西ヨーロッパと中国を結ぶ道を断ち切り、小さな国々は国際交易の縮小による損失を補うために農業収穫量の向上に注力する必要に迫られた。それにより、ユーラシア全土に中世的な領主裁判管区や領地、さらには貴族集団が誕生した。1347年に発生したペストが終息すると、ポスト中世期の帝国は何百ものこうした共同体を組み込んで支配下に置いてゆき、成長を遂げる。

1760年代になると、ロシアで新しい軍事＝財政＝金融体制が形づくられた。そしてこの体制が、ボスポラス海峡の門を擁する帝国を弱体化させ、崩壊寸前まで痛めつけた。ナポレオンが現れて、短期間ながらヨーロッパの港のほとんどを掌握した際には、ロシアはオデーサをまったく新しいものへと変えた。ロシア帝国の食糧供給地ではなく、ヨーロッパの食糧供給地に変えたのだ。ロシアと地中海地域、西ヨーロッパは、もはやかつてと同じものではなくなった。

第3章 重農主義的な膨張

1760年～1844年

300年から1762年にかけての諸帝国は、ペスト菌が人間の交易路を乗っ取るたびに、自らを守るための変革を余儀なくされた。まるで暴風雨が去ったあとのクモのように、自分たちの巣を張り直したのだ。中世後期のヨーロッパによく見られたように小さな軍事王国へと分裂する例もあれば、修道院の教区の集合体になる例もあった。中央アジアや近東のサファヴィー朝、アッバース朝、モンゴルの帝国のように、海に見切りをつけて草原や砂漠の交易路を手中に収める例もあった。ペスト菌は旅人の命を奪うとともに、帝国に対しては検疫と変革を迫り、忘れ去られていた輪作と製粉、さらに次の季節まで生き延びる方法を思い出させることになった。

1760年代、帝国と穀物の関係はエカチェリーナ2世の治世下でふたたび変化する。ロシア帝たのだ。それ以前の帝国は農地を掌握し、港を拡大し、さらに穀物を国内で流通させて都市を養い、国外に運んで陸海軍を養っていた。だがエカチェリーナは、重農主義者（フランスの経済思想家や王室顧問のグループ）の影響を受けていた。経済を農業者、地主、職人、商人のあいだの商品の交換と見なしていた重農主義者は、余剰穀物を輸出して希少な外国産品と交換する商人は帝国に利益をもたらすと考えた。それ以前の思想家は国際貿易を不穏当で危険なものと考えていたが、この紳士たちは穀物栽培に対する国家の支援や、穀物取引を妨げる国内障壁の撤廃、広範な教育、輸出入の慎重な管理が必要であると説いた。かれらは現代の意味での自由貿易論者ではなかったが、しかるべく管理された穀物輸出は帝国の富の基盤となりうると考えていた。

エカチェリーナが重農主義の書物から得た知識は、ポーランドの伯爵たちに対する嫉妬で歪められていた。彼らは穀物をヴィスワ川下流のグダンスクに売るだけでなく、バルト海沿岸や北海沿岸の市場で売りさばいて富を得ていた。エカチェリーナはドニエプル川を下って黒海にいたる古代の穀物輸出路を再建して、このポーランドの穀物貿易を意のままにしたいと考えた。火急の問題は、その方法だった。彼女はフランソワ・ケネー、アンヌ・ロベール・ジャック・テュルゴー、ピエール・サミュエル・デュ・ポン・ド・ヌムールら重農主義者の著作を熟読すると、作物の植え付けや耕作、輪作の新しい方法に加え、ジャガイモなどの新世界の食用作物の使用の促進を目指す機関、自由経済協会を設立した。さらに公教育の大まかな制度を設け、私営印刷所の設立を許可し、図書館を建てた。それにより、大土地所有者のあいだに重農主義の理論が広まった。その2年後に、エカチェリーナは重農主義の理論をロシアの状況に合うようさらに読み替えて100ページの文書に収め、印刷のうえロシア全土に配布した。彼女はこれを訓令と呼んでいる。それによれば、「貿易の基本は、国家に有利な商品の輸出入にある」という。さらに続けて「関税」は、この貿易の井戸から汲み上げたものであり、「輸出入から日常的に徴収し、国家の益とする」と述べた。[1]

エカチェリーナは穀物の集約的生産を推し進めるべく私有財産の制度を設けたが、これは帝国の将来に深い影響を及ぼすことになる。彼女は農奴制をアメリカの奴隷制に近いものにしようとした。農奴主に、農地に対する権利をはじめとする土地の私有権を認めたのだ。新しい法律では、皇帝は反逆罪を犯した者の土地に対する権利を主張できず、代わりに親族がその財産を受け取るものとされた。農奴主は土地を他の農奴主に売ることができただけでなく、農奴を他人に売ることも、兵士として国家に売ることもできた。かたや農奴は土地に対する共有権をもたず、このため奴隷との区別があやふやになった。事実、エカチェリーナはこうした人々を農奴（krepostnyye）ではなく奴隷（raby）と呼んだ。新しい制度のもとでは、農奴にはなんの権利もなく、ただ殴打や拷問、処刑から守ってもらえるという強制力のない約束が示されただけだった。農奴は売買され、自らの意思に反して結婚を強いられることもあった。また、農奴は資産を所有できなかった。エカチェリーナは土地や人間の私有権を農奴主に与えることによって、ロシアの農奴を意図的に、アメリカ入植地の奴隷のようなものにしてしまったのだ。彼女の構想は、地主貴族を奴隷所有者に似たものに変えることを意図していた。それはとりも直さず、小麦の栽培を後押しするためだった。[2]

帝国が戦争を遂行するに当たってエカチェリーナが立てた構想も、穀物を軸に据えたものだった。

彼女はまず、帝国の外から穀物を手に入れてそれを軍の食糧にしながら、乾燥した平原の占領を進めていった。それから外国人入植者に補助金を出し、港に資源を注ぎ込み、海外で穀物を売却して外貨を得た。権力基盤を固めるため、一時的に止まりはしたが、その後はふたたび膨張路線を進めた。それから1世紀以上にわたって、ロシアのツァーリと役人は、この小麦を土台にした膨張という政策を続けることになる。こうした重農主義的な膨張は、帝国の中心と周縁を逆にした。膨張路線が続いて小麦畑が徐々に増えていくなかで、帝国の周縁に住む大規模家族は貿易によって富を蓄積していった。その結果、ロシアの富の多くは、古代や中世の帝国とは異なり、周縁に築かれるものとなった。

エカチェリーナ2世は重農主義的な膨張路線をとったためにポーランドを帝国に組み入れることができ、イスタンブールをツァールグラードに変える手前まで行った。エカチェリーナは1762年頃、ロシア軍の改革に着手して陸海軍を抜本的に強化した。オスマン・トルコ人とポーランド人に対してロシア人が優位を誇っていたのは、1つには製鉄能力のおかげだ。筒に鉛とおがくずを詰めたロシア製の軽砲（キャニスター弾）は、トルコやポーランドの歩兵の集団に壊滅的な損害を与えることができた。

だがそれより重要なのは、エカチェリーナがロシア軍将校に対し、行軍中の部隊に食糧を供給する新しい手段を与えたことだ。彼女の命令により、ロシア人将校は1762年以降、オスマンおよびポーランドの支配地域に手形を持参し、港や農場で穀物を買うものとされた。また、エカチェリーナは1768年に、軍のための小麦と交換する新たな証券として、アシグナーツィアを利用しようと考えた。その後イギリスのポンドのように帝国で流通する通貨となったアシグナーツィアは、皇帝が糧食の費用を支払うという約束の証しである。同じ時期に、エカチェリーナはロシア正教会が所有していた国内の土地を没収し、農奴主はアシグナーツィアでこの土地を買うことが可能になった。そのおかげで、アシグナーツィアはとくに価値の高い通貨形態になった。[3] ヴェネツィアの手形が輸送中の穀物を意味したのに対し、エカチェリーナのアシグナーツィアは没収されたばかりの土地と、彼女の帝国がゆくゆくは武力によって奪うことになる土地を意味したのだ。

アシグナーツィアを使うというこの大胆な措置は、それからほどなく、フランスの革命家がカトリック教会から土地を没収した際に採用された〔訳注：フランスでの名称はアッシニア〕。[4] エカチェリーナの考えた国家債務という戦略は、ほぼ同じ頃に生まれた幼い帝国、アメリカ合衆国でも受け入れられることになる。実際、トマス・ジェファーソンもベンジャミン・フランクリンも、エカチェリーナと同じく重農主義を奉じていた。西部の農業開拓、教育への投資、穀物の輸出という2人の構想は、重農主義の理念によって形づくられたものだ。この理念が、アメリカ独立の構想を基礎づけることになった。[5] 小麦を通じての膨張というアメリカとロシアの構想のもとになったのはフランスの重農主義だが、国家債務を通貨に変えるという構想は、おそらくオランダ帝国の資本主義的な貿易業者の考えによるものだろう。というのもオランダのホープ商会が、この3つの帝国に助言を与えていたからだ。ホープの代理人は、17世紀にオランダが国家債務の構想をまとめ、債券を発行するための国立銀行を設立し、その債券を利用して世界中に軍事帝国を拡大していった経緯を説明したのではないだろうか。オランダが拡大を遂げてからほどなく、イギリス貴族たちの説得によってオランダの王子ウィレム〔訳注：英語名ウィリアム〕とその妻メアリーがイングランドの王位に就いた。イギリスは負債に基づいた戦略を採用し、1694年にウィリアムがイングランド銀行を設立した。コンソル公債をはじめとするイギリスの債券のおかげもあって、大西洋にはイギリスの船があふれるようになった。歴史家はこの現象を金融革命と呼んでいる。[6]

オランダ帝国とイギリス帝国が銀行を使ったのは海軍の経費を支払ったり、商船に資金を供給したりするためだったのに対し、エカチェリーナの重農主義モデルは小麦を栽培できる土地の獲得を目的としていた。ロシアの陸海軍はバルト海と黒海で、オランダとイギリスの銀行あてに振り出した手形を使った。アシグナーツィアと手形はともに、兵士を養うことへの融資、ロシア軍をイスタンブールに到達させようという乱暴な賭けへの融資という役割を果たした。[7]とくに興味深い点は、ロシア軍が手形のおかげで、占領地での穀物徴発という、抵抗を誘発しかねない昔ながらの戦略を使わなくとも、ポーランドとオスマンの支配地域で糧食を手に入れられるようになったことだ。この戦略は、オスマン帝国による穀物独占を逆手に取るものだった。イスタンブールの海峡を支配していたオスマン帝国は、小麦の公定価格（ミーリー）を設けていた。しかし重農主義者なら誰でもこう言うと思うが、穀物価格が強制的に低く抑えられれば、農家はオスマン帝国と競合する帝国のほうに市場価格で穀物を売りたくなるだろう。[8]

エカチェリーナは代金の支払いを約束することによって穀物を購入したが、オスマン帝国の将校は、ビザンティン帝国が何世紀も前に切り開いた交易と課税の道に沿って進みながら、直接課税という手段によってパンを手に入れた。トルコの将校は、要塞に貯蔵されている穀物を製粉してパンを焼くよう現地で命じていた。また、ほかの物資は帝国の公定価格で購入するので、銀と金を携行していた。だが金銀や穀物を運ぶと荷がかさむ。そのためスルタンの軍隊は黒海沿岸や、とくに北西から海に注ぎ込むドナウ川とプルート川の沿岸を進む際には、歩みが緩慢になった。

市場価格で支払いを行って穀物を手に入れるというエカチェリーナの戦略は、軍の機動性を高めた。ロシア人将校にとって、帝国の手形とアシグナーツィアを携行するのは安上がりだったろう。オスマンの年代記作家メフメト・エサドの言葉を借りると、「かれらは自分たちが保有する価値のすべてを、軍の運営資金から支払われる為替手形や手形として所持していた。資金が必要になれば、その手形の1つをいつでも現金に換えた。戦闘での敗北などの状況下で、この証券がムスリムによって奪われたとしても、ムスリムはこれを利用できなかった」[9]。オスマンの商人組合も数世紀にわたって手形を使用していた。だが帝国自体はハワーラという中世以来の手段を使っており、それは仲介業者のあいだでのみやりとりできるものだった。ハワーラは将来の信用を表すものではなく、転売はできなかった。帝国が長期借り入れの手段を得られたのは数十年後のことだ[10]。

オスマンに敗北をもたらした要因は、パンの大地を奪わんとするロシアの能力に穀物所有者たちが賭けたことだった。エサドによると、第3次露土戦争が始まった1768年、オスマンがそれまで数世紀にわたってうまく機能させてきた穀物税制が完全に崩れ、防衛線内に飢饉が起きたという〔訳注：日本ではこの戦争を第1次露土戦争と呼んでいるが、露土戦争にはさまざまな数え方がある〕。300年ものあいだ穀物を集める帝国として栄え、1世紀前には世界でもっとも財政効率の高い帝国として成功を収めていたオスマン帝国は、イェニチェリ〔訳注：近衛歩兵団〕や騎兵や民兵に食べ物を与えることができなかった。この兵士たちは3世紀にわたり、ヨーロッパでもっとも恐れられていた。だが1768年には、パン焼き窯の設置が十分に進まず、食糧調達請負人は兵士を食べさせることができなくなっていた。かれらは小麦の代わりにキビを使おうとした。また、まずくて黒いパンを白くするために石灰を加えたせいで、食べた兵士の何人かが死亡することもあった。まともなパンがなかったため、1768年以降、何万人ものオスマン軍兵士が反乱を起こしたり、あるいはドナウ川とプルート川沿いに築かれた帝国の要塞の外の塹壕で飢えに苦しんだり、食中毒で命を落としたりした。[11]

オスマン軍側の穀物不足は、戦争の流れを変えた。カグール（現モルドヴァのカフール）に近いプルート河畔の地点で戦われた決戦において、ロシアのピョートル・ルミャンツェフ元帥率いる4万人に満たない軍は、兵力15万人を擁するオスマン帝国軍の大部分を打ち負かした。ロシア軍は1774年に、つまりオレーグ公以来8世紀ぶり、またイワン大帝以来3世紀ぶりに、ボスポラス海峡の聖地を占領してツァーリグラードに変える態勢を整えた。ところが、この戦闘でもペスト菌が活動する。ネズミの体内で長いあいだ息をつないでいたこの菌は、戦争の混乱で体力を消耗していた宿主である人間のなかに入っていったのだ。[12]

穀物の入手に関するエカチェリーナのモデルはうまくいったが、ボスポラス海峡の占領は失敗した。オーストリアのハプスブルク家は自軍を使い、カグール近隣にあった要塞のロシア軍による占領を助けたのだが、黒海でのロシアの電撃的な成功を見て警戒し始めた。ロシア人が黒海沿岸の穀物生産地域を占領するのと、すべての穀物が通る要衝を押さえるのとでは次元が違う。ここがロシアの支配下に入れば、一部の穀物がドナウ川に沿ってハプスブルクの土地を移動し、黒海とボスポラス海峡を通って世界に流出するかもしれない。オーストリアとプロイセンはロシアによるイスタンブール掌握を阻止すべく、エカチェリーナに対抗してオスマン帝国と和平を結ぶことをちらつかせた。1771年、正教ロシアに対するカトリック＝プロテスタント＝イスラム軍事同盟という脅威を突き付けられたエカチェリーナは、和平を求めた。そしてクリミアへの影響力を強め、ロシア商船の黒海での貿易を可能とした。だがオーストリアとプロイセンがオスマン帝国領のそれ以上の侵食を制限したため、ロシアがボスポラス海峡とダーダネルス海峡を掌握することはかなわなかった。ロシアだけでなく、ほかの帝国の穀物船も海峡を通って黒海を安全に出られるようにすることが、ヨーロッパ強国にとっては至上命題だったのだ。そのため各国はいずれも、オスマンの支配する穀物畑が減るようなことがあったとしても、この帝国自体は存続させようとした。ロシアが2つの海に面する難攻不落の要塞を得て、コンスタンティヌスやユスティニアヌスの帝国ほど強力になることをヨーロッパの帝国は望まなかった。この要塞を手に入れれば、コンスタンティヌス帝のように、スペインからインドまで広がる帝国を建設することも不可能ではなかったからだ。

貪欲なエカチェリーナをなだめるため、ヨーロッパの君主たちは穀物生産国のポーランドを寸断した。エカチェリーナはドナウ川とプルート川からの撤退の対価として、ポーランドの領土4万エーカーを獲得することを了承した。オスマンからはドニエプル川と南ブーフ川のあいだに広がる草原地帯全域を奪い取ったほか、この地域のタタール人の自治を要求し、以東の地域を勢力圏に収めようとした。ポーランド分割によって、彼女はエサドの言う「無限の川によって潤う肥沃な土壌」

に対する権利を手にし、そのおかげで多額の貸し付けを返済し、アシグナーツィアを保証することができた。

軍事的・財政的膨張とパンを土台にした領土拡大の融合というエカチェリーナの空想的な路線は実り多いものだった。チュマキの道はいにしえの黒い道をなぞるように、ふたたび急速に延びていった。1760年代には1000台だったチュマキの荷車は、1830年代には数万台に増えている。だが草原の黒い道を取り囲む南ロシアが復調し始めると、それに伴う問題が浮かび上がった。復活した黒い道がモスクワとサンクトペテルブルクに疫病を運び、数万人の命を奪ったのだ。しかし長期的に見れば、エカチェリーナの戦略は太古に草原から消えた穀物をこの地に呼び戻したことになる。彼女はクリミア半島の川や街にロシア語やギリシャ語の名前を付けた。[13] アメリカの入植者が五大湖地域で勢力を拡大していったときと同様に、大勢の先住民が重農主義の征服者に言いくるめられてかれらと手を結び、他の人々から収奪した。クリミアがロシアに併合されたために、一部のタタール人は海を隔てたオスマン帝国に渡るはめに陥った。一方エカチェリーナがロシア軍にムスリム将校を積極的に受け入れようとしたことから、タタール人の6個師団がロシア軍に加わり、1792年のポーランド侵攻に参加している。[14]

エカチェリーナは草原地帯を征服すると、輸出入税を課さない自由港の建設に乗り出した。1791年、エカチェリーナの参議会は、旧ポーランド領まで広がるチュマキの道を通じて届く貴重な穀物の集荷地となる、新しい都市を築く計画を立てた。皇帝は草原地帯をふたたび文明化して古代ギリシャ時代のような状態にすることを標榜し、黒海沿岸のかつての食糧供給地、オデッソスにちなんだ名前を新しい港に付けた。オデッソスの街の跡が、近くに残っているという説があったからだ。言い伝えによると、エカチェリーナはその名前を女性名詞化させて、オデーサにしたという。

穀物港を設けるなら、当然のこととして膨大な数の農民が新たに必要になる。その点については、エカチェリーナはすでに万全の用意を整えていた。権力を掌握した翌年の１７６３年、エカチェリーナは外国人がロシア領に定住することを認める勅令を出している。定住者には75エーカーの土地を与え、兵役を免除し、宗教の自由を与えるものとされた。移民募集令は、まだオデーサの埠頭が完成しないうちから、多様な非チュルク系住民を――ウクライナ人の農民やギリシャ人船長、ユダヤ人の商人、ポーランド人の地主、ブルガリア難民、独立独歩のコサック、行き場を失ったドイツのプロテスタントを――平原に引き寄せた。ポーランド東部に対する統制に力を注いだエカチェリーナは、それまで数百万のユダヤ人の避難所となっていた諸都市も手に入れた。このポーランド東部を含む、新たにロシアが支配することになった地域は、ユダヤ人の「集住地域」になった。エカチェリーナや以降の歴代皇帝は、ロシア在住ユダヤ人の多くにこの地域への移住を強制した。移住先には黒海北岸の平原も含まれる。オデーサに移住したユダヤ人に対する課税の停止が保証されると、何百万人ものポーランド系ユダヤ人がチャンスを求めてチュマキの道を南下し、穀物流通の新しい前哨基地に行った。[15]

当時のオデーサは、重農主義的な社会工学の傑作だった。それに先立つアテナイやビザンティン、オスマンの諸帝国は穀物生産の共同体を設けてこれを支配し、課税していた。貢納品としての穀物を内に向けて、つまり帝国の中心部に集めて巨大な穀物倉庫に貯蔵し、勢力拡大のための戦争では外に運んだ。オスマン帝国はビザンティン帝国の海路と黒海地域のパンの道を掌握した1453年の段階で、すでにその体制を築いていた。清帝国も1636年以降、北京から東南アジアの朝貢国へと勢力を拡大する過程で同じ方法を確立した。帝国の官吏たちは、穀物と大豆粕を集めに北部へと向かう穀物商や、米を集めに南へと向かう者のために道を建設した。食糧供給地は朝貢や交易を通じて、帝国の中心部を養ったのだ[16]。だが黒海地域でもっとも新しい食糧供給地であるオデーサは、穀物を海外に送り出すことでヨーロッパの都市を養った。遠隔地の港に向かう巨大な穀物船が黒海を埋め尽くしたのは、いにしえのアリストイの時代以来、久しくなかったことだ。1860年時点では毎年70万台のチュマキの荷車が黒海沿岸に穀物を運び、ヨーロッパの産業革命を食糧の面で支えていた。

1794年に建設の始まったオデーサの平坦でほこりっぽい穀物港には、中世の都市に見られるような曲がりくねった道はない。この街は穀物の積み出しのために、うんざりするほどの数学的精度で計画された。海に面して並べられた穀物用と軍隊・検疫用の2つの正方形の区画は、湾の自然のカーブに沿うように、47度の角度で重なり合っていた[17]。オデーサの住民は、世界各地から遠路を渡ってきた人々だった。ここは今でも、フランス沿岸部の町のように見える。あるいは、アレクサンドル・プーシキンが「ほこりっぽいオデーサ」について用いた表現を借りるなら、それは「西欧の息吹きを伝え」ていた。

あそこでは　あらゆるものが西欧の息吹きを伝え
南国の光に溢れ　潑剌とした
多様さが目を奪う。
にぎやかな通りには　黄金（こがね）なす
イタリアの言葉がひびき
誇りかなスラヴ人
フランス人　スペイン人　アルメニヤ人
ギリシャ人　動作の鈍いモルダヴィヤ人
さてはまた　エジプト生まれの
もと海賊　モラリーなどが歩いている。[18]
〔訳注：以下より引用。木村彰一訳「オネーギンの旅の断章」『プーシキン全集　6』河出書房新社、1974年、494ページ〕

およそ5000マイル離れたアメリカ北部の諸都市、ニューヨーク、フィラデルフィア、ボストン、ボルティモアは、エカチェリーナが黒海での戦闘計画を立てるはるか前に穀物港として台頭していた。とはいえこの諸都市は南北戦争以前、穀物輸出においてはオデーサの実質的な競争相手ではなかった。タバコを除くと、北部沿岸の入植地の主な輸出品は、カリブ海の奴隷体制を支えたり、この体制を守るイギリス海軍に供給したりするためにつくられた半加工食品だった。広大な大英帝国のアメリカ地域における道具の1つだったアメリカの港湾都市は、先進的な重農主義都市ではなく、奴隷制プランテーションの補助役にすぎなかった。1660年から1770年にかけては、北緯10度から20度のあいだに広がる植民地、つまり価値生産的で奴隷を酷使する熱帯の島々と、食糧生産地として分かちがたく結び付いていた〔訳注：1660年以降、アメリカへの入植の波が高まった。1770年は紅茶以外の製品に対しイギリスが課していた関税が撤廃された年〕。この熱帯植民地はロンドンに強力なロビー、いわゆる西インド利害関係者を置いていた。南アジアの資源を掌握して吸い上げていた「インド利害関係者」と同じくらい強い力をもつグループだ。北米の港湾都市はカリブ海諸島のイギリス人不在地主にとって食糧の宝庫で、年間100万バレル超の小麦粉のほか、合わせておよそ70万バレルの牛肉・豚肉・米・コーンミールで奴隷体制を養い、かたやコーヒーや砂糖、ココアといった依存性の高い南国的な嗜好品を輸出して、イギリスのエリートの懐を肥やした。カリブ地域では奴隷にされた人々がプランテーション内の小さな庭で食用作物を栽培してはいたが、ここの島々は北アメリカから届く食糧に完全に依存していた。[19]

熱帯の奴隷体制に送る食糧を集めたという点で、北米の港湾都市は、ローマやコンスタンティノープル、イスタンブールのために数千年のあいだ機能してきた穀物港に似ている。あるいは、経済学者のアヴナー・オファーの表現を借りるなら、「イギリスの都市周縁は植民地の郊外とアメリカの町の郊外にまで通り抜けられるように連なっていた」[20]。大英帝国はアメリカ北部で、テオドシア（カッファ）やタナイスの海と同じような水深の深い場所を探し、長い埠頭を建設した〔訳注：テオドシアは古代ギリシャの植民市で中世にカッファと呼ばれた。現在はウクライナのフェオドーシヤ。タナイスも古代ギリシャの植民市で現在のアゾフ〕。そして、これらの地域と同様に、穀物の加工と海運を通じて原初的な都市型産業が生まれた。開発経済学者は、穀物や米や綿花などの主要産品が開発に及ぼす貢献を連関と呼んでいる。後方連関は主要産品の生産と市場での販売に役立つもので、穀物について言えば、これは農業機械や貯蔵、輸送サービスの貢献を意味する。また、前方連関は主要産品を加工する機会を指し、穀物の場合、これは製粉所、製パン所、さらには一時保管所の貢献を意味する。豚と牛は農村で飼料用穀物を食べ、港に運ばれ、樽入りの牛肉と豚肉に「加工」されるため、前方連関と見なすことができる。開発経済学者の視点から見ると、都市はロープ製造所や製帆店、造船所、穀物倉庫、一時保管所、製粉所、食肉処理場が集まってできたものだ。[21]

アメリカ革命(独立戦争)ののち、こうした沿岸新興都市はエカチェリーナの重農主義的とはわずかに異なる戦略を追求した。食糧供給の対象を増やし、スペイン、フランス、デンマーク、オランダ、スウェーデンが西インド諸島に置く熱帯の植民地にも貿易を拡大したのだ。[22] 奴隷制と食糧供給体制は、そのまま共存していた。ヴァージニア州とメリーランド州は輸出小麦の多くを生産し、サウスカロライナ州沿岸部は米を供給した。他方、奴隷体制の北端に位置するデラウェア州やペンシルヴェニア州、ニュージャージー州、ニューヨーク州も、カリブ海地域を養う方法を見つけた。アメリカ革命後、デラウェア渓谷、ハドソン渓谷、オハイオ渓谷では、奴隷にされた人々が革命自体の大義とされるものと動産奴隷制との矛盾を突いて、この制度に異議を唱えた〔訳注:動産奴隷制とは奴隷を売買・譲渡可能な動産と見なす制度〕。奴隷制について起こされた訴訟などの要因が重なり、この制度は北米の州で法的に廃止された。だがニューヨーク州とニュージャージー州では完全な解放までに30年もかかっている。

ヨーロッパで戦争が続いた時代を中心に、アメリカ北部の小麦粉樽は広い大西洋を渡ることもあった。だが大荒れの大西洋を樽が横断する2か月のあいだに小麦粉の価格や状態がひどく変化する可能性があるため、小麦粉販売はつねに大きなリスクを抱えていた。それでも旧植民地の人々の穀物に対する熱意が揺らぐことはなかった。1793年から1815年にかけて共和政フランスとヨーロッパのあいだで続いた戦争のおかげで、アメリカ人はイギリス、フランス、スペインの船や熱帯の島々に食糧を提供する機会を手にすることができた。当時、アメリカは年間平均100万バレルの小麦粉を1バレルあたり約10ドル平均の値で輸出していた。フランスとヨーロッパ諸大国との戦争が拡大しているという情報が持ち上がると、トマス・ジェファーソン国務長官はこんな言葉の数々を言い放っている。「われわれの目的は食糧を供給することで、かれらの目的は戦うことだ」。「かれらの兵士がたらふく食べられることを祈るだけだ」と。フランス革命戦争がヨーロッパの小麦価格を高騰させたため、アメリカの船はスペインやイタリア、イギリスの港に食糧を届けることができた。

トマス・ジェファーソンとベンジャミン・フランクリンはフランス滞在中に重農主義の理念を吸収したが、フランスのそれとはわずかに異なる結論を導き出していた。ジェファーソンはエカチェリーナと同じように、西部の開拓を通じての空間的膨張は急速な拡大の防止につながると考えた。急速な拡大、つまりイングランドの路線に沿った急速な経済発展は、児童労働を伴い社会不安をもたらす、暗く極悪非道な工場ばかりの国をつくり出すことになる。彼はまたエカチェリーナと同じく、「自由貿易」は外国製品に対する課税の禁止ではなく、農産物の自由な、阻害要因のない輸出を意味するものと考えた。論争の的となったもう1つの重農主義の原理に、土地所有者に対する「単一税」がある。農業者を富の主要なつくり手と見なしていた重農主義者は、地主を国家の財政にとっての負の要因と考えた。そのため、税金は土地所有者に課すべきだと重農主義者たちは主張した。アメリカにおいてもロシアにおいても、有力な地主たち（奴隷主と農奴主）は、この原理に強く反対した。[23] ところが、農業を後押しするための支出は強く支持した。その結果、大地主が強い力をもつ2つの帝国は輸入製品に少額の税金を課した。いくつかの港で商品に課税するほうが所得税や土地税を徴収するよりも簡単だったからだ。重農主義の原理では、道路や運河の建設、川の浚渫、公教育への支援が重視された。ロシアもアメリカも、国際市場での農産物販売を促進するのに役立つ幅広いルートの構築を目指した。フランス革命戦争とナポレオン戦争はヨーロッパに食糧不足を引き起こし、ヨーロッパの周縁としてのアメリカおよびロシアの両帝国に利益をもたらしたのだった。[24]

戦争中の都市に小麦粉を供給するというのは、（ロシアにとってもそうだが）アメリカにとって危険なことだった。アメリカの荷主は、イギリスやフランスの海上封鎖を破る方法については、とくに独創性を発揮しなければならなかった。そこで、フランス植民地で砂糖を積み込んだあとボルティモアに1日寄港して穀物を搬入し、すべての積み荷をアメリカ産として新しい貨物明細書に書き込み、ふたたびフランスに向けて出荷するという「中断貿易」の考えを使い始めた。商人が意図的に重農主義を実践していたかどうかはともかく、帝国による封鎖をすり抜けて穀物を輸出したことで商人の富が蓄積された。また、このことによってアメリカ産小麦粉の国際市場が拡大し、アメリカ財務省を（まだ庁舎もできていないうちから）うるおすことになった。戦後、アメリカの穀物商の偉業は、かつての『イーリアス』や『オデュッセイア』のように、ジョン・フロストの『若い商人』やワシントン・アーヴィングの『アストリア』といった冒険物語の形にまとめ上げられた。私掠船や不正や汚職への恨み節に満ちたそれらの物語は、アメリカの商業的高潔さに捧げられた讃歌だ。[25]

アメリカ革命後、ニューイングランドで奴隷制が終わると、穀物に立脚した農場拡大戦略と綿花に立脚したプランテーション拡大戦略から、それぞれに異なる空間が生まれ、それは徐々に相異なる慣習を育んでいった。当時の人々は綿繰り機に批判を浴びせた。[26]南部では、綿繰り機（コットン・エンジンを略してコットン・ジンとも呼ばれる）が発明され、安価に製造できるようになると、奴隷制の重要性が格段に高くなった。コットン・ジンは、短繊維綿のボール状の実綿からたいへんな数の種子を分離する作業を効率化した。この作業のあとは、イギリスの木綿工場に輸送するため梱包すればよい。実綿と種子の分離という収穫後の工程のコストを８００％超削減したのだ。綿の栽培にはアレクシ・ド・トクヴィルの言う「絶え間ない世話」が必要で、男性、女性、さらには子どもが年間を通して世話をせねばならなかった。このため奴隷主は、奴隷の家族全員を奴隷にして、広大な土地で綿を栽培し、世話ができるようにするのが有益だと考えた。綿には絶え間ない世話が必要であるが、小麦は綿を植え付けたあとにほとんど顧みる必要がないというのは、農場主にとっては常識だった。小麦は年中無休の労働を必要とせず、ある月に「種をまき」、数か月後には「倉庫に搬入」できたので、小麦は奴隷制になじまないと一部の奴隷主は考えていた。[27]

だが小麦輸出を通じた膨張というアメリカの当初の計画は、長くはもたなかった。イギリスが1784年にフォスター穀物法を制定し、ロシアやアメリカの穀物ではなくアイルランド産穀物の輸入を徐々に増やしていったのだ。イギリス王室と議会は、小麦に外貨を費やすのはイギリスから金と銀を流出させることにつながり、危険だと考えた。沖合の島の穀物畑に補助金を出すことは帝国がとる古典的な対応だ。重農主義者は忌み嫌うだろうが、ユリウス・カエサルなら称賛したことだろう。イギリスはナポレオン敗北後の1815年に穀物法を拡大した〔訳注：フォスター穀物法はアイルランド産穀物を対象にしていたが、1815年穀物法はアイルランド産とイギリス産穀物の保護を目的とした〕。アメリカはこれを受け、1817年と18年にアメリカ航海法を制定し、特定のイギリス製品を締め出した。そこでイギリスが持ち出したのが1818年自由港法なのだが、これはアメリカ史にとってきわめて重要でありながら十分に研究されていない法律の筆頭に挙げられる。1818年8月13日に布告されたこの法律はアメリカの船がイギリスの港に寄港することを妨げるものだった。ただし、アメリカから遠く離れたカナダのノヴァスコシア州ハリファックスとニューブランズウィック州セントジョンの港は例外とされた〔訳注：カナダが英連邦内の自治領になり、イギリス領でなくなったのは1867年〕。カナダの商人がアメリカで穀物などの食糧を仕入れた場合、それをカリブ海地域に運ぶにはイギリスの船を使うしかなくなった。[28]

その結果、アメリカ産小麦粉の価格が50％落ち込み、1819年には恐慌が——おそらく19世紀のアメリカでもっとも深刻な恐慌が——起きた。地価はミシシッピ川流域を中心に40％下落。公有地管理局と第2合衆国銀行は、不良債権回収のために何千エーカーもの土地を差し押さえた。1803年から19年までの16年間、アメリカの小麦と小麦粉の輸出額は平均1000万ドルで、綿花の輸出額とほぼ同じだった。ところが1820年には、小麦と小麦粉の輸出額は綿花輸出額の5分の1になり、1830年代には10分の1に落ち込んだ。綿花は小麦に取って代わり、アメリカでもっとも価値の高い輸出品となった。穀物輸出を通じた膨張というエカチェリーナ流の政策は、綿花帝国の成長と引き比べてみれば、後退しているかのような様相を見せていた。[29]

それでもアメリカの穀物は、価格こそ高くなってしまうのだが、カリブ海地域に販路を見いだした。ニューヨーク州やペンシルヴェニア州、オハイオ州の穀物は五大湖を渡ってトロントやモントリオールで活発に取引された。カナダ議会は川舟や小型平底船で運ばれる穀物に課税する法を制定していなかったのだ。トロントやモントリオールの製粉所は、ほとんどアメリカ産からなる小麦を関税の留保される「カナダ産」小麦粉に替えた。そうすれば、その小麦粉をセントローレンス川経由で港に運び、カリブ海地域にあるイギリスのプランテーションに販売できるのだ。[30] ところが、アメリカの穀物農場を出発してカナダの製粉所を通り、カリブ海のプランテーションにいたる曲がりくねった経路は費用がかさみ、カリブ海の食糧価格を2倍に押し上げることになった。ロンドンにいた多くの裕福な投資家は、早くも1822年の時点でカリブ海地域のプランテーションを売却し始めている。食糧価格の高騰は、奴隷の反乱や反奴隷制運動の高まりも相まって、カリブ海植民地における奴隷解放を後押しすることとなる。

アメリカはこうした特殊な税金逃れを使い、遠方のカナダの港を経由してカリブ海地域で小麦を販売した。そのおかげで小麦生産が北部に定着し、1820年代以降、小麦はどこか自由や北部諸州を連想させるものになった。小麦は雑草と同じく、ほぼ場所を問わずに栽培できたのに対し、綿の結実には最低気温が0度を下回らない日が200日も必要だった。このためアメリカ人は、豊かな土壌を備え長い夏の続く、ヴァージニア州リッチモンドからジョージア州メイコンへと続く地帯に綿を植えた。1804年にルイジアナの購入手続きが正式に完了し、1808年にアメリカが奴隷貿易から撤退すると、奴隷主はメリーランド州やヴァージニア州の傾きかけた小麦農場に加え、サウスカロライナ州チャールストンの破綻しそうな米農場から、成年男女や子どもを買い取った。この人々は、ジョージア州の山麓地帯や、さらに肥沃なミシシッピ渓谷といった「川下の場所へ売られていった」。奴隷制と自由とが分かちがたく結び付いた経済は、1830年代から40年代にかけて多様化していった。小麦と小麦粉は依然としてミズーリ州やケンタッキー州、ヴァージニア州の奴隷プランテーションでもつくられていたが、オハイオ川の北には最新の小麦農場が現れた。一方、綿がノースカロライナ州シャーロットやテネシー州ナッシュヴィルの北に植えられることはほとんどなかった。

そのようなわけで、1820年から60年までの40年間、アメリカ産綿花の輸出額は小麦の輸出額を上回っていた。1857年、サウスカロライナ州選出の上院議員ジェイムズ・ヘンリー・ハモンドは、南部が3年間綿の栽培をやめてしまった場合の世界をこんなふうに描き、奴隷主に特有の傲慢さを見せた。「イングランドは派手に転倒し、南部を除く文明世界全体を道連れにすることだろう。そう、綿花に戦争を仕掛ける者などいはしない。地球上のどんな権力も、綿花と戦おうとはしない。

綿花は王なのだ」。だがその支配力は不動ではなかった。穀物貯蔵のための古代の神秘的な技術が再発見されたことに加え、輸送の新技術が誕生したことで、ヨーロッパと世界の食糧供給地というロシアの地位をアメリカが侵食し、いつの日かキング・コットンを退位させる兆しが見え始めた。

穀物輸送に関する重要なイノベーションの発端となったのは、ナポレオンの治世下で行われたフランスの考古学的探検だった。古代ローマ人がどのような方法で穀物を地下に貯蔵したのか、その秘密を解き明かすことをナポレオンは目指した。ペルセポネがなぜ酵母や細菌に触れることがなかったのかは、エレウシスの秘儀のなかで厳重に守られた秘密の1つだ。もはや秘儀の全貌を知ることはできないだろうが、種まきに支障がない程度に小麦の種を温め、乾燥させて保存するという工程が含まれていたに違いない。この秘儀は、紀元4世紀から14世紀までのどこかで忘れ去られてしまった。フランスの農学者たちは、中世ヨーロッパの農民がふたたび原始的な日光乾燥で穀物を処理するようになったことをひとしく理解していた。この方法の場合、穀物の一定期間の保存こそ可能であるものの、長期貯蔵や長距離輸送は不可能だ。農学者たちはまた、穀物は3か月以上貯蔵しても安全に食べることが可能で、アレクサンドロス大王の勢力に包囲された敵方が何年も持ちこたえることができたということを、アレクサンドロスの物語から学んでいた。ペルセポネの秘密が解き明かされれば、穀物をもっと遠方に輸送し、長期にわたって軍隊に食糧を供給することが可能になるかもしれない。フランスがイタリアに侵攻したおかげで、ナポレオンお抱えの化学者たちは、「カエサルの金庫」（フランス人はこう呼んだ）の調査が可能になり、ペルセポネの秘密の解明にいたった。[31]

1810年頃、ジャン=アントワーヌ・シャプタルという化学者がペルセポネの秘密を解き明かした。イタリアの数多くの古代遺跡を訪れたシャプタルは、古代の保存法の解析に成功したのだ。発掘調査によって、古代の穀物倉庫の壁のへりに砂と乾燥した草が見つかった。シャプタルは、穀物を乾燥させ、水を通さない容器に無酸素の状態で密封する方法を発見した。この発見はフランスで国家機密とされた。もっとも、機密扱いを維持したがために、ナポレオンはロシアに派兵する前にこの情報を軍部と共有できず、1812年に兵士がかの地で飢えにさいなまれてしまう。ナポレオンの失脚後、シャプタルはこの大発見を書籍の形で公にした。1817年にはイタリア人も、古代の神秘的な技法を使って黒海地方の穀物を数年のあいだ保管できるようになった。この発見を記した書籍は1839年にボストンで翻訳出版され、1840年頃には気密性に優れたアメリカ初の穀物用倉庫がバッファローにやってきた。これはフランスの「シロ」〔訳注：英語での発音はサイロ〕の模倣で、紛らわしいことに「エレベーター」と名付けられていた。[32]

穀物の保管方法が発見されてからしばらくは、安上がりな長距離輸送方法が見つからなかった。アメリカ産小麦はボルティモアとリッチモンドでアメリカ産小麦粉になった。この安価な品で、そこからあまり遠くない場所の奴隷――キューバやブラジル、さらにはアメリカ南部の奴隷――を養うことができた。つまり、中部大西洋沿岸地域と中西部の安価な小麦粉は40年にわたり、ブラジルやキューバに加え、ミシシッピ州、ルイジアナ州、テキサス州といった南部のフロンティアでキング・コットンを支えたことになる。[33] しかしアメリカ産穀物のヨーロッパへの輸送という難題は、なかなか解決されなかった。フランスで穀物の高気密の保存法が再発見されてから何年ものあいだ、ニューイングランドの海運業界は、衛生的に乾燥させた穀物を大西洋の対岸に運ぼうと、航海水準の向上に努めた。有名なアメリカのクリッパー船は、1850年にはたった2週間で大西洋を横断できるまでになっていたが、船体の細さゆえに船倉の広さは限られた。が、そのようなことはあれ、貨物としてのアメリカ産穀物の形や重量、密度が、奴隷の栽培した綿花の輸出にとって都合のよいことは確かだった。小麦入りの袋は重く稠密で（1ロングトンあたり40立方フィート）、変形するため、船の底部と端部を安定させるのに大いに役立つ。船倉下部に穀物を置いて、上には穀物よりも軽くて密度が低く、価値の高い綿花を置けばよい。自分の船を商品で満たして安定させたい船主にとっては、船倉が「満杯で船体が深く沈む」ことが望ましかった。綿花は船倉を満たし、小麦は船体を沈めてくれるというわけだ。[34] 1850年にフランスの論者が指摘したとおり、穀物と綿花が組み合わされたうえに船の積載量が1000トンを超えたことは、アメリカの大西洋貿易におけるシェアの拡大を確実にした。[35] もっとも、カリブ海植民地を養い続け、戦時中の一時期にはヨーロッパの都市に食糧を供給していたとはいえ、アメリカは南北戦争の頃まで、大西洋地域の小麦市場では端役にすぎなかった。

1796年にエカチェリーナが死去し、ナポレオンがフランスのみならずヨーロッパに対する影響力を拡大させるにつれ、オデーサはナポレオンにとって重要な場所になっていった。青年砲兵から将軍になり、その後フランス革命期の最初の執政になったナポレオンは、パンの大切さをよくよくわかっていた。何しろフランスはパンのせいで崩壊してしまったのだから。かつて重農主義者がフランスの穀物貿易を掌握し、内国税を廃止して穀物の価格を変動させた際、陰謀論が広まった。穀物の固定価格制を撤廃しようとする重農主義者の試みは食糧価格を吊り上げるために仕組まれた「飢餓の契約」であると、庶民は思い込んだのだ。[36] パンの価格が急騰し、1789年にパリで蜂起が発生した。ロシアのアシグナーツィアのフランス版が失敗したことは、君主制の終焉と総裁政府の成立を助けた。その後、ナポレオンは自身の兵とともにパリの支配権を握って総裁政府を覆し、軍隊と帝国を築いていく。若き砲兵だった頃、エカチェリーナがロシアにつくり出した重農主義帝国に畏怖の念をいだいたナポレオンは、ロシアの膨張はきわめて速く、50年後にはヨーロッパ全体が共和主義かコサックのどちらかに覆われていることだろうと明言している。[37] だが、強力な軍艦と食欲旺盛な帝都ロンドンを擁するイギリスこそが、自分の前に最大の敵としてつねに立ちはだかるものと認識していた。

ナポレオンの軍隊がヨーロッパの東に向かって勢力を拡大し、勝利と死体を積み上げ、男爵領や王国を粉砕していた頃には、エカチェリーナはすでに没していた。食糧は力であるという重農主義の原理を理解していたナポレオンは、ヨーロッパ中の穀物港にイギリスとの交易を遮断させようと知恵を絞った。港を統制すべくバルト海や北大西洋、地中海の沿岸の町を占領し、十数か所に従属的な共和国を設け、それらにイギリスの貿易を妨害することを誓約させたのだ。イギリスはこの「大陸制度」を受け、ナポレオンの支配下にあるすべての港を封鎖する枢密院令を出した。この勅令によれば、中立国はイギリスの通商を妨害する港を使うことができなかった。ある意味、この戦争はパンを使った戦いだった。イギリスがヨーロッパの港で穀物を買うことができなかったのに対し、フランスはパンを海路で運んで兵に食べさせるのに苦労した。パンを使ったこの種の瀬戸際政策は、第1次世界大戦と第2次世界大戦で繰り返されることとなる。1807年には、ことパンに関しては、イギリスもフランスも相手の動きを封じていた〔訳注：1807年は枢密院令の出された年〕。イギリスは海外で小麦粉を買うことができず、ナポレオンの軍隊は食糧を運びながら陸上を行軍せねばならなかった。並木のある広々としたその行軍路は今日のヨーロッパでも目にすることができる。[38]

フランスがヨーロッパ全土へと血なまぐさい拡大を続けたことで、エカチェリーナの死去から10年後に、その重農主義システムの長期的価値が証明された。英仏両帝国の対立の影響を受けていないのは、黒海だけとなったのだ。オスマン帝国は1453年以来イスタンブールの門を統制し続けており、軍艦の入港をけっして許さなかった。そのため、ロシアがオデーサの街を建設してからというもの、相争う英仏両帝国は、穀物船を妨害しようにも、まずはオスマン帝国に、その次にはロシアに対処せねばならなくなったのだ。

フランスでとられた重農主義的な措置は革命の一因となったが、エカチェリーナが1796年の死去以前に任命した県知事たちは、彼女の重農主義的ユートピアを現実へと変えた。すべての中立国に加え、革命中のフランスも君主制のイギリスも、イスタンブールの海峡を通行して安全地帯のオデーサで穀物を自由に買い入れることができた。1800年にはわずか数軒の家しか建っていなかったオデーサだが、1807年以降は、ヨーロッパが戦火に包まれているあいだに、ヨーロッパ向け穀物の国際市場となった。穀物の道は、何世紀も前にチュマキによって敷かれていた。穀物を満載した何十万もの牛車が、ほどなく黒い道を埋め尽くすようになる。穀物の行き先はさまざまだったが、ほとんどがヨーロッパに送られた。乾燥した草原に穀物の栽培地が瞬く間に広がり、オデーサの人々とロシア帝国に富をもたらした。この穀物貿易において特異な優位性に恵まれていたのがオスマン帝国内のギリシャ人で、古代からの拠点をイスタンブールやギリシャの島々、黒海に維持していた。穀物の集約的栽培はドニエプル川の右岸と左岸をまたいで広がり、入植者に無償で土地を与えるというエカチェリーナの政策が継続されたことから、これに心引かれたドイツの農民は故郷をあとにし、新しい領土の全域に入植地を拡大していった。[39]

オデーサが建設される前、ロシア帝国の膨張は慎重かつ緩慢で、要塞線も1本ずつ築いていくという具合だった。オデーサが建設されてからのロシアは、アメリカと同じように外貨を手に入れ、飛躍的な膨張も可能になった。小麦輸出のおかげで対外戦争の資金を得られるようになったことから、ポーランドに押し入り、カスピ海を渡って中国へと向かっていった。まるで酵母やクワスのようなロシア帝国の膨張は、何をもっても止められないかのようだった。実際、目に見えない生き物、水生菌の増殖のために、オデーサはヨーロッパのための小麦の街という地位を不動のものにするのだ。

中世のビザンティン帝国を部分的に手本にしたロシア帝国は、18世紀には国立銀行などの新しい道具を使ってオスマン帝国の支配する土地に何度も侵攻して占有し、ついにはその草原を穀物栽培地として開拓した。ロシアはイスタンブールの海峡にたびたび触手を伸ばしたが、到達することはなかった。だが重要な点は、帝国の中心地にではなく周縁に、途方もない富が蓄えられていったということだ。課税対象地を分析した研究によれば、1905年時点でロシアの富の大部分は、モスクワを除くと、西の周縁部、バルト海沿岸から黒海沿岸にいたる穀倉地帯、黒海沿岸の南端部に集中していた[40]。その意味で、南ロシア（現在のウクライナ）は、やはり港町に富が集中していたアメリカ北部の入植地に似ていた。ボストンやフィラデルフィア、ボルティモア、リッチモンドがイギリス領カリブ海地域に食糧を供給することでアメリカの富を生み出していたので、北部アメリカでも沿岸部に富が集中していたと言える。19世紀以前の帝国の設計者なら、富が沿岸部に偏った2つの帝国のことを、攻撃に対して脆弱だと見なしたことだろう。

穀物を管理下に置いた帝政ロシアは、ほどなく世界最大の陸の帝国の地位にのぼった。かたや1820年以降、輸出作物についてはほぼ綿一辺倒になったアメリカは苦戦した。ナポレオンの敗北後、ヨーロッパの諸帝国は草原地帯で栽培された安価なロシア産小麦を購入した。イギリスの地主は安価なロシア産穀物が国内の生産者に与える影響を弱めるべく、1784年と1815年の「穀物法」の制定を推し進めた。安い食糧は小作人を使って穀物を栽培していた地主を脅かすだけでなく、外国産の安価な穀物は帝国の金銀を流出させる恐れがあったからだ。しかしその後、水生菌がヨーロッパにやってきて、すべてを変えることとなる。

第4章 ジャガイモ疫病菌と自由貿易の誕生

1845年～1852年

エルシニア・ペスティスはユーラシアの交易路を越えて広がり、ネズミや人間の体を食い荒らし、諸帝国を痛めつけてその進路を変えてきた。1845年、今度は別の寄生菌が食物を侵食しながら進路を切り開いた。こちらはペスト菌とは違って要塞や国境を難なく越え、増殖できる菌だ。ペスト菌は帝国に、勢力の縮小や海路から陸路への軸足の移行、検疫を通じての勢力伸長を余儀なくさせた。かたやこの新しい寄生菌は、疲弊した複数の帝国を団結させたり、飢饉をもたらして蜂起を引き起こしたりした。また自給作物であるジャガイモのなかで繁殖して台無しにし、小麦の国際化を助けた。小麦はこの菌よりもはるかに長い距離を移動し、ジャガイモ疫病による被害を穴埋めしている。帝国は農村での革命を封じようと、新しいアリストイを各国から招き入れた。さまざまな言語を話す新来の商人が、黒海やエーゲ海、地中海、大西洋、北海、バルト海の沿岸地域を歩き回るようになった。そしてオデーサはイスタンブールの海峡を通じて小麦を送り出し、新しい寄生菌のもたらした傷を癒す役割を果たした。１８４５年以降、この小麦は都市に蓄積されていく。パルヴスが消費＝蓄積都市と呼んだそれらの都市は、規模を飛躍的に拡大して資本を蓄積してゆき、投資先を世界各地に求める新しい種類の銀行を生み出した。世界は古代アテナイの時代と同じように、ふたたびおびただしい量の穀物で満たされた。

が、それはともかく、まずはジャガイモが（疑いの目で見られていたにもかかわらず）ヨーロッパの自給作物になり、この地域原産の穀物と組み合わせて栽培されるにいたったいきさつを理解しなければならない。紀元前７０００年頃、南米の狩猟採集民は、肉厚の地下茎が育つナス科の植物を選び取って改変し始めた。この人々はわたしたちがジャガイモと呼んでいる芋をつくり出したが、のちにインカ帝国が成立するこの地域には、さまざまな名前をもつ何百品種ものジャガイモが生まれた。そしてフィトフトラ・インフェスタンスが、ジャガイモの寄生菌として共進化した。侵入力のあるこの水生菌は、宿主であるジャガイモのなかでコロニーを形成して繁殖し、宿主を食い荒らす。[1]アメリカ大陸に到達したヨーロッパ人は、１７００年頃から１８４０年頃にかけて、西ヨーロッパ全域にアメリカのジャガイモを移植していった。細菌が繁殖しにくい湿度の低い状態で、冷たい大西洋の上を運ばれたジャガイモは、進化を遂げた目に見えない無駄飯ぐらいから一時的に守られたようだ。

ヨーロッパの生産者がジャガイモに適応するまでには何十年もかかった。多肉質で球根のようなな形をしたこの白い食べ物は、やがて農業に携わる人やその隣人のための作物になった。生産地としてもっともよく知られたのはアイルランドだが、ジャガイモはヨーロッパ大陸全域で育てられた。収穫に当たって掘り取らねばならない地中作物であるため、ジャガイモ疫病菌とは別種の無駄飯ぐらい――帝国軍の兵士――による略奪から、ある程度は守られていた。また、ジャガイモは小麦とは違い、ペルセポネのように閉じ込めること、つまり乾燥させて保管することができない。このためジャガイモを箱などに詰めて遠い帝都に輸送するのは難しかった。そのようなわけで、小麦栽培に携わる農民は自分たちと近隣の人々のために、ジャガイモを栽培し始めた。ジャガイモは農家のトラックで短距離を運ばれたため、アメリカ人はこの野菜を「トラック作物」と呼んでいる。何世代かを経ると、ヨーロッパにもインカ帝国の社会階層に似た階層が現れた。インカ帝国では、ジャガイモは農耕者が食べ、乾燥させた輸送可能なでんぷん質穀物（キヌアなど）は袋詰めにされてエリートのもとに届けられた。[2]これはヨーロッパでも同じで、アイルランドやドイツ、ハンガリーの農民はジャガイモを食べながら、ロンドンやハンブルク、ウィーンに輸送することが可能な小麦を植えて刈り取っていた。[3]ポーランドとウクライナの農民もジャガイモとライ麦を食べ、貴重な小麦はモスクワやサンクトペテルブルク、またバルト海経由で北ドイツやフィンランド、スウェーデンに届けた。ブルガリアとルーマニアの農民もジャガイモを食べ、小麦は遠い昔から存在していた帝国の穀物税を納めるため、イスタンブールに送った。

　ジャガイモ疫病菌にとっては幸いだが、ヨーロッパ人にとっては不幸なことに、ほとんどの農家は多肉質の白いジャガイモ（ランパー種）を、種子ではなく塊茎（かいけい）を植える方法で栽培した。そのため、すべてのランパーが遺伝的に同一になった。1700年から1845年にかけて、ほぼ同じジャガイモがヨーロッパ、イギリス、アイルランドの田園地帯に広がり、疫病菌のヨーロッパへの急拡大にとってはこのうえないモノカルチャーを生み出した。そして1845年の晩夏、高速船に乗せられたジャガイモがアメリカ大陸からベルギーに渡る。船はそれと一緒に繁殖可能な疫病菌を乗せていた。

ジャガイモ疫病菌は水生菌なので湿潤な気候をつねに必要とするが、ペスト菌のように宿主動物の腸内を移動することはない。実のところ、ジャガイモ疫病菌は短距離ながら空中を移動できる。だからこの菌は1845年にベルギーに上陸したとき、牛や騎兵や疫病船がなくとも、膨大な数のヨーロッパのジャガイモのなかに居着くことができた。1845年の秋は暖かく湿気が多かったため、鳥や昆虫や風がヨーロッパの農場に菌を急拡大させてしまった。最初にジャガイモの茎と葉に茶色の斑点が現れた。この菌の栄養源があって、コロニーができたことの証左である。その後、コロニーは葉から湿った土に広がり、地下のジャガイモを食い尽くした。ジャガイモを湿った状態で貯蔵すると、貯蔵用の穴や容器のなかの芋1個に少数の胞子が付着しただけでも、すさまじい量の疫病菌の繁殖地ができてしまう恐れがある。1845年9月中旬には、疫病菌が電光石火の速さで勝手に広がってゆき、いわゆるアイルランドのジャガイモ飢饉を引き起こした。これによりアイルランドだけで100万人近くが命を落としている。

もっとも深刻な影響を受けたのはアイルランドの農民だったが、ジャガイモの壊滅と、飢饉や関連疾患による死亡の波は、1845年から50年代初頭にかけてヨーロッパ全土に広がった。ヨーロッパにおけるいわゆる「飢餓の40年代」は、こうして始まった。植物病理学者のJ・C・ザドックスによると、ジャガイモ疫病菌のヨーロッパへの侵入によって「腸管感染症、赤痢、腸チフス、発疹チフス、結核」が発生した。[4] ロンドンの新聞は、ポーランドのガリシアとロシア領ポーランドで「暴動的な運動」が起こり、「飢えた農民の一団」がポーランドの農村からプロイセンに渡ったと報じている。[5]

ジャガイモ疫病菌は、はじめに大英帝国を不安定化寸前の状態にした。アイルランドの地主は穀物と牛をイングランドに輸出し続けたが、主要な栄養源を奪われた農民は飢えに苦しんだ。イギリスのロバート・ピール首相は——アイルランド人もイギリスの臣民だったので——アイルランドの農民に穀物を送るよう指示することも可能だったかもしれないが、それは高くついた。ピールは安い代替食品を探した結果、アメリカ産トウモロコシの輸入を認可した。トウモロコシはアメリカではよく食べられていたが、アイルランドでは食べ物としてなじみがなく、農業労働者はこの穀物を「ピールの硫黄」と呼んだ[6]〔訳注：両者の色がよく似ていたため〕。トウモロコシは飢饉を止めるのにほとんど役に立たず、このためピールは1846年、議会にこんなことを訴え掛けた。アイルランドで広がる人道危機に対処する唯一の方法は、外国の小麦（イングランドでは「コーン」と呼ばれる）に課税する「穀物法」を一時的に停止し、最終的には廃止することだ。自由貿易によって外国産穀物の価格は安くなり、アイルランド人は高い代価を払わずに飢餓から抜け出すことができるだろう、と。ピールによる自由貿易の呼び掛けは明らかに防衛的なものだった。「革命を避けるために改革を実行に移そう」と、彼は議会に語っている。[7]

ピール政権の閣内対立により、穀物法の一部廃止の発効までに6か月近くかかった。この保守党政権のメンバーの大半は地主で、安価なロシアの穀物――ナポレオンの時代から、リヴォルノとマルセイユで購入できるようになっていた――をイギリス市場に参入させ、自国産穀物と競争する事態を招くことに反対した。政府にとってさらに不都合なことに、ピールによる穀物法廃止のせいで、アイルランドから穀物が流出するという逆効果が現れた。ジャガイモの病害の情報が１８４６年に国際的な小麦価格の上昇を引き起こしたためだ。アイルランドの地主はこの状況を利用し、もっとも高い値で買う国々に穀物を送った。ある論者によれば、アイルランドの港に到着した飢饉救援の船が1隻だったのに対し、出港した穀物船は9隻だったという。[8] 経済学者のアマルティア・センが実証的に示したように、自由度の高い市場は農村部の飢饉を悪化させる可能性がある。またアイルランドがそうだったように、自分の栽培する作物の分け前を得る権利が農業労働者にない場合、この傾向は強くなる。[9]

しかしそれと同時に、ジャガイモ疫病菌は物価や賃金以外のものをも変えている。この菌は独自の経路をつくってジャガイモのあいだに広がり、人々から食糧を奪った。そんな状況を決定的にしたのが、チュマキのように穀物を運んだ帝国の道だ。アイルランドについて言うと、大英帝国の穀物輸送インフラは車輪状に設計されていた。先行するすべての帝国と同様に、穀物は帝国の核心部を取り囲む地帯で集められ、都市部に持ち込まれた。これは、帝国の都市には製粉所とパン焼き場からなる流通ネットワークや信用手段があったが、農村部にはなかったことを意味している。また同じくらい重要なのは、アイルランドの農業労働者が自分の耕す小麦畑の土地を法的に所有していなかったことだ。農民が所有または賃借りしていたのは、湿地にあるジャガイモ栽培用のちっぽけな土地だった。これは、大英帝国における食糧の流れを逆転させるのはほとんど不可能に近いことを示していた。[10]

ジャガイモ疫病菌の目に見えない侵略によってアイルランドの次に苦しめられたのは中東欧、とくにドイツ西部、プロイセン領ポーランド、オーストリア領、そしてロシア領ポーランドだ。1846年以降、これらの地域では食糧不足が広がって人々の蜂起が急増したが、フランスでも食糧不足と蜂起が発生した。[11] 1847年秋にはまずまずの収穫があったが、飢饉と食糧蜂起の余波のなか、いわゆる1848年革命が起きた。ヨーロッパの自由貿易リベラル派は、ドイツやポーランドなどでは革命運動を率いていた。他方フランスをはじめとする他の国々では、リベラル派は反自由貿易の保守派と手を結び、武力で革命を鎮圧した。7月王政(1830~48年)は第2共和政に変わったが、ほどなく新しい君主制に取って代わられている。またオーストリア帝国におけるハンガリー人とポーランド人の蜂起では、1849年にロシア皇帝がカルパティア山脈の向こうから何万もの兵力を送り込み、騒ぎを平定した。[12]

ヨーロッパの大陸帝国は、民間人に騎兵隊と大砲を差し向けただけでなく、相互に連動する自由貿易条約群によって帝国間の関税障壁を下げることで、長期にわたるジャガイモ疫病菌の影響に対処した。ピールの言葉からもうかがえるように、諸帝国を突き動かしたのは経済成長の夢でなく、無秩序への恐怖だった。[13] ヨーロッパの帝国が結んだ2国間条約では、署名国の一方が将来第三国と貿易協定を結ぶ場合に、もう一方の署名国が「最恵国」の待遇を受けられることを保証していた。

だから最終的にイギリスが小麦に対するあらゆる関税の停止を余儀なくされたのも、この島嶼帝国が自由貿易に傾注していたからというより、1865年にオーストリアと条約を結んだからだった。他のヨーロッパ諸国の君主が拍車を掛けなければ、イギリスが穀物の自由貿易に踏み切ることはなかったのではないだろうか。[14]

ジャガイモ疫病菌が発生し、それに対するイギリスの対応が遅かったために、飢餓とそれに関連する病気によって、おそらく100万人のアイルランド人が命を落とした。だが小麦関税の廃止は、驚くべき、そしてほとんど予想外の長期的な利益をイギリスにもたらした。大英帝国の中心部は弱体化することも衰退することもなく、飛躍的に繁栄したのだ。[15]最初の兆候は、大英帝国の中核が飢饉から守られ続けたことだった。イギリス沿岸部の製粉業者は、すでに1847年の時点で、金(かね)の力で簡単に穀物不足を切り抜ける方法を見つけていた。[16]ヨーロッパにジャガイモ疫病菌が上陸する前は、ロシアの穀物を積んだ100隻強の帆船が毎年春にイスタンブールの海峡を経由し、ヨーロッパの都市に向かっていた。そのほとんどはギリシャ人所有の船で、オデーサからジェノヴァ、リヴォルノ、マルセイユといった地中海の港にやってきた。穀物はそうした沿岸の街で乾燥させたのち、倉庫に保管された。穀物を保管していたそれらの街の商人は、イギリスやオランダ、ベルギーの関税障壁が意味をなさないくらいパンの価格が高騰するのを待った。[17]

1840年代の飢饉と革命は、ロシアからヨーロッパにいたる新しい穀物の道を踏み固める働きをした。ジャガイモ疫病菌が勢いを増すにつれて、パンは貧しい人々の食べ物としてジャガイモに取って代わるようになった。それがどこよりも顕著だったのは、食糧の入手可能性によって規模が左右されるヨーロッパの都市だ。黒海からヨーロッパの港にまっすぐ向かい、ヨーロッパの都市労働者に食糧を供給する船の年間数は、1850年には400隻に達している。[18] 黒海経由で届くこの安価な小麦は、ヨーロッパ人が食べるパンの質とともに、社会階級についての感覚をも変えた。
数世紀にわたり、家庭で食べられるパンの色は、衣服と同じようにその家の富と地位を示していた。1848年より前は、イギリスの港湾都市近郊の労働者は暗褐色のパンやポリッジ〔訳注：水や牛乳でエンバクなどを煮た粥状のもの〕を食べていた。食卓にきつね色のパンやロールパンを並べる余裕があったのは熟練労働者や街の商人、役人だけだった。そして、召使いに命じて白パン、ケーキ、ペストリーを皿に置かせるほどの余裕があるのは貴族や法律家、地主ジェントリだけだったが、そんな贅沢が毎日できるのはそのなかのごく少数だった。[19]
穀物の自由貿易により、白パンはリヴァプール、ハンブルク、ナポリなどの都市、またライン川両岸やバルト海沿岸、北海沿岸の街に住む労働者のファストフードになった。都市労働者が手軽に食べるパンとして新たに登場したのは、アイルランドで「バップ」と呼ばれる、大きくてやわらかいロールパンだった。港と製粉所のあいだに製パン所が続々と現れ、朝8時に朝食用のパン、午後1時からは焼きたてのローフブレッド〔訳注：焼き型から取り出した状態のもの〕、午後5時に焼きたてのティーケーキ〔訳注：ドライフルーツ入りの丸パン〕を提供した。製パン所は工場となり、4台ものオーブンが絶えず稼働し、焼き手は昼夜を問わず複数のシフトで働くようになった。街角の売り子は、ベーコンや、樽漬けの牛肉と豚肉から出る脂、砂糖をパンに添えてくれた。「2つ切りバップに砂糖をまぶし」と、売り子は夜明けに節をつけて唱えた。砂糖をまぶしたバップはベルファストの工場労働者の朝食となり、歌は街の子どもたちにとってはおなじみのものになった。[20]

安い穀物は大陸ヨーロッパの食生活も一新した。ハンブルクからライ麦が消えることはなかった——ライ麦パンの価格は白パンの半分だった——が、朝食にライ麦パンを食べようとする都市労働者や商店員はかなり少なくなり、白パンが朝食に食べられるようになった。ライ麦パンの居場所は夕食だけとなり、その際にはサワークリームやピクルスが添えられた。[21] 1850年代までにイギリス全土の庶民が褐色のパンのせいで歯を失ってしまったというのは、ロンドンの労働者階級のあいだに広まった戯言(ざれごと)だ。どこの製粉所も残留物であるふすまを取り除いていたが、製パン所がこれを小麦粉と混ぜてパンを焼いていたこともあって、店頭では褐色のパンがまだ売られていた。医師は消化不良の患者に褐色のパンを処方し、歯科医は歯周病の治療薬として、さらには歯磨きの代わりにこのパンを食べることを勧めた。褐色のパンは少し日を置いても白パンほどパサパサにならなかったので、荷馬車の御者は長旅で馬の餌や自分の食料にするため持参した。だがしだいに、ふすまは人間の食べ物としてでなく、牛や馬や豚の餌として使われるようになっていった。副産物が飼料として使われたことにより、都市に入ってくる食用獣やその肉の量が増えた。[22]

オデーサのもたらした恵みによって、1850年代の労働者家庭は白パンを買えるようになった。褐色のパンはふすまや胚乳のおかげでタンパク質の含有質が多くなっているうえ、腸の壁を掃除する難消化性の物質(食物繊維)も含んでいるため、より健康によいのだが、ほとんどの人はそんなことも知らず、白パンのほうを好んだ。都市部の労働者階級の身長は19世紀半ばに低くなったが、これは黒海地域の小麦畑が食生活の褐色パンから白パンへのアップグレードを可能にしたことによる皮肉な副作用と言えるだろう。[23] 安価なパンそのものは健康的ではなかったかもしれないが、1850年以降にはますます買い求めやすくなっていったために、労働者にはパンに加えて別の食料品をたびたび購入するだけのゆとりが初めてできた。フィッシュサンドイッチは、アメリカの穀物が到着し始めた1870年頃、イギリスの労働者のあいだで普通に食べられるようになり、これが10年後にフィッシュ・アンド・チップスへと変わる。またハンブルクで乾燥させて缶詰にした安い牛肉は、バップではさんでハンバーガーにすれば食欲をかき立てる食べ物になった。[24]

ヨーロッパの消費＝蓄積都市とパルヴスが呼んだ都市は、こうして出現した。労働と資本は、食糧がもっとも安いところに蓄積された。安い食糧は水路で届けられたことから、水深の深い港湾を擁する都市が栄えたのだ。近隣農村部からきた出稼ぎ者や孤児がこれらの港湾都市を埋め尽くすと、未来の工場主がこの人々を集めて業務に就かせた。改革論者や資本家は、農村からきたばかりの貧しい人々を救貧院に押し込め、国内外の材料を用いて（以下はほんの数例にすぎないが）、マッチや鉛筆、キャンディー、鉛のおもちゃ、木箱、櫛などの商品をつくらせた。港の近くでは食品の貯蔵と加工が盛んになり、港から遠い地域では穀物加工が衰退していく。内陸にあった何万基もの風車と水車が1世代もしないうちに歴史的遺物に変わり、何十もの内陸の町が、消費＝蓄積都市に接続する川や運河、鉄道をめぐって競い合うようになった。成功を収めた町は、港から安価な食糧を入手し、製造業に特化することによって都市になった。そして資本は、港湾都市に住む中流階級や上流階級、つまり資本を投入できる十分な土地をもたない階級のあいだに蓄積されていく。[25]

パリ、ロンドン、リヴァプール、アントワープ、アムステルダムといったヨーロッパの消費＝蓄積都市は1845年から60年にかけて過去最速の成長を遂げ、2倍を超える規模になった。ヨーロッパの産業化と都市化を引き起こした要素は、ヨーロッパ由来のものであるとは言えない。この変化を後押ししたのは外国由来の食べ物だった。1845年以前、ヨーロッパにおける産業の発展は労働者の安全を代償になされたものだった。児童労働、都市部の高家賃、人口の稠密は労働者の平均身長を押し下げるとともに乳幼児死亡率を押し上げ、くる病、壊血病、コレラ、結核、腸チフスの発症をもたらした。これらは労働者階級に特徴的な虚弱症状と思われるまでになった。だが安い穀物が海の向こうから届き始めると、労働者の平均身長は伸び、乳幼児死亡率は下がり、虚弱者は減った。また茶と砂糖の消費が増加した点から、安価なパンのおかげで労働者の可処分所得が上昇して質の良い食品への支出が増えたことがうかがえる。[26] 外国の穀物はヨーロッパの都市を養い、100万人規模へと成長させる働きをしたかもしれないが、そこには市民が群がり、ひしめき合っていたため、この人々を収容するアパートや水道、地下鉄、下水道が必要になった。

安価なパンを簡単に入手できるようになったヨーロッパの諸帝国は、オランダの金融革命――最初にイギリス、次にロシアとアメリカを助けた革命――をさらに役立てることにした。そして古代の帝国都市の後継モデルとも言うべき正真正銘の大都市の基礎を築くため、借り入れを行った。1848年、ルイ＝ナポレオン（ナポレオン・ボナパルトの甥）がフランスの大統領に選出された。ルイ＝ナポレオンはそれに続いて革命の混乱を利用し、1851年のクーデターで権力を握った。それまでフランスには君主がおらず、君主として戴冠式に出向こうという者もいなかったため、彼は自らフランス皇帝ナポレオン3世を名乗った。燕尾服を着たこの自称社会主義者は、自身に批判的な大勢の人々の要求をあたかも自分の考えたことであるかのように扱ったり、ねじ曲げたり、時には受け入れたりして、かれらを困惑させた。国民議会を解散させて組閣した際、政治的に多様で、ゆえに政治を完全に超越した内閣になったと、報道機関に対し次のように語っている。「皇后は正統主義者でモルニーはオルレアン主義者、ナポレオン公は共和政主義者で、わたしは社会主義者だ。帝政主義者はペルシニーだけで、彼は正気を失っている」[27]〔訳注：このナポレオン公はナポレオン1世の末弟の息子のこと〕。

ジャガイモ疫病がヨーロッパ中に広まっていた頃には、「ソーシャリスト」と「インペリアリスト」という言葉は、わずか数十年後とは異なる意味を帯びていた。19世紀中葉以前のインペリアリストは、海外への軍事拡大を支持する人（帝国主義者）ではなく、共和国に対する君主のクーデターを支持する人（帝政主義者）を指していた。インペリアリスト（帝政主義者）の対義語は共和政主義者だった。また1840年代、社会主義者は社会化された諸制度を支持してはいたが、必ずしも平等や民主主義を支持していたわけではない。当時の用語法に従えば、ルイ＝ナポレオンは帝政主義的なし方で権力を掌握しつつも、社会主義者を自任できた[28]。皇帝になった彼は、歴史をさかのぼってクーデターを正当化するのに月日を費やした。自分と共通点の多いユリウス・カエサルについての4巻からなる歴史書の執筆に取りかかっている。カエサルの古典的回想録の更新を考える人など、皆無に近いだろう。ルイ＝ナポレオンによる伝記は非常にできが悪かったため、彼が第3、4巻を書き上げることはなかった。その後、ナポレオンは考古学者と造船技師を雇ってローマの遺跡を発掘し、投石器とガレー船のレプリカをつくらせた[29]。

しかし、うぬぼれと自尊心の強いこの皇帝は、銀行は何百もの小さな貸し手が集団で所有する金銭を利用できるとする社会主義的な原理の価値を理解していた。多くの所有者の金銭からなる社会化された貯蓄は、集積され投資に回されれば、パリをローマのように壮大な街に建て替えるのに必要な資本になるかもしれない。大臣たち——いずれもボナパルティストだった——は効率を熱心に追求し、技術者を偏重した。かれらはナポレオン3世と同じように、森羅万象の専門家を自任していた。皇帝社会主義は公衆向けの宣伝、えせ民主主義の売り込み、公共事業債の販売の上に成り立っていた。膨大な債券が売り出された。公衆に債券を売るには民主的な銀行が必要だった。それがクレディ・モビリエ、クレディ・リヨネ、クレディ・フォンシエだ。ドイツでは、こうした銀行を創業者銀行（Gründerbanken）と呼んでいた。[30]

ルイ＝ナポレオンにとっての著述界の先達である空想的社会主義者のシャルル・フーリエとアンリ・ド・サン＝シモンは、ジャガイモ疫病が去ったあとのヨーロッパに創業者銀行を創設するうえで重要な影響を及ぼした。フーリエは彼に先立つ経済思想家と同じく、人と資金を大きな集団にまとめれば生産性が向上すると述べた。そのために、民主的な銀行をつくって「ファランジュ」という協同体を組織することを提案した。それぞれのファランジュは1600人強で構成し、4階建てアパートに住まわせる。1600人強という数は、フーリエが男女の気質を405種類に分類して計算した結果をもとに、慎重に考えられたものだ。この協同体では、あらゆる男性と女性がそれぞれの務めるべき仕事をもっている。料理や子育ては集団で行い、ゴミを拾い集めるのは、汚れる遊びが好きな子どもに任せる。そうすれば貧困はなくなるという。わたしたちは巨大なアパートや公園、カフェテリアの存在を当然のものと考えているが、1850年代には、空想的社会主義を説く革装のフォリオ判書籍の外の世界に、広範な大衆のための施設などほとんど存在しなかった。[31]だがそうしたものも、安価な小麦という恵みがロシアとアメリカから大量に届き始めると、続々と建設されていくことになる。

アンリ・ド・サン゠シモンはフーリエの構想のための資金獲得の公式を考えた。まず長期的視野をもつ未来洞察の専門家が計画を描く。先見の明のある銀行家が、数千人の小規模投資家の資本を使ってそのための資金を集める。そして短期融資のみを提供していた性急なフランス銀行は、新興企業によって勢いを削がれる、という公式だ。クレディ・モビリエ、クレディ・フォンシエ、クレディ・リヨネといった新銀行は、フランス皇室の後ろ盾を得て成功を収めた。起業家精神にあふれた社会主義銀行家は、地下鉄や路面電車、街中(まちなか)の壁や居酒屋に色とりどりの広告を貼って顧客の関心を引いた。有力な製造業者や土木技師、皇室の取り巻きは、この新しい金融機関にお墨付きを与えた。こうして営利の投資銀行業が始まったのだ。[32]

そして、ある意味でこの構想はうまく機能した。農民が自分たちに加え聖職者や地主を養っていたそれまでの数千年間、土地の改良こそが将来の世代にとって何よりも重要な投資とされていたが、それには市や郡、州、帝国などの課す税金が伴った。だが1848年以降、自由貿易のおかげでロシアから大量の安い穀物がやってきたため、都市部ではパンがより安く、また白くなり、農地の価値は下落しやすくなった。労働者階級は土地を所有しておらず、ゆえに子どものために富を蓄えたり、引退後の生活に備えたりするための手軽な手立てや場所をもっていなかった。

そのようなことから、フランスはフーリエから1世代を経ると、社会化された貯蓄によって「小自作農の国」から債券保有者の国へと変わった。この傾向はとくにパリで強かった。その後の数十年間、個人の資産が銀行口座や株式、債券という形で保管されたことによって不平等が拡大する可能性が生まれ、実際に拡大した。とはいえフランス市民の集団投資のおかげで鉄道や地下鉄、アパート、劇場、国際展示会のための資金ができたのだ。こうしたなかば公的な施設は活況を呈し、フランスの銀行家は5％超の利益を出す大規模な産業プロジェクトが実施できそうな新しい領域はないかと目を凝らした。イギリスの投資家は自身の属する帝国に投資する傾向が強かったが、フランスの投資家は自身の帝国の外に投資する傾向が強く、このモデルは、ほどなくドイツ（ダルムシュタット銀行）とオーストリア・ハンガリー帝国（オーストリア国家鉄道会社やクレディット・アンシュタルト）の模倣するところとなる〔訳注：オーストリア国家鉄道会社は名称とは裏腹に民間会社。またクレディット・アンシュタルトはクレディ・モビリエをまねてつくられた会社〕。だが外国の土地に誰よりも多くを投資していたのはフランス人だった。[33]

安いパンは労働者を消費＝蓄積都市に引き寄せた。都市住民は資本を蓄積し、貯蓄として進んで銀行に預け、帝国の中核地ににわか景気をもたらした。公債の所有が広がったことにより、パリ市は中世につくられた城壁を取り壊し、1860年以降、大規模な改造を始めることが可能になった〔訳注：改造事業そのものは1850年代に始まっている〕。プロイセン帝国とオーストリア・ハンガリー帝国の銀行家もそれにならい、1850年代に債券発行銀行（Effektenbanken）を、1870年には創業者銀行（Gründerbanken）を設立している。ドイツ人はのちに、この時代を創業者時代

(Gründerzeit)と呼んだ。ルイ＝ナポレオンやプロイセンのフリードリヒ・ヴィルヘルム4世のような独裁者が権力を安定させて正当化できたのは、派手な宣伝と大々的な公共事業の効果のおかげだったのではないだろうか。ルイ＝ナポレオンは、フランスの支配者たるべき自身の運命について話す際、内政で成功を収めたり軍事的勝利を得たりしたあとにクレディ・リヨネの資本がどれだけ増えたかに必ず触れた。[34]安価な穀物はナショナリズムを高揚させ、その感情は消費＝蓄積都市という具体的な形をとり、国家の事業に自らの資本を投じる方向へと国民を駆り立てた。これは国民国家の最大の強みにも、また最大の弱点にもなりうる点だった。

第5章
資本主義と奴隷制
1853年〜1863年

1700年代から1860年代にかけては、ヨーロッパ人がロシア産やアメリカ大陸産といった外国産小麦から連想するものは農奴制と奴隷制だった。ナポレオンの敗北後、安価なロシア産小麦の流入を阻止した際に理由としてよく言われたのは、奴隷や農奴にされた農耕者とヨーロッパの家族経営農家が競争を強いられる事態を防ぐためということだった。1851年に、フランス国民議会議員のアドルフ・ティエールも声を大にしてこう述べている。「ヴォルガ川河口からドナウ川河口にいたるこの広大な地域では、1日に10サンチームか12サンチームの代価で労働者を雇うことができる」。フランスが貿易障壁を撤廃すれば、農民をヴィスワ川以東の農奴や大西洋以西の奴隷と競争させることになってしまう。ティエールは次のように言葉を継いだ。「ロシアの農奴主がいかに恵まれているかは、誰もが知っている。農奴は主人のために週に4日間働かねばならず、その見返りに得られる食糧は、わが国の植民地の黒人に与えられる量よりも少ない」。自由貿易により、オデーサの農奴は「イングランド、フランス、ベルギーの無防備な農業に向かって、破壊的なまでの穀物の奔流を浴びせてくることになるだろう」[1]。ヨーロッパ諸帝国は、数世代前には南北アメリカに奴隷制を押し付けていたわけだが、自由主義に移行して間もなく水生菌被害のせいで市場の開放を余儀なくされていた。そして、奴隷や農奴にされた人々が世界の片隅で生産する食べ物に依存している自分たちの状態がいかに忌まわしいかを認識した。

それから少し経た1860年から63年にかけて、ロシアとアメリカでほぼ同時に、強制労働に終止符が打たれる。ただ当然ながら、2つの帝国のあいだには大きな違いがあった。1850年代のアメリカの穀物農家は学のある人が多く、1エーカーあたり12ブッシェル分を生産する農場(またはプランテーション)を所有していた。ロシアで必要とされる量の半分に満たない種子でより多くの小麦を生産していたのだ[2]。アメリカでは1850年代に収穫量が増えた。その一因は機械の使用にあるが、ロシアでは1世代遅れて機械が導入されている[3]。そのような違いはあれ、ロシアの農奴体制とアメリカの奴隷体制のあいだにはつながりがあった。1785年のエカチェリーナ大帝の改革によって、ロシアの農奴とアメリカの奴隷の違いは劇的に小さくなった。アメリカでは黒海北部地域の小麦畑からやってきた種を植えたおかげで、平原地帯の北部と南部に小麦生産者が広がっていった。アメリカの農業者が収穫量を増やすことができたのは、干ばつや寒さや真菌に対する耐性などの特性をもつ黒海地方の穀物を輸入したためだ。この特異な在来種小麦のおかげで、アメリカの奴隷主はシェナンドーア渓谷やテネシー州の畑で小麦を栽培できるようになった。黒海地方の乾燥した農場で進化した特殊な穀物は、より乾燥し、寒冷な北中西部の気候に適していた。ターキーレッド種が存在しなければ、小麦がカンザス州やネブラスカ州に到達することはなかったかもしれない。[4]

帝政ロシアとアメリカはまるで異母兄弟のごとく、ほぼ同時に穀物の家族生産に取り組み始めた。イリノイ、インディアナ、ウィスコンシン、オハイオの自由州の小麦生産量は1860年にヴァージニア州の生産量を上回り、それぞれ年間1000万ブッシェル超を生産するまでになった。同様に、当時新ロシアと呼ばれていたウクライナの私有地では、ロシアの輸出小麦の大半を生産していた。農奴制や奴隷制の廃止によって、ウクライナやテキサス州、ウェストヴァージニア州、ミズーリ州では小麦栽培のための新しい土地が農家に開放されることになった。[5]

アメリカもロシアも、奴隷主や農奴主の全面協力を得ることなく、強制労働を終わらせた。2つの帝国は、奴隷制と農奴制を大波乱のなかで廃止し、領主と奴隷主を切り捨てた。その残響は今日にいたるも、ロシア、ポーランド、ウクライナ、アメリカ南部にとどまっている。歴史家は、奴隷制と農奴制に終止符を打ったナショナリズムの立役者と帝国の立役者を称賛する傾向にある。たとえばエカチェリーナ大帝は農奴に厳罰を与えることは好まないと公言したとか、「解放者」アレクサンドル2世が声を張り上げ、大臣委員会に対して農奴制の廃止を「望み、求め、命じる」と述べたとか。はたまたエイブラハム・リンカーンが1860年に、ほかのことでは奴隷主と妥協することはできても奴隷制拡大には断固反対で、「鉄の鎖につながれているようにぜったい動くつもりはない」と書いたとか。なるほど奴隷制や農奴制を終わらせようとしたこの3人の口からこぼれ出た言葉は、あたかもキリストの発したもののようではあった。[6]

だがこれから見ていくように、農奴制や奴隷制の終焉は、皇帝や大統領の大胆な宣言とはほとんど関係がない。拘束労働と小麦とを切り離し、奴隷制と資本主義とを切り離すというのは、きわめて複雑で血の雨を降らすほどの問題だった。小麦がどのように育つのかや収穫を担ったのは誰か、どんな経緯で農業者が平原に広がっていったのかと深く関係していた。農奴制と奴隷制の忽然たる終焉には、自由主義の衝動や琥珀色をした穀物の生産量増大よりも、鉄道貨物輸送の経済的機能や外国人投資家の影響、戦争の力のほうが役立ったのだ。

南方への拡大を狙ったロシアの軍事作戦が1850年代半ばに失敗したことで、強固であるかに見えていたこの農業帝国は不安定化した。それまではオデーサの豊かな港のおかげで、ロシア帝国は専制的なヨーロッパ諸国のための食糧供給役と警察官役を果たすことができた。だがロシアは背伸びしすぎた。穀物輸出によって獲得した外貨は、生産性が高い黒海周辺の土地や、ボスポラス海峡とダーダネルス海峡にある玄関口を掌握したいというニコライ1世の欲を増大させるだけだった。そして新しい土地への欲に、傲慢さが加わる。1833年、エジプトに侵攻されたオスマンの援護を果したニコライ1世は自信をつけた。1849年には、ヨーロッパで1848年革命の鎮圧に一役買い、その自信を膨らませた。ニコライはスルタンを自分の臣下と、ヨーロッパ諸帝国を不運な部下と見なすようになった。1853年2月初旬、彼は駐サンクトペテルブルクのイギリス大使を呼び出し、オスマン帝国を切り分けるときがきたと告げる。その際、この帝国のことを「ヨーロッパの病人」と、印象的な表現で呼んだ。そして侵攻計画が実現したあかつきには、イギリスにパンくずを提供する旨を伝えた。イギリスはエジプトとクレタ島（当時オスマン帝国の州だった）を手に入れられるというのだ。「友人として、また紳士として話すと、この件についてイングランドとわたしのあいだに理解が成り立つならば、他人がどう思おうが何をしようが、そのようなことは気にもとめない」と彼は続けた。[7]

50万人の農奴と1000門の大砲の軍隊を自由に使うことができ、軍事力の絶頂期にあったロシア帝国は、1853年、トルコに対する9回目の戦争（クリミア戦争）を仕掛けた。ニコライは迅速な勝利を確信し、アブデュルメジト1世を挑発した。この戦争については、ロシア正教とカトリックの司祭たちが1846年以来、エルサレムの聖墳墓教会の鍵をめぐって争っていたために、ロシア皇帝がオスマンにおける正教会の名誉を守ろうとしたのだという説明が、かつてはよく聞かれた。だが、ことのいきさつには鍵以外の要素も絡んでいた。1853年の2月末日、ニコライはオスマン帝国に対し、自身をオスマン領内にいるギリシャ正教の全信徒の保護者にするよう求めた。しかしこれはオスマンの主権を侵害する無理な要求だった。[8] イギリスのスパイにして外交官でもあったローレンス・オリファントは、この戦争をロシアの「たび重なるささいな、つまりヨーロッパが不安感をいだくには及ばない強盗行為」の延長線上にあるものと呼んだ。[9] ところが、このささいな強盗行為がヨーロッパを目覚めさせた。ロシアによる9回目のトルコ侵攻は、それに先立つ8回の侵攻とはかなり異なる形で終わった。それはナポレオン戦争以来のパンをめぐる世界戦争の火蓋を切り、その結末はロシアにおける農奴制の終焉に、ほかのどんな要素よりも大きな影響を与えることになる。

ロシアとトルコのあいだで過去に起きた戦争では、イギリスとフランスの両君主国はロシアとオーストリアの侵略を受けたオスマン帝国の側に立つことこそあったが、ロシアの重農主義的膨張によって安価な穀物を得られたことから、この政策の恩恵に浴してもいた。またフランスとイギリスはオスマン帝国内の、のちにギリシャおよびエジプトとなる地域で起きた独立運動を支援していたこともあり、ロシアとオーストリアが黒海沿岸のオスマン支配地域を交互に分割していっても、見て見ぬふりをした。だがパンが安価になり、1845年以降西ヨーロッパの諸帝国がそれに依存するに及んで、イギリスとフランスはこの地域を注視するようになる。両国はロシアによる穀物の独占を懸念した。穀物輸出の動きを見ていたヨーロッパの人々は、ロシアが黒海で競争相手を意図的に妨害していると主張した。その最たる例として、ロシアがワラキア、モルダヴィアの両独立国の輸出に足かせを加えていることが挙げられた。ロシアはドナウ川が黒海に支障なく流れ込むようにすべきなのに、何十年ものあいだ沈泥を放置してきたのだという。[10]

フランスとイギリスにとって、黒海地域にあるヨーロッパの穀倉をロシアが押さえている状態は自分たちの生存に関わる問題であり、ヨーロッパの権力とパンの両方に対する脅威だった。ニコライの海軍が1853年11月のシノップ沖の海戦でオスマンに圧勝すると、事情に通じた政治家は心配になってきた。ロシアが最後の一撃を放てば、黒海地域の穀物だけでなく、ヨーロッパを中央アジア、アフリカ、中東と結ぶきわめて有力な港をこの国に独占されてしまうかもしれない。「ロシアがダーダネルス海峡の愛人になったとたん」と、外交官オリファントは警告した。「地中海の指揮権は確実に彼女のものとなり、ヨーロッパの運命に対する最高度の支配力も彼女に与えられることだろう」[11]。おそらくイギリスにとって同様に重要だったのは、東に向かう貿易路がボスポラス海峡を通って黒海に抜けていた点だ。何世代にもわたってインドから富を引き出してきたイギリスの商人は、ヨーロッパとアジアのあいだを走る狭い通路をロシアが掌握すれば、インド亜大陸におけるイギリスの力が脅かされるかもしれないと警戒した。この時代の人々は、アジアへの道をめぐるヨーロッパでの争いを「グレートゲーム」と呼んでいる[12]。

が、それはともかく、イギリスとフランスはヨーロッパが混沌状態に陥ったことによって決断を迫られた。トルコに対する宣戦布告の日に、ロシアが穀物輸出の禁止という拙速な決定を下したのだ。これはたぶん、ロシアの陸海軍の食糧を確実に安く調達できるようにするためだったのだろう。それから1週間もしないうちに、イギリスと大半の西ヨーロッパ諸国の小麦の平均価格が1クォーターあたり53シリング強から72シリング超に急騰した[13]。するとイングランド南西部では、ナポレオン時代以来のパンを求める蜂起が発生した。都市労働者が毎日とる食事の半分を穀物が占めていただけに、パンの価格の35％もの上昇は「飢餓の40年代」の悪夢をよみがえらせた。ただ、ヨーロッパの食糧を脅かしているのは目に見えない水生菌ではなく、ヨーロッパの労働者を養う穀物に手を掛けるツァーリと農奴の軍隊だった。１８５４年3月、イギリスとフランスは好戦的なロシアのツァーリを打ち負かすべく、オスマン側に立って参戦した[14]。イギリス海軍本部はクリミア半島のセヴァストーポリにあるロシア海軍本部の攻撃、ロシア艦隊の破壊、さらにバルト海に対する春季攻撃の開始を計画したが、最初はどれもうまくいかなかった。

ビスケットやクラッカー、牛肉をクリミア半島の兵士に届けるのはまさに悪夢のようなことだった。英仏両帝国は補給能力の乏しさを露呈した。蒸気船が時間どおりに到着することはめったになかったし、指揮の乱れは事態を悪化させた。塹壕戦が繰り広げられ、紛争は何か月も続いた。両陣営でおびただしい数の兵士が死亡した。死因の多くは赤痢と壊疽(えそ)で、いずれについても医学的知見は十分にあったものの、手当てが行き届いていなかったのだ。イギリスとフランスの将校は、戦域近くにいた同盟相手であるオスマンとエジプトの態度を及び腰と見ていたので、その力を使いこなそうとはしなかった。その結果、人員不足の状態で作戦が進められ、ヨーロッパの兵士はセヴァストーポリ包囲戦で11か月ものあいだ釘付けとなった。[15]たび重なる失敗と代償のあまりの大きさにより、英仏両帝国は民間造船所への――フランスはセーヌ河畔の、イギリスはテムズおよびマージー河畔の造船所への――補助金注入を余儀なくされた。紛争の終了時には、両国の蒸気船会社はかなりの費用を負担しながらも、補給や兵員輸送、砲撃を迅速に開始できる蒸気式の広底船を建造できるまでになっていた。この船は水深の浅い場所での操縦が可能だった。こうした機動性の高い蒸気船の運用練度を高めたことによって、長距離侵攻のために派遣された海兵隊員に糧食を補給できるようになったのだ。

イギリスとフランスにとって、クリミア戦争は新しい道具を試す場の役割を果たした。そしてこの道具は、数十年にわたる帝国主義的膨張に不可欠なものとなる。とくに重要なのは、イギリス海軍が小型で機動性のあるスクリュー駆動の蒸気船に配備した艦上砲の能力を証明できた点で、この砲は野戦要塞を射程圏内に収め、きわめて厚く防御力のある壁さえも標的にできた。イギリスとフランスの海軍は、オデーサをはじめとする黒海沿岸のロシアの要塞に加え、サンクトペテルブルクに近いフィンランド湾岸の要塞も破壊した。陥落までに日数を要したのはセヴァストーポリだけだ。[16]

ロシアとの戦争は大西洋岸の両帝国の能力を高めるとともに、貪欲さを強めた。イギリスの海軍と商船会社は、第2次アヘン戦争（1856〜60年）では白河において、またインド大反乱（1857〜59年）ではイギリス軍の退避や侵攻の支援のために、クリミア戦争で開発されたのと同種の機動性が高い蒸気船を使用した。第2次アヘン戦争では、イギリスは清国の要塞を破壊してのけ、清国皇帝は大英帝国のアヘンを受け入れるはめに追い込まれた。フランスが1881年にチュニジアを征服し、イギリスが1882年にエジプトを占領することができたのは、機動性が高い蒸気船があったためだ。またイギリスとフランスの「探検家」はこれとほぼ並行して、同じような武装蒸気船を使い、いわゆるアフリカ争奪戦のなかでコンゴ川、ザンベジ川、ニジェール川、オレンジ川を航行した。皮肉なことに、両国の海軍は木造のフリゲート艦や戦列艦にこだわっていて、そのほとんどが廃棄されたのは1870年のことだった。ヨーロッパ諸国の帝国主義が成り立ったのは、おもに郵便補助金で潤っていた商船のおかげであり、海軍の相対的な重要性は1910年まで下がり続けた。そしてついに、ヨーロッパ諸国の補助金を受けた商船団が1853年以降に積み上げてきた技術的発見を吸収した戦艦、ドレッドノートが生まれた。1910年のことである。

ロシアの敵国が外国への侵攻に役立つ機動的な兵器の整備に時間をかけたとあれば、農奴からなるロシアの軍隊が敗北しないはずがない。ロシア軍がエフパトリアの連合軍補給基地の占領に失敗した直後の1855年3月、皇帝ニコライ1世は死去した。当時は自殺説がささやかれていたが、ロシア史の研究者は、敗北を目前にしたことで心痛によって死亡したのだと考えてきた。ニコライは死の床で息子にこう語ったという。「そなたには秩序ある帝国を残してやりたかった。だが、そうならないことが神の思し召しにはかなうようだ。わたしにできることは、そなたとロシアのために祈ることだけだ」[17]。ニコライ1世が後継者アレクサンドル2世に残した帝国は財政破綻の瀬戸際にあり、深刻なルーブル安の危機に瀕していた。1856年の降伏はロシアにとって屈辱的な敗北だった。3年に及ぶ戦争ののち、財政赤字は戦争以前の約6倍に当たる3億7００万ルーブルに膨れ上がった。国家はすでに通貨供給量を2倍の8億ルーブルに増やしていた。また金兌換を停止し、ロシアの輸出・輸入市場を危機にさらしていた。アレクサンドル2世はパリ条約締結前に発表した声明で、「すべての人が［…］自らの真摯な労働の賜物を平安のうちに受け取らんことを」と述べ、農奴制の廃止を匂わせたが、この制度を終わらせるための具体的計画は用意していなかった。オスマン帝国はクリミア戦争で命拾いをしたかもしれないが、ロシアに対する戦勝を得るためにひどい代償を払わされた。戦費を賄うために、イギリスとフランスから法外な融資を受けた。そしてこの融資は、20年後に帝国を破産させることとなる[18]。

アレクサンドルはエカチェリーナ以降のほとんどのツァーリと同様に、農奴制を遺憾に思っていたが、クリミア戦争におけるロシアの敗北のおかげで変化が加速した。ボスポラス海峡の支配を狙ったニコライの戦争が不首尾に終わったのち、ロシア帝国の中心的な財務顧問だったユリウス・ハーゲマイスターは、密接に結び付いた長期・中期・短期の問題への取り組みを迫られた。ハーゲマイスターの見るところ、農奴制は、長期的には黒海以北の平原の存分な利用を阻むことになるという。１８３０年代にこの地域の多くの農場や私有地を訪れた彼は、家族所有の農地のほうが小麦の1エーカーあたりの収穫量が多く、収穫物もきわめて清潔で売れやすいと感じていた。他方で、穀物商から聞いたところでは、農奴主の農場で生産される小麦は汚れていて、たくさんの石や砂が混じっていた。また内陸に行けば行くほど、麦の世話に対する農奴の熱意はなくなってゆき、麦はろくに梱包されず、そのため市場に着くまでに腐敗して買い叩かれてしまうことが非常に多いという。ハーゲマイスターによると、ロシアにおいて、小麦にはつねに農奴制の問題が絡んでいた。[19]

ハーゲマイスターの考える中期的な問題は、最大規模の地主がロシア土地銀行に巨額の負債を抱えていることだった。この銀行の融資先は、莫大な財産をもち、農奴を抵当に入れた農奴主に限られていた。１８６０年時点で、こうした農奴の60％が28年から33年間の抵当権を設定されていた。そしてハーゲマイスターの考える短期的な問題は、クリミア戦争の戦費に起因するものだった。ロシア土地銀行は、自国の巨額な短期借入を引き継ごうとした。自己資本比率を高めるため、預金者に支払う固定金利を引き下げた。すると何千人もの人が預金を引き出し、問題が増幅してしまった。農奴主への長期融資の差し押さえがいつ執行されてもおかしくないように思われた。[20]

つまり、帝国の抱える長期的な問題は農奴であり、中期的な問題は農奴であり、短期的な問題はトルコ、フランス、イギリスへの賠償金の支払いだったが、これは農奴の問題でもあった。ハーゲマイスターは独創的な解決策をとることにした。帝国が農奴にいくらかの土地を分与し、農奴はその代金を49年年賦で国立銀行に支払うという形で農奴制を終わらせたのだ。銀行は農奴主に対し、農奴に分与した土地と引き換えに長期債を発行した。とくに重要なのは、帝国が未払いの借り入れを抱えていた地主への支払いを減額したことだ。これは即時差し押さえを意味していた。この計画によって解放された農奴は、農奴主である貴族が自分たちを担保にして受けた貸し付けの返済をすることになる。ハーゲマイスターが組み立てた支払い方法のせいで、農民は土地の評価額よりも多い額を支払うはめになった。農奴「解放」の最大の受益者は帝国の銀行だった。[21]

この独創的な解決策は小麦と農奴制を切り離したように見えるが、国家としてのロシアはそれで懐を痛めることなく、もっとも多くを得た。[22] 農奴は自由の身となったが、土地の代金を支払わねばならなかった。金銭を必要とするようになった何十万人もの元農奴は、他人の農場で収穫労働者として働くために草原地帯の全域に散っていった。思うに、世界の穀物の大半を生み出していたのは小自作農の土地ではなく、アメリカ史家が「辺境の農地」と呼ぶ土地、あるいは経済学者ニコライ・コンドラチェフが所有された（vladel'cheskikh）農地と呼ぶ土地だったようだ。アメリカのそれは、500〜1000エーカーの農場だった。ロシアのそれは、おもに解放農奴からなる営農者が切り盛りする同規模の土地だった。かれらは信用借りをし、人を雇い、機械を使って何百万エーカーもの平原を開墾し、ヨーロッパの都市に送るべき穀物を生産した。[23]

ハーゲマイスターは1861年に農奴制終了のための独創的な計画をつくり上げたが、その直後にアレクサンドル2世によって任を解かれた。ツァーリによれば、ハーゲマイスターがロシアの「目前に迫る国家破産」について、外国で話したからだという。[24] 結局のところ、アレクサンドル2世による農奴の「解放」は、帝国の信用を守るために負債を隠すことを目的とした目くらましに近いものだったように思える。農奴による請け戻しのおかげで、解放農奴に黒海北岸の草原地帯から穀物を送り出させるという重農主義的戦略の資金をつくることができたが、元農奴のほとんどは農民というより雇われ人になった。農奴制は、キーウ、ヴォルィーニャ、ポジーリャ、そして現在のベラルーシなどの小麦生産地ではすでに廃れていたから、以後、穀物と農奴制はロシア全土で切り離されることになった。[25]

農奴制が終焉したのにあわせて、小麦生産の中心は黒い道沿いに移動した。ドニエプル川の「左岸」、つまりオデーサの北・東部への小麦の植え付けが増えていった。このように入植地が西から東へと拡大したことでオデーサは、ミコライウ、マリウポリ、ロストフ・ナ・ドヌーといった黒海沿岸港と肩を並べる穀物港となった。

ロシアの元奴隷はアメリカの場合とは異なり、代金の返済に1世代以上かかったにしろ、実際に土地を受け取った。奴隷解放後のアメリカ南部ではそのような再分配は行われず、そのために、かつて奴隷にされた人々の財産形成は今日も妨げられたままだ。アメリカでもロシアと同様に、奴隷制が終わった頃に小麦生産地が移動した。南北戦争後には、ヴァージニア州やメリーランド州、ミズーリ州、ケンタッキー州にあるかつての奴隷農場よりも、五大湖周辺地域で生産される穀物のほうが多くなっている。[26]放棄された南部の穀物栽培地域は、ロシアの旧貴族領地のようになってゆき、ジェントリ階級は下り坂を転がり落ちつつも、世界でもっとも価値の高い、きわめて広大な土地を保持した。[27]クリミア戦争でのロシアの敗北は農奴制問題を終わらせる機会になり、その終了を正当化したが、アメリカ南部が信用貸しに依存し続けて土地を再分配しなかったことは、南部における食用作物生産の成長を妨げ、この地域と綿花生産との結び付きをさらに強めることになった。[28]

ロシアでは農奴制の消滅に伴い、穀物を中心とする新しい政治構造が築かれている。ツァーリは農村を解放するため、それまで俗にミールと呼ばれてきた郡レベルの共同体を整備した。そしてミールの上位の行政組織であるゼムストヴォは、少しずつではあれ地方自治体の特徴を備えていった。穀物生産は家族農業がミールを通じて盛んになるのと軌を一にして広がってゆき、農民にささやかなる力を与えた。ツァーリズムによる支配は続いたが、ゼムストヴォは農民が地域の指導者を選び、不満をこぼし、困難からの救済を求める場となった。それにより、ヨーロッパでは比較的まれな農村的公共圏の形成が後押しされた。ツァーリの頭にあったのは個々の農奴に土地所有権を与えることだったが、計画の最終案では、ミールが集団で土地を管理し、土地の再割り当ては時間をかけて随時行うものとされた。[29]

このような地域の小規模農場は、穀物の生産において辺境の農地ほどの成果を上げなかった。後年にアメリカやインド、オーストラリア、カナダが国際市場に参入したのは辺境の農地、つまり収穫に大勢の労働者を使用するような、500〜1000エーカー規模の大規模な個人所有の農場のおかげだった。これはアメリカで1870年代に鉄道会社によって設けられ、その後すぐに放棄された2万エーカーの「ボナンザ」農場のことではなく、土地にしかと根を下ろし、柵を設け、出稼ぎ労働者を雇って営農した裕福な家族の大規模農場のことだ〔訳注：ボナンザ（棚ぼた）農場とは、穀物生産に特化した大規模な近代的農場で、倒産したノーザン・パシフィック鉄道が出資者に売却した鉄道用地にできた農場を起源とする〕。現在のウクライナに当たる地域の辺境農地は、請け戻し制度によって解放され、現金経済の圧力を受けた季節労働者が強力な支えになっていた。[30]

農奴軍によってイスタンブールを占領するというニコライの夢はついえ、自信を失った破産寸前の帝国があとに残された。そしてニコライの息子は破産を食い止めようと、悲壮な覚悟で農奴制を廃止した。1856年のパリ条約は、ロシアの力の拡大に制限を課した。黒海に通じる穀物の道、つまりドナウ川を管理する独立した国際機関を設けている。ヨーロッパ列強はそれから数年もしないうちに、ドナウ川から黒海に抜ける方法を見つけ、その結果、新しい穀物生産国ルーマニアがロシアの小さなライバルとして台頭することになる。[31]加えて、ロシアと戦った連合国は、ロシア軍艦のボスポラス海峡通過を禁じた。農奴制が終わったうえに帝国膨張の動きが弱まったとあって、イギリスとフランスにとって、ロシアは与しやすい相手に映った。

ロシア帝国の身の丈に余る行動は、大西洋の対岸にいた巨人を目覚めさせた。ツァーリ同様、奴隷労働に決まり悪さを感じるようになっていた大商人たちの国だ。クリミア戦争によってロンドンとリヴァプールの穀物価格が2倍近くに跳ね上がると、ジョン・マリー・フォーブスをはじめとするアメリカ北部の大商人はふと考えた。この貴族たちは草原に広がる農地の行く末について、ツァーリやその大臣たちとはいくぶんか違う見方をしていたが、いくら1850年代にヴァージニア州の小麦粉が大量に輸出されたにせよ、やはり奴隷制と穀物輸出は両立しないと考えた。フォーブスたちの見るところ、ヨーロッパへの穀物の輸出に対する最大の脅威はスルタンやツァーリではなく、中西部の小麦農家と南部の綿花生産者とのあいだに走る政治的な亀裂の広がりだった。政治的にこの問題を体現していたのが、南部のいわゆる「奴隷権力」だ[32]〔訳注：「奴隷権力」とは、奴隷制支持勢力が企んでいるとされる陰謀について述べる際に、奴隷制反対派が用いた言葉〕。

たしかにそうだった。連邦議会には奴隷制維持勢力がいて、南部選出の議員は在籍年数の長さをてこに上下両院の主要委員会のほとんどを掌握し、国家財政の財布のひもを握りしめていた。ニューヨークとニューイングランドの大商人はヨーロッパにおける飢餓の40年代以前、まとまりをほぼ欠いていたが、１８５０年代にはかれらの多大な貢献のおかげで共和党が誕生した。エカチェリーナ大帝のユートピア的ビジョンのモデルをなぞりながら、西半球における重農主義的膨張の旗手になっていく政党だ。大商人のあいだでは、家族営農者を草原地帯の小麦農場に引き入れる誘導策を要求する声が高まった。かれらは西部の土地の無償払下げや大陸横断鉄道への連邦補助金の注入、農業を専門とする閣僚の創設、また近代的農業を後押しして1エーカーあたりの収量を増やすことを目指す高等教育機関への公有地供与の制度づくり、という政治要綱の策定を助けた。１８５４年にいたると、敵対する南部の側は、北部大平原でのフロンティアの西漸のペースがあまりにも速く、抑制の必要があると考えるようになった[33]。

こうした共和党支持の鉄道王と穀物商は、共和党で途方もない政治権力を握るようになった。カリフォルニアとシカゴ、あるいはニューヨークとペンシルヴェニアのあいだに広がっていった裕福な共和党支持者の多くは産業ブルジョアジーではなく、穀物に利害を有する商人と鉄道関係者、またそれぞれのために働く弁護士だった[34]。運河と鉄道によって東西をつなぐ穀物の道という共通の利害が、穀物商と鉄道関係者を根本のところで結び付けていた。

当時この人々は泥棒男爵と呼ばれていたが、むしろわたしは交通男爵と呼ぶほうがよいように思う。中世の泥棒男爵は、要塞の近くを通過する穀物に通行料を課した。かたや交通男爵は、ヨーロッパの諸都市への西部産穀物の輸送を高速化および低コスト化し、迅速化した輸送サービスに対する料金の引き下げに努めた。東から西に向かう通商路は、西部開拓地への財と信用の供与を意味した。これに対し西から東に向かう通商路においては、1700年から1818年にかけてのアメリカ産穀物輸出の全盛期がそうだったように、国内および国際市場で販売する穀物の集荷が必要だった〔訳注：1818年はイギリスが自由港法を制定した年。第3章を参照〕。開発経済学の用語を使って言い換えると、交通男爵は中西部の穀物との後方連関と前方連関を強めたかったのだ。南北戦争はカリフォルニアにまで広がる西部の鉄道地帯での奴隷制を禁止するために戦われたが、これは同時に、アメリカからヨーロッパ諸都市へとまっすぐな穀物の道を引こうとする交通男爵の根本的利害にかなうよう、国家を調整する機会になった。[35]

デイヴィッド・ダウズは、戦時中に共和党を後押しした多くの人々と同様、穀物店の店員としてキャリアを開始した。そのオールバニーの店では、エリー運河を下ってくる穀物をハドソン川経由でニューヨーク市に転送していた。19歳のとき、運送業者兼仲買人の兄がマンハッタンで経営する会社の事務員となり、そこで信用の使い方を学んだ。1844年に兄が死去すると、当時30歳だったデイヴィッドがあとを継いだ。彼は五大湖沿岸の各地にあった取引先のネットワークを使い、穀物価格が低迷した1846年と57年にもよい結果を残した。[36]

それまでアメリカにおける穀物取引の好不況の波は、ヨーロッパの小麦需要の変動が激しかったこと、またその情報の到着が遅かったことによって起きていた。1845年にはアイルランドの飢饉に関する情報が流れたために穀物価格は1年間急騰を続けたが、ロバート・ピールが穀物法を部分的に廃止したことで、価格はふたたび落ち込んだ。クリミア戦争の際にはヨーロッパがロシアの穀物港にアクセスできなくなって価格が急騰し、共和党派の有力な穀物商の食指を動かした。1854年、ジョン・マリー・フォーブスは従兄のポールに送った書簡のなかで得意げに述べている。「西部にあるわれわれの鉄道は莫大な稼ぎを生んでいる。イリノイ州の豊かな土壌とイギリスへの穀物の無為替輸出のおかげで、西部にまっとうな鉄道ができることだろう」[37]。だが1856年3月に戦争が終わると、リヴァプールの穀物価格は同年4月にまたもや下落し、1857年にアメリカで起きた恐慌の一因となった。それでも潜在的な貿易量は莫大だった。

ダウズはフォーブス家と同じように、事業の多角化によって穀物業界の好不況の循環から一族の富を守った。穀物輸送業から、鉄道業、倉庫業、五大湖での船舶業、海上保険といったあらゆる補助産業に手を広げたのだ。配送の質を高める一方で、そのコストを料金に反映した。また、すでに1840年代の段階で鉄道による穀物輸送を事業拡大の鍵と認識していた。鉄道は運河や川船に取って代わるものではなく、船舶によるアクセスが不可能なアイオワ州のような地域で、穀物サイロにとっての最初の1マイル（ファーストワン）を担うべきものだった[38]。鉄道が農村へと延びていく過程で沿線の農民に信用貸しを行ったことも手伝って、ダウズは1861年にはニューヨークで最有力と言ってもいいほどの穀物商になり、ニューヨーク農産品取引所の所長に就任した。そして世界有数の富豪になったのだ。[39]

ダウズが政治や事業を通じて親しくしていたニューヨークの他の商人貴族は、平原地帯の交通費を安くしたことで、のちに交通男爵になった人々だ。たとえばケミカル銀行のジェイムズ・A・ルーズヴェルトはヨーロッパから板ガラスを輸入していたが、アメリカ内陸部の金物商にも信用を供与した。彼は早い段階で運河に投資している〔訳注：第26代大統領セオドア・ルーズヴェルトの叔父でもある〕。やはりニューヨークの大商人だったウィリアム・E・ドッジは金物商兼貿易商で、連邦忠誠出版連合のような共和党系組織のフェロー役員でもあった。南北戦争後、彼も鉄道で富を築いた。また最大級の皮革輸出業者であるジャクソン・S・シュルツは、内陸部の家畜飼育場から皮を集め、現在のブルックリン橋のマンハッタン側にあった「ニューヨーク湿原」でなめし加工を施した。西部から皮を集めてなめし、輸出したことで、富を築いていった。[40]

ジョン・マリー・フォーブスは、まず中国でのアヘン取引で財をなした。だが1840年代に入ると穀物取引に深く肩入れするようになり、この頃にミシガン・セントラル鉄道の経営権を手にした。1855年にはシカゴから西に向かう複数の路線への融資を行い、のちにそれらの路線を買収している。カンザスで自由派の入植者と奴隷主派の入植者との紛争が始まった1854年時点では、ニューイングランド移住支援協会の主要な資金提供者だった。この協会は、カンザスを奴隷州にしようとしていた奴隷制拡大派の南部人と戦わせる目的で、完全武装のニューイングランド人をカンザスに送っている。[41]彼はまた、ヴァージニアで奴隷による蜂起を起こそうとしていたジョン・ブラウンに援助を提供した「秘密の6人」の1人でもあった。

ニューヨークとボストンのこうした共和党派の交通男爵のあいだには、態度や利害の共通点がたくさん認められる。信用に対して途方もない影響力を有する銀行を嫌っていたし、綿花にはほとんど興味がなかったし（綿花は銀行の手中にあると考えていたから）、西部の準州や町に鉄道を延伸しようとした。そうなれば地域の店に信用貸しを行ったり、穀物や皮を集めて都市部に送ったり、西部の鉄道に対する支配力をさらに強めて収益を安定させることができるからだ。鉄道会社は貨物運賃、つまり内陸部との往復輸送の料金を請求した。線路建設に必要な借り入れはこの貨物運賃のおかげで完済できた。鉄道業からの収入で償還される債券は、穀物の輸送代という安定した収入源になった。１８８０年には、幹線で東部に送られる全貨物のほぼ４分の３を穀物が占めるまでになっていた。[42]

鉄道は、幅50ヤード、長さ数百マイルの狭い線路の上に、主権者として君臨していた。鉄道会社は州議会と連邦議会から土地収用権を与えられ、そのおかげでもっともエネルギー効率がよいと見なしたルートに沿って土地を収用することができた。やがてその主権は、鉄道が警察を所有できるほどに拡大する。[43] 鉄道会社は債権を取り立てたり、鉄道橋を封鎖しようとする町を訴えたり、土地所有者に対する訴訟を起こしたり、線路が北や南に迂回したことに怒る町の指導者をなだめたりせねばならないことがしばしばあり、エドウィン・M・スタントン〔訳注：１８６２年から68年まで陸軍長官を務める〕やピーター・H・ワトソン〔訳注：１８６２年から64年まで陸軍次官補〕、若き日のエイブラハム・リンカーンといった弁護士に頼った。[44]

私営鉄道は当時の技術的な粋を集めたものであるにとどまらず、富の集中を可能にする見事な法的装置にもなった。はるか昔から先住民の黒い道が存在していたのに、鉄道会社はその地帯をなんの支障もなく使える場所として独占していた。[45] 無形の財である距離に応じた代金を徴収すべく、鉄道は建設されたのだ。

鉄道には黒い道の再現という特徴があったが、かつてその道を通って商品を運んでいた先住民の商人や罠《わな》猟師、荷馬車引き、牛、馬は、蒸気で動く独占者（機関車と車両）によって締め出された。歴史家のローレンス・エヴァンズが述べているように、鉄道会社は道であるとともにその道の独占者でもあり、需要と供給という伝統的な経済モデルの論理と衝突した。「［経済学者は］貯蔵できない［鉄道のような］商品についてどう考えればいいのだろう。利用可能なときに使用されないと消え失せてしまうようなもの、供給者に多額の負担をさせなければ市場から取り除くことができないもの、市場および経済全体の最大利益のためには最大効率を発揮しないよう運営されねばならないものを、どう捉えればいいのだろうか[46]」。

こうした独占的な道が突き付ける困難に対し、多くの国の政府は鉄道会社の国有化によって対応した。後段で見るように、南北戦争がヨーロッパに安い穀物をもたらしてから10年後、プロイセンとロシアではほとんどの鉄道会社の経営権が国家のものになり、興味深い逆インセンティブが生まれた。鉄道料金を調整することで、関税の影響は強まったり弱まったりする。またそれによって財政政策の行きすぎが助長されたり、国家の乗っ取りへの政治エリートの興味が喚起されたりする恐れがある。

だが南北戦争前のアメリカでは鉄道の私営が続き、これとは異なるインセンティブが生まれた。

経済的権力と政治的権力とが結び付いたために大商人は幹線を掌握し続け、それにより資産を増やしたり分散したりすることが可能になった。最初から顧客のニーズに対して強迫観念に近い注意を向けていた大商人たちは、社会や人々に影響を及ぼす存在になった。鉄道は、運搬するあらゆる財の価格を細かく調整できたからだ。鉄道料金のわずかな変更によって、個々の作物の栽培農家や職人や製造業者に対するインセンティブを強めたり、弱めたりすることが可能だった。たとえば穀物を運ぶのなら、いつも一番安い4等料金で、中西部の平原を走る鉄道を使うことができた。そのため当然の流れとして、沿線の農家はまず穀物の栽培を考えた。穀物農家は、2等や1等の料金が課される作物にも手を広げることには慎重になった。地域独占は、輸送費の安い単一の商品にとって有利に働き、中西部では小麦、南部では綿のモノカルチャーを強化する一因になった。また、鉄道会社は沿線で石炭や銅の鉱山も運営しており、競合する鉱山に請求する料金を高くしてその収益を圧迫することがしばしばあった。[47] 工業製品の西部への輸送費が引き上げられたときは、農村部の人々は自ら代替品を製造すればよかったが、鉄道会社には輸入品の料金を一気に下げて、内陸の製造業者をつぶすことも可能だった。モノカルチャーの鉄道沿線で農業を営むアメリカ人が嫌ったのは資本主義ではない。建設されるやいなや、自分たちと外界とのあらゆるやりとりからレントを得ようとした会社、つまり政府に厚遇された私営の鉄道会社を嫌っていたのだ。[48]

しかし鉄道は異常なまでに費用がかさみ、ほかにも投資先がたくさんある商人にとってはリスクだった。1850年、鉄道建設を推進しようとしていた人々は事業拡大のための独創的なモデル、具体的には連邦政府を利用して内陸部での鉄道の建設に必要な初期資本を大幅に削減するという方法を見つけた。鉄道用地の供与を受けるのだ。鉄道用地供与の制度は、手形やアシグナーツィアのように、穀物の長距離輸送のあり方を変えることになる。合衆国憲法の連邦財産条項は、世界最大と言ってもいいほどの資本源、つまり西部にある未登録の土地——内陸部の先住民が所有権を主張している土地——を連邦議会に与えていた。議会は1850年の土地供与法に基づき、鉄道会社に路線沿いの土地を碁盤目状に区切らせ、1つおきに所有権を認めた。白黒の市松模様の蛇を思い浮かべてほしい。鉄道会社は白い区画を、議会は黒い区画を手に入れた。鉄道用地にすると土地の価値はおよそ2倍になったので、議会は土地の半分を譲渡しても損をすることはなかった。[49]

土地供与制度を利用した鉄道の独創性は、建設の推進に必要な初期資本を非常に低く抑えられた点にある。鉄道会社が数マイル分を建設しただけで、内務長官は完成区画の沿線の土地を連邦政府が供与することを承認した。すると会社はその土地を4年ローンでヨーロッパ系を中心とする外国からの移民に売却した。会社の土地販売者は、入植者に莫大な富を約束するチラシや新聞広告、パンフレットをヨーロッパの農村にまき散らした。このローンは将来の支払いの流れを表していた。契約が成立するや、このローンはヨーロッパで売却することも可能な鉄道債券にまとめられる。別の言い方をすると、ほとんど外国人からなる貸し手が買った鉄道債券は、ほとんど外国人からなる負債農業者によって返済されることになるのだ。イリノイ・セントラル鉄道はこの外資のおかげで、平原の上に鉄道を建設するのに高い初期費用を負担する必要がなくなり、イリノイ州南端から五大湖まで北上できた。[50]この計画は見事な成果を出し、州内の小麦栽培地域へのヨーロッパ人開拓者の大量移住を後押しした。

ところが1852年11月に奴隷制の横槍が入る。F街の4人組と呼ばれる南部選出の連邦議会議員が、西部平原に鉄道を敷設するためのあらゆる提案を妨害したのだ〔訳注：この議員たちの住む家がF街にあった〕。この議員らは、北部諸州への移民の急速な拡大が奴隷州の力を弱めることを恐れていた。加えて、メンバーの1人には西部への助成付与を阻む個人的および財政的な理由があった。デイヴィッド・ライス・アチソン上院議員は1852年6月、奴隷州のミズーリを通るハンニバル・アンド・セントジョゼフ鉄道のために西部の土地の収用を後押ししたが、10月に泥棒男爵のジョン・マリー・フォーブスに統制権を奪われていたのだ。[51]

奴隷主にとって、大平原に乗り入れる鉄道は、経済的にも政治的にも問題だった。土地供与制度を利用したイリノイ・セントラルのような鉄道は開拓者の熱い関心を集め、急速に伸びていった。同じく土地供与制度を利用したものでも、モービル・アンド・オハイオ鉄道のような奴隷州の鉄道は違った。アーカンソー州の奴隷主にして弁護士のアルバート・パイクはこのような展望を語っている。鉄道用地の供与によって「〔自由〕準州が次々と州に昇格し、自由州による包囲線ができる。この線は、大陸各地を人が絶え間なく群れとなって移動するせいで広がってゆく。そして北部選出議員はこれまで現実には考えられなかったような権力を手にする。そして、この新しいエジプトのナイル川であるかれらの鉄道は、国庫からの交付金、そして政府からの無形の援助と励ましまでも確保するのだ。[52] 1852年11月には、F街の4人組が議会での在籍年数の長さをてこに、平原地帯における土地供与のための法案を葬り、かれらが「汚職政治家」と呼んでいた交通男爵の妨害にまんまと成功した[53]〔訳注：この法案と1850年土地供与法の違いの詳細は不明〕。

F街の4人組は、1853年1月にはさらに踏み込み、自由準州のネブラスカをカンザスとネブラスカの2準州に分割し、カンザス準州を奴隷主による入植のため開放することを求めた。カンザス川河畔の土地を所有していた先住民のワイアンドットは奴隷制に反対しており、その代表であるアベラード・ガスリー議員がネブラスカを州に昇格させるべく、連邦政府の後押しを求めた。するとF街の1人が、「ガスリーは自由準州ネブラスカのために票を投じる間もなく、この準州が地獄に沈むのを見るはめになる」と言い放った。[54] カンザス州では1854年から59年にかけて奴隷所有者と非所有者との銃撃戦が続き、それが南北戦争の導火線になる。[55]

ニューヨーク、ボストン、フィラデルフィアの共和党派の大商人は、奴隷州のミズーリを通る鉄道が大失敗にいたる理由をよくわかっていた。後段で見るように、奴隷制がつくり出したのは、東部の商品の再販業者と消費者という、ごく少数の中産階級からなる社会だった。奴隷にされ、貧困にあえぐ人々には、生地やかみそり、板ガラス、キャンディーを買い求めることはできなかった。中産階級の消費者がわずかしかいないのだから、東部の商品を売る店を内陸部に建てようなどと、誰も思わないだろう。ニューヨークの億万長者が奴隷主の並はずれた富を嫌うのは皮肉に思えるが、これこそが泥棒男爵の考える奴隷制の問題点なのだった。この大商人たちは自由土地党の結成時から、そしてのちに共和党を結成してからも、奴隷制を道徳的理由ではなく経済的理由から憎んでいた。[56] 奴隷制は奴隷労働と自由労働のいずれをもおとしめ、極端な不平等の社会を生み出すと主張した。雄弁な共和党員でアイオワ州選出のジェイムズ・グライムズによれば、奴隷を保有していない地域には「人口が多く成功著しい村や都市」があるが、南部の議員がネブラスカ州のような生産的な地域に奴隷制を押し付ければ、西部の発展の可能性は失われる。「いかなる希望にも鼓舞されず、いかなる愛情にも駆り立てられていない、無報酬の不本意な苦役。それゆえに疲れ果てて怠惰になった四肢が投げ出され、州の土地が急速に痩せてゆき、荒れ野が荒れ野のままにされる。そんなことで、よいのであろうか」[57]。共和党がその州を助けることができるなら、そうはならない、とグライムズは言う。

共和党員はユリウス・ハーゲマイスターと同じように、奴隷制を小麦栽培に対する障壁と考えていた。共和党員の見るところ、南部には奴隷制のせいで19世紀半ばに封建的な寡頭政が生み出され、それはロシアの農奴主が形成したものと同じくらい問題のあるものだった。奴隷主は公立学校を抑圧し、言論の自由を制限し、奴隷制地域に政治権力を集中させ、白人と黒人の経済的な機会を狭めた。事実、下院議席数を決める際に奴隷については男性の成人奴隷人口の5分の3のみを計算に入れるという「5分の3の妥協」ゆえに、多くの南部州の農園主の議決権が強化された。奴隷所有郡は、白人有権者が少数にとどまる一方、奴隷の人口が多く、その結果、白人は不相応に多くの代表を送り出していた[58]。

共和党員が南部の不平等に関し、経済的理由に基づいて行った主張には説得力があった[59]。奴隷州に建設された鉄道は、土地供与制度を利用したものにせよ、また州の援助を受けたものにせよ、設立発起人への支払いに苦労していた。メンフィス・アンド・チャールストン鉄道の主任技術者チャールズ・F・M・ガーネットは1851年、1年間にマサチューセッツ州を横断する旅客の数が同鉄道の沿線地域人口の5倍を上回ることを指摘している。「マサチューセッツ州で起きたことが、ここで起きてもおかしくないのではなかろうか」とガーネットは問うた。彼は鉄道の到来とともにわずかに成長したジョージア州のいくつかの町を称賛したうえで、「南部の制度には町の急成長にあまり有益でない何かがあるのかもしれない」と述べ、「量的な改善ではないにしろ、質的な改善は」可能かもしれないと付け加えた。[60]

拘束労働と鉄道、また奴隷制と資本主義のあいだの葛藤は、政治的な葛藤にとどまらなかった。南部の鉄道の大半は、復路に深刻な問題を抱えていたのだ。車両は奴隷の生産する主要産物、つまり綿花とタバコを載せて東に移動したが、金物類や穀物、工業製品、輸入品の奴隷州における需要はごく少なかった。東から西に戻る車両はほとんど空で、西から東に送られる商品の価格を実質的に2倍にしていた。南部の鉄道会社の役員が復路問題と呼んだこの問題のために、リッチモンドやチャールストン、サヴァンナのような南部の町が、ボストンやオールバニー、ニューヨーク市ほどの大規模な輸送量を達成することはなかった。[61]

1860年の国勢調査をもとにした土地所有の調査からは、奴隷制を有する南部において不平等の問題がどれほど大きかったかがうかがわれる。北部および南部の自由人世帯が所有する土地の価値の平均値と中央値の差はかなり大きい。たとえばミネソタ州では、1860年における所有地の価値の平均値は871ドルだった。つまり、ミネソタ州のすべての私有地を全世帯で均等に分割すると、あらゆる世帯に871ドル分の自営農地が与えられるということだ。一方、所有地の価値の中央値は500ドルで、このことからミネソタ州には州の平均値に近い土地をもつ中間層がいることがわかる。実際、中産階級はいた。1861年に北軍側に残ったすべての州を見てみると、土地のない世帯が何十万もあるニュージャージー州やニューヨーク州のような州も含めても、所有地の価値の平均値と中央値の比は5・2対1である。北中西部の州はより平等で、その比率は3・9対1（イリノイ州）から1・7対1（ミネソタ州）までの範囲だった。南軍の州では、比率は実に10対1にのぼった。これを言い換えると、南軍の州の土地所有はきわめて不平等で、白人世帯の中間層がもっていた土地の価値は平均価値の10分の1にすぎないということだ。ルイジアナ州の平均不動産価値はなんと5258ドルで、中央値はゼロだった。[62]

自由な白人住民のあいだに著しく不平等な土地所有のパターンが見られることは、1850年代の共和党員にはよく理解されていたが、奴隷を保有する南部選出の議員は、当時共和党の持ち出す数字に疑問を呈していた。歴史家もこれまで、南部の経済に対する共和党の批判を、根拠の薄弱なものとして軽視しがちだった。[63]土地や運輸の動向、また生産性や鉄道株の価格の動きを現在のわたしたち以上に綿密に追いかけていたニューヨークの共和党派エリート商人にとって、問題はごく単純に表現できるものだった。要は、たった9万人の奴隷所有者が南部の奴隷の大多数と貴重な土地の大部分を所有していた、ということだ。[64]このように南部の1％が途方もない富を保有していたため、南部にはニューオーリンズ、チャールストン、リッチモンド以外に中産階級の消費者はいなかった。南部の奴隷制擁護派は、土地のない人は南部よりも北部のほうが多いと繰り返し指摘していた。1770年以降、南部の人口は北部よりも少なかったので、当然ながらそうした論は成り立つ。だが、1エーカーあたりの白人貧困者数の南北比こそが、商人たちが南部の問題と捉えるものの中核にあった。ほとんどの白人農民は土地がなかったか、わずかな土地しかもっていなかったため、まともな消費者にはならなかった。だが大商人は消費者を求めていたのだ。
だから南北戦争は、奴隷制の問題をめぐって争われた紛争であると同時に、資本主義や不平等という問題に関わる戦争として理解することもできる。南部には、たしかに資本の蓄積があった。しかし奴隷体制下での不平等はあまりに極端で、奴隷制が自由準州へ拡大すれば、中西部の平原で進められていた収益性の高い鉄道会社の移民事業に、存続に関わるほどの脅威をもたらすものになる。
大商人たちは北中西部で運河と鉄道を体系的に使い、莫大な財産を築いていた。だが鉄道の成功は、安定してバランスのとれた往復輸送、つまり原料品へのアクセスに加え、自分たちが販売する製品を買ってくれる大規模で安定した消費者層へのアクセスを可能にするような往復輸送の上に成り立つものだった。デイヴィッド・ダウズのような穀物商は、1次産品価格の変動による荒波はインフラへの安定的な投資によって乗り切ることができるということに気付いた。言い方を換えると、近代の商業資本家のポートフォリオには穀物などの主力商品から食糧供給、インフラ、保険への分散化の必要があった。1850年代と60年代にうまく機能したモデルには、南部プランテーションのような大土地所有経営の組織ではなく、大量の物を生産して消費する、自由な入植者が必要だったのだ。大商人らは1850年代という短期間のうちに、自分たちの利益が自由労働者世帯という形態と結び付いていることを見いだした。靴も帽子ももっていない普通の農民の背中を押して、物を売るだけでなく、買えるようにしたいと思うようになったのだ。[65]
なぜ南北のあいだに家計所得の差があるのか。ここにはある程度、主要産品に関わる生産・流通体制の違いが映し出されていた。西部の運河と鉄道が北部へと延びていったのは、西部の人々が穀物を生産し、これを工業製品や輸入品と引き換えに港湾都市に送ったからだった。これにより、港湾都市では食料品が安くなった。そこには製粉所やパン屋があったが、製粉所などから出る小麦胚芽を干し草と混ぜると、馬や豚や牛の餌になり、肉の価格を下げることができた。[66]食べるために働いていた土地なし労働者は、とくに食糧輸送ルートの沿線の家賃が安い場合には、沿線の都市に住もうとしたことだろう。[67]その結果、中西部の鉄道はニューヨーク、フィラデルフィア、ボストンといった東部港湾都市の成長を加速させていった。[68]

小麦やエンバク、トウモロコシの家族生産に依拠したフロンティアの西漸は、穀物を生産する西部の州においては比較的平等な社会を必要としていたが、穀物を消費する東部の州では比較的不平等な社会を生み出した、と言えるだろう。[69]ニューヨーク州とニュージャージー州で所有されている土地の価値の平均は2000ドル強だったが、中央値はゼロだった。巨大な港湾のある州は、安価な食糧のおかげもあって人を引き寄せたが、その大多数はプロレタリアートだった。そしてこの食糧は、のちに大西洋を渡ることになる。

食糧が不足していたヨーロッパの諸都市は、1850年代にはロシアの草原地帯で収穫された麦でつくられたパンを盛んに取り込むようになっていった。港湾都市は急成長を遂げ、蓄積の中心地となった。オデーサは主要港だったが、ボスポラス海峡は潜在的な圧力弁だった。イギリスとフランスは、黒海を取り囲む小麦生産地をロシアが独占することの脅威をわかっていた。だから、ヨーロッパの諸都市を養うべき穀物の世界的な流れを左右する弁がロシアに掌握される事態を阻むために戦ったのだ。ヨーロッパの大勢の召使いや兵士、売春婦、銀細工師の腸内では、おびただしい数のロシア産小麦が消化されていた。この小麦はオデーサに運ばれてボスポラス海峡を通り、ヨーロッパの風車小屋や水車小屋で粉砕され、ヨーロッパの20あまりの大都市に点在する10万の市中の店で発酵させられ、オーブンで焼かれた。穀物蓄積都市は、小規模な投資家の資本も取り込みつつ、資本も蓄積していった。こうした都市は、近隣地域に投資して利益を出す以上の資本を保有していたため、国際金融や食糧生産国に投資して成長をもたらした。1850年代末にいたると、ヨーロッパ諸都市の銀行は、世界中に投資先を探すようになる。

黒海から送り出されるすべての穀物をロシア皇帝が管理下に置こうとすると、イギリスとフランスの両帝国は抵抗した。独占を恐れた両国は、オスマン帝国を「強盗」ニコライ1世から守るため、遅まきながら参戦した。[70] ロシアが延々と苦戦を強いられ、屈辱的な敗北を喫したため、ニコライ1世の息子アレクサンドル2世は、ロシアを襲ったものとしてはピョートル大帝時代以来、例を見ないほどの財政危機に突き当たった。大臣委員会は金融機関としての力を失いつつあったロシア土地銀行を、農奴主を救済する機関へと見事に変えてのけ、他方で農業労働者にはごくわずかな土地を分け与えた。蒸気船と大砲を使ってロシアによるイスタンブール占領を阻止しようとした英仏連合軍は、まったく意図せず、ほぼ無意識のうちに、ロシアの奴隷制を終わらせることになったのだ。これは旧態依然とした拘束労働を終わらせるための資本主義的な勇敢な活動などではなく、小麦生産地につながる黒い道をめぐって帝国同士が戦った、大きな犠牲を伴う闘争だった。その戦争でロシア帝国は疲弊し、捲土重来を期して拘束労働の廃止という大胆な行動に出た。

資本主義と奴隷制の戦争という側面は、アメリカでの戦争のほうがいくぶんかはっきりしていたが、最前線に立って足跡を残すほど勇敢な資本主義階級がいたわけではない。というより、新しい不労所得階級である交通男爵は、鉄道の独占から富を搾り取る構想を南部の奴隷主貴族が阻んでいると気付いたのだ。男爵たちは穀物生産地と海を結び、小麦と世界を結ぶ鉄の道を支障なく使えることを夢見た。だが、かれらはある意味では革命家だった。その自由労働イデオロギーは奴隷所有と土地不平等の構造に真っ向から反対するもので、安楽に暮らすイギリス貴族院議員やフランスのペテン師ボナパルティスト、無能なブルボン家を恐怖に陥れた。

命を養う穀物のロシアによる独占は、農奴制と同じく終わりを迎えていた。不平等と強制労働をめぐって西半球で戦われた紛争は、世界の穀物の道を変えていく。アメリカで南部諸州が離脱し、地域の港湾の封鎖によって綿花の輸出が阻まれると、北軍の大統領顧問団と連邦議会は、離脱州と戦うには外貨獲得のための新たな作物が必要であることを悟った。そして陸軍省のアメリカ人は、自国の道路を改造してウクライナのチュマキよりも効率的に小麦を輸送できるようになれば、ミシガン湖をもう1つの黒海に、シカゴをもう1つのオデーサに変えられるかもしれないということを意識していた。世界の穀物の道がふたたび変わる可能性がある、と。1863年12月、ピーター・H・ワトソンとデイヴィッド・ダウズは、穀物の流れを変える新しい技術をつくり出した。1000マイル離れた場所にいる兵士に小麦を届けてくれる先物市場だ。穀物輸出を土台にした、クワスのように膨張する新しい帝国が建てられつつあった。

第6章

アメリカの穀物神

1861年～1865年

1863年、ピーター・H・ワトソンは、その屈強な体格と、もみあげからあごにかけての豊かな赤ひげに助けられ、ワシントンDCの陸軍省で瞬時に認識される人物になった。陸軍次官補に就く前に企業弁護士だったワトソンは、1855年の一時期、特許紛争のためにエイブラハム・リンカーンを雇ったことがある。彼は目的のためには手段を選ばないことで知られていた。クライアントの刈り取り機の設計を実際よりも古く見せるため、機械に使われている木材に、経年劣化したように見せる加工を施したことがある。彼はまた傲慢で、若いリンカーンを「未開の西部からやってきた材木挽き」とけなして任を解いたと言われる。だが南北戦争が始まると、彼は南軍を叩きつぶすことに力を注ぐようになった。ワトソンは、新たに拡大された陸軍省には隙が多く、2種類の人間のために働くスパイが大勢いることをわかっていた。2種類の人間とは南軍と請負業者だ。いずれも北軍の規模や配置、指令系統を知りたがっていた。南軍の目的は北軍を撃退することで、請負業者の目的は、軍が困っているときに法外な料金を請求することだった。ワトソンは機密保持上の理由から、しばしば自社や他社の汽車で移動しながら執務した。命令はほとんど、中尉や少尉あてに手渡しされる電報や暗号電信で伝えた。彼の秘密主義が徹底していたために、アメリカ産穀物の世界各国への長距離輸送を確立した最高位の公職者は、今も歴史家にとっては未知の存在だ。[1]

1863年末、ワトソンにとってもっとも差し迫った問題は、飢えた馬に餌を届けることだった。陸軍省の所有する馬は20万頭強で、テキサスからニューヨークやフロリダに及ぶ各地にいたが、大半はヴァージニア州アレクサンドリアか、ペンシルヴェニア州ゲティスバーグの騎兵隊駐屯地か、南軍に包囲されていたテネシー州チャタヌーガの北軍防衛線の近くにいた。[2] 長い兵站線は、アレクサンドリアの東部補給基地とインディアナ州ジェファーソンヴィルの西部補給基地から南軍領を抜けて、数百にのぼる全国の冬季野営地まで延びていた。

自然の要塞チャタヌーガを北軍が制するか否かは北軍勝利の鍵だったが、戦況は危うい様相を呈していた。北軍は9月にこの街のすぐ南にあるチカマウガで敗北を喫し、戦略上の分岐点で英気を養っていた。鬱(うつ)状態に陥っていた北軍のウィリアム・ローズクランズ少将は、軍団司令官のひとりジョージ・トマスに指揮権を明け渡すことを余儀なくされた。チャタヌーガで包囲された北軍は、将官を数人残す程度になっていた。街に届けられるはずの物資を南軍が遮断したため、北軍の指揮官は数十頭の馬とラバをむざむざと餓死させてしまった。ある兵士の表現を借りると、この街は人

チャタヌーガと中西部の穀物州をつなぐグラントのクラッカー・ライン、シャーマンの海への行軍、および大西洋沿岸地域と中西部の穀物州をつなぐ4本の幹線（1863年頃）
地図作成：Kate Blackmer

影がほとんどなく、「肩章を着けた軍人が空腹の馬を乗り回している」だけだったという。[3] 連邦軍兵站本部では、コリン・ファーガソン大尉とウィリアム・ストッダード大尉という2人の汚職将校が共謀者とともに逮捕される事態となった〔訳注：南北戦争当時、兵站や補給の責任は Quartermaster-General と Commissary-General が担い、前者はおもにロジスティックス全般を、後者はおもに糧食の補給を担当したようだ。以下では便宜的に前者を兵站総監、後者を補給総監と訳し分けた〕。ワトソンはチャタヌーガを救うには物資が少なすぎること、北軍がチャタヌーガを完全に放棄するはめに陥るかもしれないこと、そうなれば戦争に敗北するかもしれないことに慄然とした。[4]

ファーガソンとストッダードの犯行は手の込んだ巧妙なものだった。陸軍の兵站副総監だったストッダードが考えた詐欺はこのようなものだ。契約に基づいてアレクサンドリアの倉庫に届けられた荷物を受け取ると、この干し草は使いものにならないと文句をつける。そして部下の兵士は欠陥品とされた干し草を近くの埠頭に廃棄し、請負業者の差し向けた荷馬車がいなくなると作業を止める。ストッダードから合図がくると、ファーガソンは干し草をふたたび運び込み、それを選別機に通して汚れを落とし、束ねたうえでその干し草を受領し、地元の「請負業者」フランシス・ローランド（実はファーガソンのおじ）に納品料を支払う。また、ファーガソンが、混ぜ物をした干し草を規格品に偽装し、あとでストッダードがそれを承認することもあった。干し草の価格は低く、エンバクの価格は高かったので、購入した少量のエンバクを大量の干し草と混ぜ合わせ、これを軍の求める配合率で混合されているものとしてローランドに支払いを行ったのだ。干し草以外のものをほとんど食べていなかった馬は力がなく、押されただけで倒れかねないほどだった。[5]

詐欺についての情報を得たワトソンは、12月7日、新たに創設した秘密警察組織「国家探偵隊」をファーガソンとストッダードの執務室に侵入させた。探偵隊は、この将校たちが秘密の金庫をもっていて、なかに署名入りの契約書と、当時の価値にして合計8万6000ドル超の現金と国債を隠していたことを突き止めた。[6] 供述の聞き取りと関係者の逮捕には1週間強を要し、17万5000ドル超を回収した。だが調査の終了後、陸軍省にはエンバクの調達に関する未履行の契約が残された。北軍の馬を養うには毎月250万ブッシェル分が必要だった。[7] エンバクの納入が可能な業者は軍の苦境に付け込んで、前年の2倍を上回る料金を要求した。補給総監代行は危機に陥った。

ワトソンの抱える問題は戦争と同じくらい古くからあるものだった。敵の領域の奥深くに入り込んだ兵士や動物に食糧を届けるにはどうすべきか、という問いだ。糧秣（りょうまつ）などの物資を輸送するための長く不安定な兵站線は汚職将校たちが採用したもので、もともとは既存の契約システムを改革する目的で設計されていた。それ以前は、いっさいが混沌としていた。1861年4月の南軍による反乱の勃発から62年1月にかけては（高齢のサイモン・キャメロンが陸軍長官の任にあった）、互いに重複し整合性のない各州の供給システムのせいで、数百万ドルが州知事たちと知事の友人らの懐を経由し、その後行方不明になっていた。[8] ワトソンが陸軍省の改革を進めていたときには、すでに共和党優位の連邦議会がこの事態に介入しており、解決策を立法化しようとしていた。1863年6月、議会は全国規模の一元的な長距離調達制度を新たに設けた。それによりアレクサンドリアの倉庫は東部方面軍の、またルイヴィルと隣のジェファーソンヴィルは西部方面軍の補給基地となった。入札には宣誓が必要とされ、契約書は5部作成されることになった。また物資を納入しなかった。

った民間業者は、軍法会議にかけられることとなる。ワトソンはこの1863年法によってファーガソンとストッダード、請負業者を起訴したが、それまでの契約業者が収監されてしまうと、議会のつくり出したシステムの一元性と厳格さゆえに、納品できる業者は皆無に近くなった。[9] チャタヌーガの要塞にいた北軍は、1768年のカグールにおけるスルタン軍のように、川や道を敵に掌握された状態で、長く不安定な補給線に頼らざるをえない状態に陥った。

エカチェリーナ大帝がアシグナーツィアを首尾よく発行し、オスマン帝国との戦争の費用を賄ったのにひきかえ、連邦が発行した紙幣はワトソンにとって頭痛の種でしかなかった。1862年2月以降、陸軍省は財務省が発行した法定通貨の紙幣（いわゆるグリーンバック）を支払いに使っていた。戦前に銀行が発行していたドルとは異なり、グリーンバックは金準備にも銀準備にも支えられていなかった。そのため1ドル金貨に対してわずか35セントで取引された。だから戦時中には、商品の価格にはドル金貨表示の安い価格とグリーンバック表示の高い価格の2種類がしばしば使われた。また、業者にとっては時間に関わる問題も気がかりだった。政府がグリーンバックで借入金の支払いを行っていたため、政府監査人が調達を承認する頃に通貨の価値が下がっている場合を考えると、政府との契約に署名するのは危険だった。さらに悪いことに、1863年1月中旬以降、補給総監の事務所は業者への支払いには小切手ではなく、支払期日の定められていない「債務証書」を使うようになっていた。[10] もちろん、請求から支払いまでのあいだに北軍が重要な戦闘に勝利を収めることがあったなら、グリーンバックの価値は上がり、業者の利益は大幅に増えることだろう。[11] これにより、陸軍省のスパイが集めた情報は貴重なものになった。エンバクの価格だけでなく、支払いに使われる紙幣の価値までもが大きく変動するとあれば、政府との契約はさらに危険性を増す。このリスクをあえて負おうとする業者の数は1863年末にかけて減少し、食糧の価格は上昇した。[12]

一元的な輸送体制や業者に対する厳しい要件、支払いをめぐる不確定要素のせいで、ファーガソンとストッダードが逮捕されたあとも、陰謀の企ては可能であることをワトソンはわかっていた。この国で1万ブッシェル分（政府契約では標準的な分量）のエンバクの納入に入札できる業者は、たった十数社だった。[13] 兵站副総監のサミュエル・L・ブラウン大尉の言葉を借りると、「まちまちな金額を提示するさまざまな人間」が、「当時陸軍の補給用とされていたエンバクとトウモロコシの供給を操っていた」。そしてこの十数人の業者は「穀物の値上げを要求した（しかも値段を絶えず吊り上げていた）」[14]。そのようなわけでファーガソンとストッダード、その契約業者が逮捕され、オールドキャピトル刑務所に移送された1863年12月には、エンバクの時価は1ブッシェルあたり30セント未満から1ドル強へと3倍超に跳ね上がっていた。だがその一方で、軍馬には依然として毎月250万ブッシェル分が必要だった。[15]

養わねばならないのは馬だけではない。馬と兵士の両方に食糧を届けるための長い補給線は、ワトソンの軍隊の戦闘効率を下げていた。北軍の糧食はかさばり、その大きさはフランス兵の糧食のほぼ2倍だった。北軍の補給線が弱点であることを、南軍はわかっていた。アール・ヴァン・ドーン、ネイサン・ベッドフォード・フォレスト、ジョゼフ・ウィーラー、ジョン・ハント・モーガンら南軍の将官たちが指揮する機動襲撃部隊は北軍の倉庫を必ずと言っていいほど破壊し、そのため開戦からの2年間は北軍の進軍が遅くなった。補給の問題ゆえに、北軍のU・S・グラント少将が計画していたヴィックスバーグ包囲戦は予定の数か月後まで持ち越された。ウィリアム・ローズクランズ少将のチャタヌーガ攻略計画が遅れたのも、この問題のせいだ。西部方面軍の兵士は多くの場合、「現地調達」という挙に出ていた。必要な物資を地元住民から強制的に徴発するのだ。しかし、このような方法で調達を済ませていたがために、北軍は南部の豊かな地域や、防御の確かな補給線のある港湾近くにとどまることを余儀なくされた。テネシー州東部からジョージア州北部にかけての貧しい地域で協調作戦を行うには、食糧の長距離輸送線を安定させることが必要だった。[16]

十数人の商人による支配を打破し、妥当な費用で軍隊と馬を養うため、ワトソンは国際的な穀物取引の歴史を書き換える解決策を打ち出した。エカチェリーナ2世が遠隔地での補給を可能にするためにアシグナーツィアと手形を使い、ニコライ1世がルーブル紙幣を増発したのに対し、ワトソンは手形を強制力のある数百の契約に分割したのだ。そしてそれぞれの契約に1000ブッシェル分の価値をもたせた。

1863年12月20日、ワトソンはサミュエル・L・ブラウン大尉に、ニューヨーク農産品取引所から数ブロック離れたニューヨーク市のブロードウェイ113番地のオフィスビルに行くよう命じている。ブラウンがニューヨークの電信局に拠点を置くと、シカゴ商品取引所に暗号電報を送る作業を穀物商のデイヴィッド・ダウズが手伝うようになった。[17] そしてアメリカ政府が受け入れ可能なエンバクの取引に関する100件超の契約が成約し、1か月後の受け渡しが決まった。1週間後、陸軍省はすべての契約を履行するため、ブラウンに50万ドルの為替手形を送った。ダウズはその後、シカゴの代理人——おそらくシカゴの商人ナサニエル・フェアバンク——に対し、シカゴの埠頭に泊まっている船にエンバクを積み込んで五大湖を渡り、その後水路でアレクサンドリアにある軍の主要補給基地とヴァージニア州のモンロー要塞の前方補給基地まで輸送するよう指示した。ほかの貨物はインディアナ州ジェファーソンヴィルに向かった。ここの補給総監には、チャタヌーガと西部方面全域で馬とラバに食べさせるのに必要なだけ臨時契約書を書く権限が与えられた。[18]

この解決策は、連邦議会の決めた規則を広く解釈するなら、その枠内に収まってはいる。議会は1862年に政府契約に関する詳細な義務事項を設けたが、「公開市場での購入または契約」が「公共の要請により必要とされる場合」にこの規則の効力を停止することを認めていた。[19] 陸軍次官補と補給総監代行は、その「要請」の原因が、なかば餓死状態の馬と十数人の商人の独占力にあると考えた。他方ブラウンは、自分のしていることにどこか卑劣な点があると感じていた。彼は報告書のなかで、ワトソンがエンバクの市場で「買い占めを行う（forestall）」よう命じたと書いている。[20] 中世の用語としての「forestalling」は、転売するために商品を買うことを意味する。100年前であれば、買い占めを行った者はスリや文書偽造犯、贋金（にせがね）犯、売春婦と一緒にさらしものにされていた。[21]だが軍のために買い占めを行ったその日、ブラウンは世界初の近代的な先物契約を100件以上結んだことになる。ワシントンDCの近くを走る列車の車内にいたワトソンも、ニューヨークの電信局にいたブラウン大尉も、シカゴでやりとりされた紙片が何十年も経たないうちに世界の諸帝国を混乱させることになるとは思いもしなかったことだろう。

先物契約はさして新しいものではなかった。19世紀半ばには、決まった価格や数量での将来的な受け渡しという、当事者間の合意に基づく商品の先物契約は十分に定着しており、すでに数十年の歴史をもっていた。手続きのなかには何世紀も前に誕生したものもあった。1859年にはボルティモアのサケットという身元の確かな仲買人が、インディアナ州のティラーという農場主とのあいだで、販売実績の証拠に基づいて契約を結んだようだ。収穫後に253ブッシェルの小麦を買い取るという内容だった。サケットはティラーに現金で前払いすることになっていた。前払い金は土地の買い増し、種子用や自家消費用の小麦の代金、あるいは収穫用器具の購入などに充てることが可能だった。契約は製粉所の経営者や仲介業者に売却され、場合によってはその領収書がまとめられたり、さらに別の仲介業者に売却されたりすることもあったかもしれない。この契約があれば、銀行はサケットに融資したはずだ。ティラーとサケットが結んだ契約は4、5人のあいだで売買されたかもしれないし、将来の小麦不足を見抜いている投機家はさらに多額の支払いを行ったかもしれない。価格が下落していたなら、投機家は契約をほかの誰かにさっさと売ってしまったかもしれない。最終的な受け渡しは数か月後にボルティモアで行われ、サケットは5％の手数料を取ることになっていた。最後の買い手はサケットを立ち合わせて、まず小麦のサンプルか全部を点検することだろう。新しい買い手に契約書が渡される段階では、ティラーの名前は契約書に、サケットの名前は穀物の袋に、そしてこの契約書を保有していたほかの人の名前は契約書の裏に書かれているだろう。最後の買い手がボルティモアで穀物を受け取ると、サケットはティラーに契約金から手数料、前払い金、送料を差し引いた金額を送ることになる。

だが軍の先物契約には次のような新しい特徴があった。受け渡し月が固定されていること。契約の履行を保証するために各当事者が決まった割合の支払いを行うこと（これを「証拠金」と呼んだ）。

第三者による検査に基づく品質の標準化。「約定」と呼ばれる、数量の標準化（１００ブッシェル以下または１０００ブッシェル以下）。第三者の仲裁人（シカゴ商品取引所）が証拠金を回収すること。買い手または売り手を受け渡し不履行で処罰する法的権限を仲裁人が有すること。イリノイ州憲章は、契約に対する権限をシカゴ商品取引所の仲裁委員会にもたせていた。制裁のなかでもっとも厳しいものは、商品取引所からの追放だった。[22]

ティラーとサケットの先物契約はこのうちのいくつかの特徴を備えていたが、１８６４～65年になると、どのような先物契約も――シカゴ商品取引所は１８６４年に、これを「定期契約」と呼び始めた――新しい規則の採用を余儀なくされた。[23] 南北戦争の直後、モントリオールやリヴァプール、ニューヨーク、ロンドンの商人たちは、シカゴで行われた先物契約に注目した。独特かつ不可解でありつつ、食品の長距離取引に対する投資に資本家の熱い関心を集める、奇妙できわめてアメリカ的な金融形態に思えたのだ。[24] こうした都市の商人がサンプルに基づいて大量の貨物を売買する古い「先渡し」契約をやめて、シカゴの厳格な先物契約の長所を取り入れるまでには10年以上かかった。[25] 最終的にニューヨーク農産品取引所とリヴァプール穀物取引所は、それぞれ１８７４年と83年に穀物取引に関するシカゴの規則を採用した。[26] １８８４年には大英帝国がベンガルとマドラス、ボンベイでの先物契約の書式を決めたが、これはシカゴで使われている契約書のコピーだった。[27]

ワトソンにとって、先物市場の大きな利点は買い手と売り手が匿名でいられることだった。軍が悲惨な状況にあることを隠したいワトソンにとっては、秘密が守られるかどうかがきわめて大事だった。シカゴ商品取引所は買い手と売り手から証拠金を徴収し、独自の基準によって格付けを保証していた。対照的に、ティラーとサケットの先物契約では、サケットが信頼に足る農場主を代理する合法的な取引業者であるかどうかは買い手が自分で判断せねばならなかったし、契約は個々の買い手が履行することになっていた。[28] 先物取引は「自己拘束的」なので、個々の取引相手の信頼性を判断する必要はない。先物契約における唯一の変数は日付と価格だ。

先物市場は穀物や他の商品のための一種の銀行として機能する、という経済学者の指摘は的を射ている。穀物取引に携わる人々にとって、先物契約の「便宜収益」は銀行口座残高のようなものだった。先物契約はティラーとサケットの契約とは異なり、流動性のある市場で手早く売却することが可能だからだ。先物市場はまた、商品価格の変動からの防御にもなった。たとえば、ティラーは価格の下落に対する防衛策として100ブッシェルの先物契約を2、3件分売却できるだろうし、製粉業者は価格上昇に対する防衛策として先物契約を購入できるだろう。「契約」が100ブッシェルと比較的小口であるため、資産の少ない投機家でも、将来の価格に影響を与えそうなあらゆる情報をもとに、価格の上昇や下落に賭けることができた。新古典派経済学の理論によれば、買い手と売り手の数が増えたことで市場の流動性が高まって、それが価格の激しい変動に対する防御になり、すべての人の生活を向上させたという。[29]

ワトソンが先物市場を使ってから何年もしないうちに、さらに多くの人々がこうした形で穀物を購入するようになった。もっともシカゴ商品取引所の記録によれば、1863年12月時点ではそうした買い方をしていたのは米軍だけだった。[30] このようなわけで、数千マイルの補給線の扱いに悪戦苦闘していた北軍のために一時しのぎの措置として始まった秘密電信が、最終的には穀物の将来の需要と供給の予想に基づく投資の扉を開くことになった。ピラーやストラングル、カラーと現在呼ばれているような各種の新しい取引方法が、先物契約に特有の手法から派生した。[31] そのおかげもあり、価格の下落に備える一方で、価格変動に投資したり、緩やかな上昇に賭けたりして価格上昇による利益を増やすことが可能になった。

先物市場が電信によって成立したことからうかがえるとおり、この市場のもっとも革新的な特徴は配達コストを圧縮する仕組みにあった。1850年代以前、情報や商品はほぼ同じ速度で移動していた。電信が開発されて——ブラウンもこれを使ったわけだが——買い手と売り手は商品が到着する前に価格の交渉をすることができるようになった。交渉と受け渡しのあいだに時間差があると仲買人は影響を受ける。というのも、たいていは商品を購入したあと将来の販売のためこれを倉庫に保管するからで、ここにかなりのコストを要し、それが買い手に転嫁されるからだ。同じく重要なのは、穀物のように長距離を移動する商品の最終価格には、サンプル検査、倉庫の賃貸、積み下ろし、在庫減耗、保険のための出費のほか、仲買人自身の利益（10〜40％）がつねに含まれていたという点だ。だが価格交渉が受け渡しに先立って行われ、しかも倉庫の代わりに船や列車を用いることになった場合は、買い手が事前の交渉どおり、到着日に商品を所有できる。[32]

軍向けのエンバクの価格を吊り上げていた十数人の商人の企図は挫かれたかに見えたが、穀物の道の他の場所では、市場への影響力を行使することが可能だった。穀物の大型倉庫だ。これは言うまでもないことかもしれないが、大型倉庫の運営には依然として大きな意味があった。倉庫業者のなかには利にさとい人がいて、穀物の価格が高いときに、倉庫にある利用可能量よりも多くの受取証を販売し、価格が下がったときにこっそり買い戻す、というようなことを行っていた。[33] ワトソンは「まちまちな金額を提示するさまざまな人間」のせいで、シカゴ商品取引所を説得して標準化した契約書をつくらせることになった。今や、倉庫の受取証を十分にもっている店主や小規模の買い手は、言わばポケットにサイロを入れているようなものだった。価格がわずかに上がったときに、それを売ることもあっただろう。市場に対して十数人の商人が行使している力をつぶすのは簡単だったかもしれないが、以後は大規模な買い手や売り手がたった1人いたとしても、それが誰なのかを知ることは市場の誰もできなくなったと言えるだろう。

先物市場は国際貿易に持続的な影響を与えることになる。だが、戦争が穀物の道に大きな変化をもたらすことがなければ、この市場は機能しなかっただろう。最初の重要な変化は、1861年から63年にかけて南軍がミシシッピ川を封鎖したことで、それを境にアメリカにおける通商のあり方が根本から変わった。ニューオーリンズ、ヴィックスバーグ、メンフィスにあった南軍の要塞は穀物生産州のイリノイ、インディアナ、オハイオを南部の市場から切り離しただけでなく、ニューオーリンズを通る国際貿易路からも遮断した。封鎖の当初、穀物売買の大半が五大湖に場所を移すことを強いられた。バッファローで受領された穀物の量は1859～62年に3倍になっている。[34]

戦争の初期、ミシシッピ川の閉鎖によって恩恵を受けていたのは独占会社だった。陸軍省とのつながりをもつ鉄道会社だ。戦争の直前、ペンシルヴェニア州選出の上院議員サイモン・キャメロンはメリーランド州とペンシルヴェニア州を結ぶノーザン・セントラル鉄道を買収していた。リンカーン大統領から陸軍長官に指名されたとき、キャメロンはノーザン・セントラル鉄道をペンシルヴェニア鉄道の管理下に置いた。その頃には、後者はワシントンからミシガン湖に到達していた。キャメロンは初代陸軍次官補——つまりワトソンの前任者——に、同社の副社長トマス・A・スコットを選んだ。スコットは陸軍次官補として軍隊と物資の輸送料金を決め、ペンシルヴェニア鉄道の副社長として、料金を徴収した。再編成されたペンシルヴェニア鉄道のもとでは、オハイオ州、インディアナ州、イリノイ州の小麦畑をアレクサンドリアと結ぶ各地の線が幹線からみるみるうちに延びていった。

汚職は続いた。連邦議会の調査では数百万ドルが消えた件など、トマス・スコットによるひどい詐欺事件が多数報告され、連邦議会とペンシルヴェニア州議会で告発された。[35] スキャンダルのあとにリンカーンが新しい陸軍長官に選ぼうとしたのがピーター・H・ワトソンだった。ところがワトソンは報酬の少ない官職に就くのを断り、代わりに自分の右腕と頼んでいた弁護士で政治家のエドウィン・M・スタントンを推した。ワトソンはスタントンに、陸軍長官になることは国に対する忠義であると言って説得した。スタントンは仕事を引き受けてから数か月後、自分が言われたのと同じことをワトソンに言い、腐敗をきわめたスコットに代わって陸軍次官補になるよう求めた。ワトソンはこれをしぶしぶ受け入れた。[36]

ワトソンの最初の任務は、海岸地域への鉄道輸送におけるスコットの独占を打ち破ることだった。[37] スタントンは議会を説得し、戦争の遂行上必要な場合に鉄道を徴発する権限を大統領に与えた。1862年2月下旬に行った複数の鉄道会社幹部との会合では、中西部から東部にかけての地域で、競合関係にある鉄道の輸送力強化と統合の計画に加え、軍事輸送運賃の割引案を作成した。

大統領の戦時権限には飴と鞭の両方が含まれていた。鉄道会社は、政府が50％の運賃割引を受けられるようにしなければ、大統領令による徴発のリスクを冒すことになった。割引を適用すれば、その見返りに経営の統合や軌間の標準化、車両の共有に関し、陸軍省の権限を利用することができた。その際には、25年にわたって中西部から海岸地域にかけての鉄道の州間統合を妨げてきた州法や地域法をすべて無視することが可能だった。１８６３年までに、エリー、ペンシルヴェニア、ニューヨーク・セントラル、ボルティモア・アンド・オハイオ（Ｂ＆Ｏ）各社の４路線が、連結経営によって延伸された。おかげでほどなく、中西部の穀物州と東部の港がつながった。とはいえ１８７３年までは、交通量のほとんどが湖や運河を通ってニューヨーク市にいたる経路に集中していた。[38]

ニューヨーク・セントラル鉄道のコーネリアス・ヴァンダービルト、ペンシルヴェニア鉄道のエドガー・トムソン、Ｂ＆Ｏのジョン・ギャレットが州間鉄道を建設したのは南北戦争後だと言われている。だがその誘因は戦争中に生まれていた。リンカーンが大統領選挙で勝利し、続いて南部諸州が連邦から離脱すると、交通男爵は権力を手にした。その実動部門を代表していたのがピーター・ワトソンやスタントン、ダウズだったのだ。ワトソンは創造者の面と革命家の面をあわせもっていた。まだ少年だった１８３７年には、父のレナードとともに、イギリス国王とつながっていた王党派に対する戦い、アッパー・カナダの蜂起に関わっている〔訳注：アッパー・カナダは現在のオンタリオ州の植民地時代の名称〕。王党派の役人は父を投獄し、絞首刑にすると脅した。さらに王党派はならず者を差し向けて家を襲ったが、ピーター少年は近所の人々の助けを得、追手に気付かれることなくニユーヨーク州北部に逃げたという。

ワシントンDCで特許弁護士になる教育を受けたワトソンは、1854年に小麦刈り取り機を製造するJ・H・マニーの主任顧問弁護士となった。それからまもなく、同社は特許を有する競合会社から訴訟を起こされた。翌年、ワトソンは費用のかかる特許訴訟の助っ人としてエドウィン・M・スタントンとエイブラハム・リンカーンを雇った。その頃30代後半になっていたワトソンはうぬぼれが強く、リンカーンを一目見るやいなや邪険に扱った。数か月のあいだリンカーンと訴訟をともにしてやっと考えを改め、この若い共和党派の弁護士に引き続き弁護士依頼料を払うようスタントンに伝えた〔訳注：マニーの特許訴訟ではスタントンのほうがリンカーンよりも立場が上で、ワトソン同様リンカーンを嫌っていた〕。リンカーンはワトソンの影響力と後ろ盾もあって、ほどなく鉄道会社の弁護士として成功する。ピーター・ワトソンはリンカーンの大統領への道を用意した、知られざる人物だ。[39]

鉄道王と穀物商、そしてかれらを代表する野心的な弁護士をつなぐ絆は、共和党のなかで結実した。三者の力が一緒になると、それはまごうかたなき権力になった。カリフォルニアからシカゴ、またニューヨークからペンシルヴェニアにいたるどの地域でも、共和党のもっとも裕福な支持者の多くは商人や鉄道関係者、そして両者の弁護士だった。大統領の権限を使って鉄道の州間統合を進めることを可能にし、サミュエル・L・ブラウンをニューヨークの電信局に送り込んで商業の世界史に変化をもたらしたのは、ワトソンだった。

1863年の時点では、携帯糧食は何もせずとも北軍の宿営地に届くようなものではなかった。

南北戦争が始まってからの2年間、北軍の機動力にはかなりの問題があった。ジョージ・マクレランの計画した半島作戦では、米軍の歴史で最大規模の水陸両用作戦が実施され、10万人以上の兵士がヴァージニア半島に到着した。[40] 北軍は命令の伝達に使う印刷機、およそ1万5000頭の馬、さらに調度品や食糧、備品を運ぶための1200台超の荷車を伴っていた。[41] しかし巨大な軍の移動はきわめて遅く、半島を40マイル進むのに3か月以上かかった。軍事史家が何度も述べてきたことだが、マクレランの作戦は、その慎重さゆえに大部分が失敗に終わった。南軍のほうが機動性に優れ、偵察に俊敏性を発揮していたため、リッチモンドの包囲という北軍の狙いは阻まれた。主要な問題の1つは、北軍の非効率的な補給部隊だった。

1863年半ば、連邦政府の支援によりワトソンが鉄道の東西連結を実現させつつあったまさにその頃、北軍総司令部は8人の下士官・兵士からなる分隊を、フランスのそれにやや近い「遊撃隊」に再編した。雑嚢(ざつのう)の代わりに軽い背嚢を背負わされた隊員たちは、毛布や上着を手放し、ライフルと60発の弾丸とともに8日分の塩漬け肉とクラッカー、米、水を携行するように言われた。またほとんどの者が調理器具を持たされていた[42]〔訳注：「cracker」は堅パンとも訳され、いわゆるクラッカーとは違ってきわめて堅いものだった〕。野菜や肉の包みとともに小麦やトウモロコシなどがルイヴィルやアレクサンドリアに到着すると、北軍の補給総監は、補給線を離れてから8日のあいだ移動できるように、それらを小分けにして組み合わせた。[43]

ジェファーソンヴィルと隣のルイヴィル、またアレクサンドリアにも、糧食の輸送の迅速化という点で、もう1つの利点があった。いずれの補給基地を支えていたのも、自由黒人の安い労働力だった。奴隷が自由の身になろうと南部諸州から越境してきたことで、これらの都市は戦争中に指数関数的に成長した。グラント少将統制下の西部方面地域では当初、連邦政府が放棄された土地を徴発し、補給線の周辺地域を平定すべく元奴隷に賃貸していた。[44] さらに、数万人の元奴隷を御者や線路敷設工、日雇い労働者として雇っていた。[45] ルイヴィルから南軍領の中心部まで走っていた線路の防御や修理の工事は、こうした労働者が担ったのだ。

チャタヌーガの西部方面諸部隊を整理統合した1863年10月、グラントはすでに大勢の解放奴隷を労働者として利用することが可能で、補給線の構築に集中できた。グラントが「クラッカー・ライン」と呼んだこの補給線は、兵士や馬が空腹を抱えながら移動する事態を確実に防ぐことを狙ったものだ。彼はナッシュヴィル周辺の中央補給基地からチャタヌーガの前方基地予定地にいたる地域の川と線路の全区間を防御すべく、リンカーンに与えられた広範な権限を頼みに、北軍の行く手をふさぐ南部のあらゆる鉄道を掌握して近代化し、再編しようとした。その目的のため、合衆国軍事鉄道局は1863年半ばに8000人の解放奴隷を徴用してルイヴィル・アンド・レキシントン鉄道の線路を解体および再建し、[46] アレクサンドリアとルイヴィルの補給基地から南軍領の奥深くまで継続的に供給できるようにした。[47]

だがこれは序の口にすぎなかった。鉄道会社で管理職を務めていたダニエル・マカラムという技術者が軍事鉄道局の局長に指名され、1863年9月14日には連邦政府所有の全鉄道の管理権と、南軍領における全鉄道の建設と復旧工事の監督権を与えられた。[48] 1864年初めには、陸軍運輸部の正規職員1万2000人が維持修繕と通常の運行の監督に当たっていた。さらに建設部の

6000人が線路の測量や建設、また南軍によって破壊された線路の復旧を担っていた。それにより南部のすべての線路を4フィート8½インチの標準軌に置き換え、通行に支障のあった町を通るすべての経路をつないだ。[49] 終戦の頃には、そうした路線は総延長2105マイルとなった。[50]

1863年10月、ニューヨークの新聞記者L・A・ヘンドリックスは、軍による鉄道の事実上の併合を南北戦争の「書かれざる章」と表現した。「鉄道は軍の腸。軍の食物摂取と栄養補給、生存のための経路だ。軍は鉄道のおかげで生きて動き、存在を保っている。鉄道を遮断すれば、軍は死ぬ」とヘンドリックスは書いている。[51] 彼によると、アレクサンドリアの補給基地は200エーカーもの土地を占めていた。ナッシュヴィルとジェファーソンヴィルの補給基地も同じくらいの規模だった。1863年時点でナッシュヴィルの補給基地では500万の糧食を保管するようになり、北軍兵士や難民、そして基地構内や鉄道沿線で働いていた解放奴隷に1日30万の糧食を提供していた。西部方面軍の補給を担当していたヘンリー・クレイ・シモンズ少佐は、ナッシュヴィルからこのように報告している。「本職は1日400バレルの小麦粉を使用するクラッカー製造所、1日150バレルの小麦粉を使う製パン所、1日1000〜5000食を提供する兵員宿泊所（あるときには1万5000食を提供）、それぞれ1日約1000頭分を加工する3軒の豚小屋、1日に6000ガロン分を生産するピクルス工場を運営し、1日に約1000頭の牛を受け入れ」、さらに「2万人の患者を収容する21の病院に食料を提供しております」。[52]

1863年12月には、ルイヴィルおよびジェファーソンヴィルの補給基地からチャタヌーガの前方補給基地を結ぶ線と、チャタヌーガから北軍の西部方面諸部隊とを結ぶ線は、シモンズにとって安定した補給線になっていた。アレクサンドリアの補給基地とヴァージニア州北部の前線にある補給支部も、安定した線で結ばれていた。１８６４年11月から12月にかけてウィリアム・テカムセ・シャーマン少将による有名な「海への行軍」が行われたのは、これらのクラッカー・ラインがすでに完成していたからこそだ。[53] 多くの軍事史家や教科書は、シャーマンが兵士を補給線から切り離し、現地調達を余儀なくしたという印象を与えているが、実際には海への行軍から南北カロライナ州での作戦にいたるまで、兵士には通常の2倍の糧食が配られていた。[54]

この章の冒頭に掲げた地図は、ジェファーソンヴィルおよびルイヴィルの主要補給基地からチャタヌーガまでのルートを示している。１８６３年半ばにブリッジポートからチャタヌーガにいたる鉄道路線が南軍によって切断されたが、北軍は同年10月に蒸気船と舟橋を使って補給路を復旧した。この短い線を、グラントは「クラッカー・ライン」と呼んだ〔訳注：ブリッジポートはチャタヌーガから43キロメートル離れた場所で、地図には記載されていない。また地図中にある「グラントのクラッカー・ライン」はここでの説明や一般的な説明とは異なるが、おそらく１５３ページの記述に依拠して引かれたものだろう〕。これに対し、わたしは北軍の補給ルート全体を指す言葉としてこの用語を使用している。

北軍の飢えた馬に餌を与えるには、ミシシッピ川の再開、交通男爵の組織化、また本当の敵が南部人口のわずか1％だったこと、新しい兵站モデルの考案という諸条件の重なりが必要だった。これらが相まって、ワトソンは大量のエンバクを馬に、そして大量の小麦をチャタヌーガの兵士に届けることができた。これこそが北軍の勝利を可能にしたのだ。一元的な補給システムを備えた先物市場の成立によって、北軍の東部方面と西部方面の指揮が統一された。西部のシャーマンと東部のグラントが南軍を包囲し、その退路と兵站を遮断して戦勝を収めたのはそのおかげだ。北軍は北部を東西に走る水路、補給食糧の先物市場、南部の奥へと延びる鉄道によって、最終的に兵士と馬に食糧を供給することができ、部隊の機動性を大幅に高めたのだ。

戦争が終わると、北軍のインフラを継承できる立場にあった商人や鉄道会社の幹部にとって、世界に商品を供給するための物流路の建設が政治的優先事項になった。[55] すでにカリフォルニアとヴァージニアでは、鉄道を深水港まで延伸するため、山を貫くトンネルを造成すべく、運搬可能なニトログリセリンが試験的に使われていた。また、エリー鉄道の誕生を後押ししたピーター・H・ワトソンは、この頃には仕事を乗り換え、同社の社長になっていた。

1873年のモントリオール商工会議所で、ニューヨーク州選出のロスコー・コンクリング上院議員が演説を行った。コンクリングは南北戦争における北軍の勝利に遠回しに触れたのち、アメリカが将来抱えることになる最大の問題について力説した。ニューヨークの穀物商の弟でもあった彼は、自分にとってどんな数字が重要かをわかっていた。

わたしたちの大陸には、分水嶺にはさまれる形で、世界の食糧を蓄える穀倉地帯があります。[…] ここには長さ2000マイル、幅1400マイルの盆地があり、そこで栽培される穀物と放牧されうる牛に、イギリス領アメリカで生産されるものを加えれば、キリスト教世界のあらゆる人を養うのに十分な量になります。[…] なんとも解せないことに、今、ロシアと競合するイギリスへの食糧供給は、揺れ動くバランスの上にあります。なぜか。シカゴから大西洋岸に小麦1ブッシェル分を運ぶには、30セントの費用がかかります。ロシアも同じことを、生産コストを含めて同じ費用ですることができます。どうすればあなたがたは、そしてわたしたちは、この状況を変えることができるでしょうか。セントローレンス川沿いのルート、あるいはほかのルートでも結構ですが、1ブッシェル分を15セントで沿岸地域に届けられる経路を見つけることができればよいのです。それが見つかれば、ロシアはもはや世界の市場で競争を繰り広げることはできません。[…] 凄惨な反逆戦争という重荷がわたしたちにのしかかり、それは国民にとってたいへんな負担となりましたが、国民は着実に、また勇敢にこの負担から自らを解き放ちました。西部の産物をニューヨーク港に低費用で輸送する方法が示されれば、わたしたちの負債は、過ぎ去る時の影のように消え去ります。安い輸送費は目下、きわめて重大な問題なのです。[56]

これはつまり、穀物の輸送費が安くなりさえすれば、アメリカは世界の穀物中心地としてロシアに対抗できるかもしれない、ということだ。

話している本人は気付いていなかったが、コンクリングの夢はすでに実現しつつあった。1873年には、中西部からヨーロッパの内水港にニューヨーク経由で「世界の食糧」を運ぶことができる、低コストの鉄道ルートがすでに存在していたのだ。たしかに「ロシアと競合するイギリスへの食糧供給は、揺れ動くバランスの上にあ」った。だが、前途には大変化が待ち受けていた。

第7章
爆発音と大変化
1866年

アメリカの南北戦争からまもなく、ヨーロッパのいくつかの都市はアメリカ産小麦を取り込みながら加工して労働者を養う、言わば穀物の食道に変わっていった。その過程で、これらの都市はある爆発物の力を借りていた。プロイセンは1866年、南北戦争における北軍の輸送路にそっくりな兵站線を建設し始め、この線と、アントワープに到着する大量の小麦を吸い込むホースとを瞬時に、だがそうとは意図せず接続した。そのおかげで4年後には対仏戦争で勝利を収め、アルザス・ロレーヌを併合してドイツ帝国の足場を固めている。1866年以降、アメリカとヨーロッパのあいだを航行する1万隻の帆船が届けた穀物を、4つの穀物商社が掌握するようになった。以下ではこの変化について、かなり唐突感があるかもしれないが、中米のパナマ港から見ていこう。安い食糧がもたらす大混乱の最初の兆しを、ここに見ることができるからだ。

1866年4月2日午前7時、蒸気船ヨーロピアン号は南に進み、パナマ地峡の活気あふれる木造の港、コロンに入った。ハンブルクを出発し、リヴァプールに寄港したこの蒸気船は、パナマ鉄道会社の運営する長さ400フィートの桟橋に到着した。そしてその日のうちに、国内行きの貨物が荷下ろしされた。翌朝、スレートと石の使われた、町でも有数のしゃれたパナマ鉄道会社の倉庫のなかで、事務員や荷役人、鉄道員が西海岸からくる汽車を待っていた。だが汽車の到着は遅れた。荷役人は到着を見越して、すでに国際貨物の荷降ろしを始めていた。何百もの木箱を蒸気船から下ろし、鉄道会社の倉庫に運び込んだ。貨物は到着した汽車に積み込んで、倉庫を出て南に向かい、地峡を渡り、太平洋岸の埠頭で荷下ろしすることになっていた。そこではサンフランシスコをはじめとする太平洋岸の港に向かう蒸気船が、汽車の到着を待っていた。しかし、この日は何ひとつ計画どおりには進まなかった。

午前7時頃、どうやら箱の1つが落下したらしい。数秒後に、町の南部にいた事務員と港湾職員はすさまじい衝撃音を耳にし、爆発したヨーロピアン号があちこちに飛ばす鉄片から身をかわした。船の金属柱は四方八方に飛び、埠頭に直径200フィートの円形の穴を開け、貨物用倉庫の柱を倒した。爆風とともに、さまざまな破片があらゆる方向へと何百フィートも離れた場所まで広がっていった。一瞬ののち、貨物用建物のスレート屋根が崩壊し、20人超の労働者が押しつぶされた。ゆがんだドア枠の下を瞬時にくぐった2人の事務員は生き残った。爆発の力はきわめて強く、約1マイル離れた教会の窓を粉々にした。目撃者の1人は、神がモーセとイスラエル人に十戒を守るよう伝えたという聖書の物語を引き合いに出し、「シナイ山の雷鳴のように恐ろしい音」だったと、その爆発音について述べている。[1]

その数分後には、英国郵便の蒸気船タマー号が、煙を上げていたヨーロピアン号を惨憺たる状態の埠頭から引き離そうとしたが、壊れた船体がふたたび爆発し、残骸は煙突を下にしてリモン湾に沈んだ。ある記者は「ひどく傷ついた遺体、あるいは遺体の断片が、あらゆる方向のはるか遠い場所でも見つかる」と、やりきれない気持ちを綴っている。ほとんどの遺体が水中に飛ばされ、リヴァプールの記者の言葉を借りれば、すぐさま「サメに取られた」ため、死者の身元確認は不可能になった。その週には同じような事故がサンフランシスコやニューヨーク、そしてセントラルパシフィック鉄道の沿線で起きた。いずれの場合も、謎の爆発があまりに激しく強かったために、爆発の瞬間に死亡した人の骨の断片が数百フィート離れたところにいた野次馬に突き刺さった。[2]

爆発の原因は、密封されたニトログリセリンの箱だった。この物質は亜鉛管に入れられていて、亜鉛管はろうで密封され、おがくずのあいだに詰められ、細心の注意とともに木箱に収納されていた。箱はサンフランシスコの向こうのシエラネヴァダ山脈に向かっており、そこでニトログリセリンの入った管を制御のもと爆発させて使う予定だった。ニトログリセリン入りの管1本は、十分なエネルギーとともに振ると、数マイクロ秒後に27万5000気圧で窒素を排出する。これに対して、火薬は最良のものでも爆発のスピードが1000倍も緩慢で、威力もわずか50分の1だった。[3]だが1866年当時、爆発に関する科学的知識はまだ十分ではなかった。ロシアで教育を受けた化学者アルフレッド・ノーベルと助手も、ハンブルクの郊外で木箱を密封した同年3月時点では、ニトログリセリンが徐々に漏れていくことについてきちんと説明できていなかった。密閉していない小さじ1杯のニトログリセリンが集まった状態で高熱や衝撃を加えると、小さな爆発が起きる可能性がある。これが箱の近くで起きると、小さな爆発であっても、すべての亜鉛管が一度に爆発するだけの力を発揮しうるのだ。[4]１８６６年4月、ニトログリセリンは、安定性はあまり高くなかったものの、近代の世界をつくり替えるものとして登場した。あるダイナマイト取扱者はこのように述べている。「ノーベルは［…］かつては強すぎて制御できないように思えた荒れ狂う野獣を鎖につなぎ、導く方法［…］を教えてくれたのだ」[5]。

密閉されたニトログリセリンの木箱は、岩石圏という地球の最外殻と人間との関係を根本から変えていくことになる。珪藻土（けいそうど）のなかで安定化されたニトログリセリンは、１８６７年にダイナマイトとして特許を受け、化学者・歴史家のヴァーツラフ・スミルの言う進化的跳躍をもたらした。人類は自然界との関係を飛躍的に進歩させたのだ。１８６７年から１９１４年にかけて生物学、物理学、化学の世界に関する人間の理解が集約されたことで、スミルの用いた呼称を借りれば「相乗効果の時代」が生み出された。それによって植物の呼吸の解明から周期表の作成にいたるさまざまな発見がなされた。そして21世紀においても近代的生活を支えている技術――たとえば消毒薬や食物の長期貯蔵、そしてとくに人類が生物圏からより多くの食物を抽出することを可能にした合成肥料など――を生み出したのだ。この新しい知見は飢饉を引き起こす物理的制約を取り払い、現代においては肥満という悩ましい問題を社会にもたらすことになる。[6]化学の知見から派生したこうした変化のうち、運搬可能な爆発物の完成ほど深い意味をもつものは、また大きな変化を巻き起こしたものはないに等しい。

人間はニトログリセリンがもつ約27万5000気圧の力を使って、頁岩（けつがん）や石灰岩、粘板岩のなかの分子結合、つまり1平方インチあたり数百万ポンドという地球や惑星間の力によって押し固められたものを破壊できるようになった。そして、土木技師は直感的にこう考えた。この新しい爆発物は世界の山々に穴を開け、岩を打ち抜いて通り道をつくることを可能にする。それによって山を通る鉄道トンネルを建設できるし、外洋から離れた川辺の町を海洋港に変えることができる。アントワープ、ロッテルダム、アムステルダムなどの小さな都市が、立派な国際的玄関口になるだろう、と。コロンでの事故から5年もしないうちに、建設会社はおびただしい量のニトログリセリンを水中で爆発させるようになっていた。それによって港湾を深くし、港と港の距離を縮め、穀物の道の根本的な再編を可能にするとともに、国際貿易に劇的な影響を与えた。

世界の穀物輸入都市はまたたく間に、安価なアメリカ産穀物の受領者・収集者になった。イギリス海峡をはさんでロンドンの向かいにあるアントワープは、数世紀前には栄光に包まれていた。16世紀の大半にわたり、この港湾都市は西ヨーロッパにおける貿易の中心地だった。イングランドの紡毛織物（ぼうもうおりもの）やラテンアメリカ産の銀、インドのコショウ、カリブ海の砂糖の出会うスヘルデ川沿いの埠頭は、カール5世率いるスペイン帝国のガレオン船の船渠（せんきょ）と補給所を兼ねていた。10万人超の住民を抱えるアントワープはヨーロッパでも屈指の豊かな場所で、ルーベンスとブリューゲルの芸術活動をパトロンとして支えた。[7]

ところがそれからの300年、宗教戦争やスペイン、フランス、オランダの諸帝国間の対立によってアントワープは弱体化し、戦場になったり戦利品になったりした。16世紀と18世紀に起きた包囲戦は人口を半減させ、都市を荒廃させた。ナポレオン戦争の際には、大英帝国の粉砕を目的とした艦隊を建設しようと、ナポレオン・ボナパルトがアントワープを利用したことがある。アントワープが海峡を隔ててロンドンと向かい合っていることから、ナポレオンはこの都市を「イングランドの頭を狙うピストル」と呼んだ。[8]ナポレオンの敗北後、ウィーン会議に参加した連合国は、アントワープはあまりにも重要度が高く、どこであれヨーロッパ大陸の帝国にこのピストルを持たせるわけにはいかない、との判断にいたった。やがてアントワープとその後背地――食糧の供給源であり製造品の供給先でもあった――はオランダからもぎ取られ、独立国家ベルギーになる。するとオランダは物理的な障壁と高い関税を設け、スペイン、フランス、ドイツのいずれの艦隊であれ、アントワープの深水港には侵入させまいとした。ところが1846年になるとジャガイモ疫病菌が関税障壁を取り払ってくれ、アントワープは3度目の興隆を目指した。そして1860年代、この都市は安価なアメリカ産穀物による侵略の起点となる。[9]

アントワープの商人は、安い穀物がヨーロッパを別の形につくり替えうることを、誰よりもよく理解していた。アメリカの南北戦争ののち、同地の商工会議所はノーベルの考案した新しい爆発物を使ってスヘルデ川の拡幅と運河化を行い、歴史ある城壁を壊しておよそ3マイルにわたる連続埠頭の用地を造成した。そしてアントワープは、喫水の深い世界各国の船舶に十分対応できる大きさの海洋港になった。パルヴスの言葉を借りれば、「この大都市は国家という卵の殻を捨て去り、世界市場の中心になっている」[10]。アントワープは消費＝蓄積都市となった。それまでの数世紀間、小麦粉、牛乳、卵、チーズといった農産物が後背地からやってきて、アメリカの熱帯地域の商品と交換されてきた。だがジャガイモ疫病菌の流行以前には、アントワープの食糧価格は農村に比べてまだ高かった。輸送の困難さ――ロードアイランド州議会議員たちの表現を借りるなら「荷馬車仕事」――のせいで、穀物の価格は必然的に上昇した。食糧は荷馬車に積まれ、悪路を通って運ばれていて、遠くのものほど高かったのだ。自然の流れで、食糧価格の高騰は都市の成長を押しとどめ、都市労働のもたらす機会を減らし、移民の可能性を抑えた。

だが1860年代に奴隷制と農奴制が終わりを迎え、勢いを増したアメリカが世界でもっとも安価な穀物を送り出し始めるに及び、バランスは変化した。アントワープの商人は安い小麦の流入に対処すべく、製粉されない余分な穀物を保存する小さく底の広い艀（はしけ）をチャーターするようになる。艀は数か月、ときには数年のあいだスヘルデ川に浮かべたままにされ、昔ながらの穀物商の多くを苛立たせた。アントワープの艀は倉庫よりも安上がりで、これがあったおかげで大型の蒸気船や帆船は何百トンもの小麦と小麦粉を素早く積み下ろし、さっさと新しい貨物を見つけて出発することが可能になった。艀は船の往復時間を大幅に縮め、アントワープは、とくに穀物価格が安いときなどは、穀物船の目的地として好まれるようになった。川と蛇行する運河は、アントワープからフランスおよびドイツの中心部への接続を可能にした[11]。

アントワープとの新たな競争がきっかけとなり、オランダ政府は自国のなかに別のアントワープを誕生させた。300万ギルダー超を費やして「オランダの角」〔訳注：オランダ語でフック・ファン・

ホランドと呼ばれる町」で発破工事を行い、外洋から離れた町ロッテルダムを蒸気船の発着する港湾都市に変えたのだ。1871年にロッテルダム発の蒸気船の航路が開通すると、空腹を抱えるライン川流域のドイツ諸都市への接続が改善され、この都市はヨーロッパ大陸最大の穀物港の地位をめぐってアントワープと争うようになった。[12]

都市を穀物の大消費地につくり替える過程でニトログリセリンが及ぼす効果は、いくら評価しても足りない。海上輸送のコストは、控えめに言っても馬を使った陸上輸送の30分の1だった。だからアントワープのように外洋から離れた都市がヨーロッパ大陸の国境を越えた遠い場所にまで後背地を拡大できたのは、深水港のおかげだった。後背地の規模が30倍に拡大したことにより、深水港は商工会議所にとって垂涎の的になった。深水港があれば、街の職人や卸売商、工場は商品を集積し、従来とは段違いに大きな市場に参入することができるし、小さな街や小規模な会社よりも安い価格で商品を販売できるようになる。安価な食糧は小国ベルギーの産業化を促し、オランダ商人の地位を大西洋岸市場の主役を担う手前まで押し上げていった。[13] ヨーロッパの都市では、穀物価格が1870年から1900年にかけて約40%下落している。食品価格の長期的な下落としては、これは史上最大の幅である。[14]

穀物を荷受けする港においては、いわゆる最後（ラストワン）の1マイルが相対的に低コストであれば、ここで述べたような安価な食糧の便益が増大した。中世の語法では、「最後の1マイル」は旅の終わり、あるいは死を意味していた。だが1970年代に軍需メーカーとベル研究所の技術者の始めた取り組みによって、この言葉は再定義された。配送コストを最小限に抑える方法を調べていた技術者たちは、輸送過程のなかでもっとも時間を要し、もっとも費用のかさむ部分が最後の1マイルであることを突き止めた。電気、水、パンのどれを届ける場合でも、最後の1マイルは消費者に製品を届けるのに要する総コストの最大80％を占める。ここには店舗や事務所の家賃のほか、手渡しや積み替え、請求書送付のコストなどが含まれる。しかも、これらは個別かつ具体的な性格をもつ。いずれも人、交渉、精算を必要とする。アメリカで電話（19世紀）、電気（20世紀）、ブロードバンド・インターネット（21世紀）の整備において、農村部がもっとも後れをとっているのは、まさに最後の1マイルのコストゆえだった。[15]

穀物の輸送における最後の1マイルに製粉と製パン作業を含めると、わたしたちが手にするパンにかかる費用は、原料として使われる穀物の価格の100倍超になる。最後の1マイルは価格のかなりの部分を占めていたため、サプライチェーンのなかでも長い時間を要する複雑な最終段階の費用を低く抑えることは、大きな効果をもたらした。安価な穀物から安価なパンがつくられるようになったのだが、この傾向はとくに深水港のある都市に強く見られた。ロンドンでは、重さ4ポンドのパンの値段は1850年代には平均8・5ペンスだったが、1905年にはわずか5ペンス強になっている。[16]ロンドン、リヴァプール、アントワープ、ロッテルダムのような新しい消費＝蓄積都市の場合、最後の1マイル圏内の消費者は最低価格で買い求めることができたのだ。1868年以降、港湾都市の安い食糧は、何世紀にもわたって賃金の実に半分を食費に充ててきた賃金労働者にとって、強い磁力を発するものになった〔訳注：1868年という年号については「はじめに」13ページを参照〕。アイルランドとスコットランドの人々はリヴァプールとロンドンに引っ越した。アントワープはベルギー、オランダ、フランス、ドイツの農村部から港湾労働者を集めた。アメリカの鉄道が1830年代から50年代にかけて、ニューヨーク、フィラデルフィア、ボルティモアといった港湾都市を中規模都市が遠く及ばないほどの規模に急拡大させたように、発破工事と自由貿易もこれらのヨーロッパの港町を、他のヨーロッパ諸都市を寄せ付けないほどに成長させた。アントワープの人口は1846年に8万8000人強だったが、1900年には27万3000人になっている。[17] アメリカの穀物船は、アントワープに国際市場との接点を与えた。

こうした新しい都市が穀物を消費する過程で、穀物のいわゆる前方連関が爆発的に発展していく。アントワープの埠頭に近いルーヴェンに建てられた製粉所は、ライン河畔の風車や水車よりも低コストで大量に小麦粉を生産できた。[18] 安価な穀物の流入にパン屋が付いていけなくなったこともあり、ヨーロッパの諸都市はイノベーションを素早く取り入れた。1873年、パン物流の最後の1マイルにおける遅さに対処しようと、シュトゥットガルトの技術者が「パンこね機」を発明し、特許を取得した（シュトゥットガルトはライン川の支流沿いにあり、アントワープと関係が深かった）。これにより、パンづくりにおけるもっとも面倒なプロセス、つまりパン生地にイーストを行き渡らせ発酵させるプロセスが軽減された。おかげで、街のパン職人と弟子が1日に焼き上げるパンの数が増えた。[19]

最後の1マイルにおけるもう1つのコストはオーブンだった。大量のパンを焼き上げる機械が、パンこね機の次に現れた。蒸気管、幅の狭い発熱体、可動プレート——走行プレートと呼ばれる——を備えたこの機械式オーブンにより、少人数でもわずか1時間で約100個のパンをむらなく焼き上げることができるようになった。1883年、ボアベックと呼ばれたこのオーブンをベルギー社会党が最初に購入し、「前進」（Vooruit）という名前の消費者協同組合で活用した。このオーブンはまた、商品としてのパンを食卓に並べるまでの労働を減らし、コストを押し下げた。組合には労働者に安価な食料品を提供し、ストライキ中の労働者に食料を配り、余剰金を党機関紙の資金に使うことさえ可能になった。ベルギーの協同パン運動は、パンを分かち合うことの力を参加者に認識させ、それまで互いに疑いの目を向けていた職能別労働組合の共闘を助けた。[20]

安価なアメリカ産小麦が流入したこともあって、アントワープの貿易額は1864年から84年にかけて6倍に増えた。[21] 海路で到着した貨物の量という点から言えば、1860年には取るに足りない存在だったこの都市は、80年にはヨーロッパ大陸でもっとも繁忙な港になっている。[22]

さまざまな国からきた穀物は、アントワープを食道都市にした。穀物をのみ込む一方で、ヨーロッパの多くの国に再輸出する能力のある都市だ。アントワープの製粉業者は、脱穀されていない安価な外国産小麦を購入しようと港の近くに製粉所を建てた。その小麦を白い小麦粉に加工したあとにできる残余物は、ふすまやミドリングと呼ばれ、豚や牛の餌になった。アントワープやライン川とその支流の河岸で営農していた人々は、鋤を豚舎に、畑を牧草地に、植物を動物に取り換えて、畜産農家に変わった。ベルギーの豚と牛は、アメリカの安価な飼料の生きた再処理装置になった。10年もしないうちに、ベルギーは安価で常温保存のできる商品を生産する国という定評をヨーロッパで得ることになった。その商品に入っているアメリカ起源の要素は、ベルギーの草食動物の肉に紛れて曖昧になっていたが。ヨーロッパの労働者は、それまで裕福な人しか口にしなかったようなバターやベーコン、チーズ、チョコレートを食べ始めた。ロンドン、リヴァプール、ロッテルダム、ハンブルクの郊外の農村に住む人々にも同じ変化が起きた。本人たちはまったく意識していなかっただろうが、数百万人のヨーロッパ人労働者は、生物学的にはアメリカの穀物で育てられた動物の肉を摂取していたのだ。

パルヴスによると、こうした食道都市はヨーロッパの階級を再編成したという。商人階級とサービス階級のかなり分厚い層が、穀物港のある都市で形成された。近郊部では、ライン河畔に並ぶ工場町で、穀物を食べる労働者階級が増えていった。経済学者は、あたかも工場がひとりでにできたかのように、この現象を産業化と呼んでいるが、当時穀物貿易に携わっていた人々は、安価なカロリー源が大量に循環する回廊、つまりアントワープの海洋港に安い食糧をもたらす道ができたために機械化が起きたことを理解していた。運河と鉄道は、アルザス・ロレーヌ、ヴェストファーレン、ラインラントといった人口密度の高い地域に穀物や動物性食品を運んだ。産業が生まれたのは、原料品が豊富で食糧が安いうえに、食糧を運んでくる鉄道車両や船に製品を載せて送り出すことが可能な場所だったのだ。ドイツとフランスの地主は、安いアメリカ産穀物がヨーロッパの農村の地代を引き下げる恐れがあることを何より心配した。１８６６年の爆発は事故だったが、穀物の栽培者と食べる人をつなぐ黒い道にニトログリセリンが及ぼした長期的影響は、ほどなくヨーロッパに農業恐慌をもたらすことになる。[23]

ジャガイモ疫病菌とその後のダイナマイトは、食糧源をヨーロッパの人口密集地に近づけた。たいていの場合、技術の急速な変化——たとえば安価な輸送手段や安価な食糧の出現のような——は、多くのものをもたらすが、ヨーロッパの大勢の穀物商にとって、変化はあまりに目まぐるしかった。穀物商は何世紀にもわたり、港町に穀物を貯蔵してきた。これは将来の価格上昇を見込んでのことだった。かたや帆船を所有し、オデーサに取引先をもつ他の人々は、たとえば仕入れ価格の約20％の利益が得られるという確信のもとに穀物を仕入れることができた。個人資本家と商業銀行は、オデーサで穀物の支払いを行うために買い手が6か月手形を発行することを許可し、最終支払いは穀物が到着したときに行われた。[24] 個人手形は中世後期以来、西洋世界における資本主義的交易ネットワークの土台だった。だがニトログリセリンが世界中で港を増やしていたちょうどその頃、6か月手形は窮地に追い込まれていた。

ジェノヴァが栄えていた時代から海洋航海を支えてきた6か月手形は、2つの要素が重なったために、とどめを刺された。1つは海底電信、もう1つはスエズ運河だ。コーヒー、綿花、砂糖といった1次産品の輸送のための長期融資を過去2世紀にわたり支えていたのは、船や船倉の一部をチャーターするような名うての商人たち、握手ひとつで1万ポンドの砂糖を売買できる男たちのクラブだった。活動の場はロンドンのバルティック取引所のような民間の商品取引所だ。かれらは互いに熟知の間柄だった。会員は世界中のあらゆる海洋に船を浮かべ、誰がどの商品やどんな船に詳しいかも知っていた。また、取引所そのものを使って詐欺師を見分けることもできた。たとえばバルティック取引所の場合、加入には1万ポンド以上の費用がかかった。こうした取引所は、ヨーロッパ大陸では一般にブルスと呼ばれ、マルセイユ、アムステルダム、ハンブルク、オデーサにも置かれていた。握手のあと、買い手は近くの銀行に使者を送り、手形を振り出すために1万ポンドかそれ以上を借りたが、その手形は売り手の望む都市で現金化できた。手形が銀行における取引者の信用の上に成り立っているということ、また港から港に移動するコーヒーや砂糖、小麦を表すものであることは理解されていた。取引者が債務不履行に陥った場合にもっとも優先されるものは商品そのものだった。というのも商品は、手形を銀行に持ってきた最後の人のものになるからだ。その人は債務不履行で何かしら失いはするものの、すべては失わずに済む。こうした6か月手形と9か月手形は、17世紀以来、いやおそらくその数世紀前から、ロンドンで循環する資本の大部分を消費していた。[25]

ロンドンの金融市場で利用可能な信用は、南北戦争中に倍増した。これは1つには、南軍領の綿花が経済封鎖の対象にされると同時に、ランカシャーの繊維製造業者が取引者の言う「過剰な遊休資本」を抱えることになったためだった。その結果、ロンドンの諸銀行はイングランド銀行において標準金利の引き下げを投票で決めた。このような景気の悪い時期に金利が高いと借り入れが阻害され、金(きん)は銀行にしまい込まれ、銀行はまったく稼げなくなるということを銀行家は理解していた。ところが、ロンドンの銀行、オヴァレンド・ガーニー商会が低金利を利用すべく、取引者に言わせると「邪悪な」手段である「豚乗せベーコン」手形によって金融市場を利用するスキームを編み出した。

豚乗せベーコンは偽造手形で、怪しい投資を行うために使用された。オヴァレンド・ガーニー商会は、自行の支店に対して6か月手形を振り出し、その額面をわずかに下回る額で他の銀行に販売した。この手形は普通の手形とよく似た体裁を備えていたが、移動中の商品を表すものではなかった。この銀行は自行から借り入れを受けていたのだ。豚をベーコンと交換するようなもので、商品の裏付けはまったくなかった。古い手形の期日がくると、銀行はそれを新しい手形と交換した。このやり方は、低金利のクレジットカードで借金を重ね、数か月ごとにその残高を新しいカードに振り替える方法に似ている。クラブの人々は長距離貿易市場に信頼を置き、それが数世紀にわたって商品取引者を支えてきたのだが、オヴァレンド・ガーニー商会はそこに付け込んだ。安価な短期の信用を使って数百万ポンドを借りた同社は、実質的には営業していないダミー会社の株式を購入した。たとえばメトロポリタン鉄道とアトランティック・ロイヤル郵船社といった会社の株だ。実在の鉄道会社や郵便船会社には特定の貿易路を独占しているものが多く、このような会社の参入を恐れた。だから実際に参入されるような事態を防ぐため、どれだけ設立文書が怪しげに見えたとしても、そうした会社を買収しようとした。そのようなことからダミー会社の株価は、株式の買い取りから取り消しまでの数日間に1ペニーだったものが1ポンドに上がるようなこともあった。オヴァレンド・ガーニー商会は株式を売却して莫大な利益を上げ、別のダミー会社をつくる次の機会を狙った。ところが南北戦争が終わってから1年後、大西洋横断電信ケーブルが完成する。取引者は決済期間を短縮し、古い手形の重要度は下がってゆき、金利は短期間のうちに上昇した。膨大な数の商業手形を流通させていたオヴァレンド・ガーニー商会は巨額の負債を賄うことができなくなり、倒産した。[26]

その後の10週間、手形の金利は4％から10％へと2倍を上回る上昇を示した。これにより、大銀行が少なくとも6行倒産している。その多くはオヴァレンド・ガーニー商会と同じ活動に従事していた銀行だ。1866年、オヴァレンド・ガーニー商会の破綻により、国際貿易のための手形を割り引いていた多国籍銀行22行が倒産した。経済学者のチェンズ・シューの推計によれば、ガーニー商会の倒産は海外におけるイギリスの商業信用の約12%が失われたことを意味し、それは数十年にわたり輸出入の多くを妨げたという。[27]

ニトログリセリンは、かつて世界各地の船に商品を積み込ませていた6か月手形の凋落を加速させる働きをした。ニトログリセリンによってもたらされた変化のうち、もっとも深いしるしを歴史に刻んだのはスエズ運河の建設だ。これによりアフリカ南端の喜望峰を経由せずにインド洋と地中海のあいだを抜けるルートが開かれた。[28] 1869年に運河が開通すると、ロンドン－カルカッタ間を船で移動するのに要する時間は6か月から30日足らずに短縮された。[29] また、直通ルートは陸のシルクロードに取って代わり、エジプトで船を乗り換えねばならなかった旅のあり方を変える可能性も宿していた。

こうしてスエズ運河は伝統的な交易路を壊し、国際交通路と時間距離を大きく変えた。運河が正式に開通した1869年、アフリカ南部に代わってアフリカの角が、ヨーロッパ－アジア間貿易の経路となった。黒海東岸の港に対するオスマンの影響力はあまり重要でなくなったが、この帝国の統制下にあるアフリカの角のほうは、ヨーロッパ－アジア間貿易に携わる者にとってにわかに重要性を増した。ヨーロッパ列強は、膨張するロシアに対抗させるためにオスマンを強化することよりも、重要な紅海の経路に対するロシアの独占を弱めることに強い関心を向けた。

スエズ運河はアメリカの穀物貿易に驚くべき影響を及ぼした。何より重要なのは、帆船が風を使って狭いスエズ海峡を通り抜けることができなかったことだ。東インド会社の貿易船やブラックウォール・フリゲート、ウィンドジャマーといった最大級の帆船は、それまで茶と香辛料の貿易の中核を担っていた。ところがスエズ運河の建設のせいで、イギリス商人チャールズ・マニアックに言わせれば、こうした船もその200万ポンドの運搬能力も「事実上破壊」されてしまった。[30]

マニアックの発言は早計にすぎた。スエズ運河が4本マストや5本マストの帆船を破壊することはなかったのだ。1869年を境に茶と香辛料の貿易の中核は運河を通過できる蒸気船に変わったが、蒸気船は大西洋貿易を席巻できなかった。長距離航行については、19世紀末近くまで、帆船のほうが効率的だった。1860年代、石炭を動力源とする蒸気船は1日に少なくとも100トンの石炭を消費した。その石炭の価格は1トンあたり15ドルだ。大西洋貿易で使われる蒸気船の場合、石炭は可搬重量の半分近くを、またエンジンは総容積の半分を占めていた。[31] それに蒸気船はボイラーに石炭が投入されると、速度と安定性を保って「喫水の釣り合いをとる」ために水の注入が必要になった。これに比べて帆船はコストが小さく、帆走距離がはるかに長かった。帆船は1920年代まで、島々の給炭港に石炭を運ぶのに使われている。

穀物が大西洋を行き来する帆船に適していたのは、貨物としての穀物の密度の高さのおかげで深い海洋での航行が安定したからだ。スエズ運河によってヨーロッパ－アジア間貿易については数百万ポンドの輸送能力をもつ帆船の必要性がなくなったが、それらの帆船は、それほど速度が重視されない大西洋や太平洋の穀物貿易に使われるようになっていった。もっとも、穀物を蒸気機関の乗り物で運ぶことは可能ではあった。だが汽船航路による輸送を定着させようとするアメリカの鉄道会社の試みは、長距離輸送に汽船を使うことの効率の悪さと、活用され尽くしていない帆船との価格競争のために何度も失敗した。イギリスの蒸気船の総トン数は1850年から74年にかけて19万トンから200万トンへと10倍に増えたが、帆船の総トン数は同じ期間に400万トンから550万トンに伸びるにとどまった。[32]

穀物船にとって速度があまり重要でなかったのはなぜなのか。1866年にケーブルが完成し、確実に稼働するようになった海底電信は、帆船による穀物の輸送を十分に補完した。海底電信は先物契約と結び付いて、商品の注文と支払い方法を一変させた。ウォルター・バジョットが指摘したように、「電信は取引者と消費者が変化する需要に合わせて商品の量を微調整することを可能にする」ものだったのだ。ニューヨークで穀物の買い注文を出した取引者は、到着前にそれを売ることもできるし、マン島に停泊している船を待たせ、そのあいだにハルとリヴァプール、ロンドン、アントワープ、ロッテルダムのどこに行かせるかを決めることもできた。

だがロンドンの商人にとってもっと気がかりだったのは、穀物が船に積み込まれたとたん、物価の高い需要側の都市で倉庫が不要になったことだ。価格が下落すると、穀物がシカゴ、ミネアポリス、ミルウォーキーなどの供給側の都市にとどまる恐れが生じた。ヨーロッパに向かっている「洋上の」数千ブッシェルに対し、輸送中に注文が出る可能性もあった。南北戦争のとき、北軍が先物市場と電信による注文を使ったことでシンシナティの小麦とエンバクの取引者は機先を制される危険にさらされたが、イギリスの取引者も同じように、穀物の大規模取引を行う人々——電信を使ってシカゴ商品取引所で10万ブッシェルを注文し、その日のうちにロンドンやリヴァプールで先物として売却できる取引者――に出し抜かれた。同日中の売買は、価格変動のリスクを実質的に排除した。非常に大量の穀物取引について言えば、穀物商の「マージン」――売値と買値の差――は、1866年の20%から73年の1~2%に縮小した。取引者にとって、これは6か月とか9か月を要していた輸送のための融資が不要になったことを意味した。自分の買った穀物をすでに売却して足場を築いた穀物商には、融資を受ける必要はあまりなかった。[33]

洋上を漂う大量の穀物は、都市を穀物のポンプに変えただけでなく、戦争のルールも変えている。プロイセン軍の若く野心的な将校たちは南北戦争の北軍と同様、小麦のことをよく理解していたうえ、鉄道を使って部隊の機動性を高めることを望んでいた。南北戦争中、アメリカの鉄道と蒸気船が小麦とエンバクを前線近くの倉庫に届けることができたことに感服していたのだ。北軍はインディアナ州ジェファーソンヴィルなどの川沿いの港に補給基地を設けて食糧を供給し、シャーマン少将の「海への行軍」のような迅速な陸上作戦行動を可能にした。プロイセンの軍事専門家はアメリカに将校を送り、情報を収集させた。ダニエル・マカラム少将がアメリカ南部での鉄道利用について北軍が得た教訓に関する最終報告書を公表すると、プロイセン軍はこれをすぐに翻訳している。プロイセンで書かれた多くの技術論文――大半は最高機密扱い――はマッカラム報告を後追いしたものだった。プロイセン軍は1866年、北軍の鉄道建設隊にならって野戦鉄道課を創設した。アメリカの場合は斧を持ったアフリカ系の工兵が大半を占めていたが、プロイセン軍はドイツ人の若者を雇ってライフルを持たせた。短期間で終了した１８６６年の普墺戦争では、この工兵たちがまたたく間にオーストリアに到着して鉄道駅を占拠し、見つけたエンジンと車両はすべて鹵獲し、プロイセンの侵攻に対するオーストリアの反撃を不可能にしている。

プロイセン軍は短期間の対オーストリア戦争で勝利を収めたものの、兵に食糧を届けるために鹵獲した列車を実際に配備することはできなかった。その一因はエンジンの操作ができなかったことにある。[34]プロイセン軍はアメリカの計画にふたたび検討を加えた。１８６９年8月10日、国王の勅令によって独立した鉄道部隊が創設された。この部隊は北軍の鉄道建設隊との共通点がさらに多く、線路の建設および破壊のほか、鹵獲した車両を操作して部隊と物資を前方に送り出すために、土木工兵、鉄道工兵、補助工兵などを擁していた。[35]また、鉄道を帝国にとっての魔法のブーツに変え、長い距離をひとまたぎで進めるようにすることが構想された。プロイセンの将校たちは連絡線のシステムをつくった。これは1行程を意味するフランス語の「étape」を借りて、「Etappen」システムと呼ばれた。80～１２０マイル間隔で「駅」が置かれたこの「線」は、戦域からベルリンの基点にある司令部まで延び、個々の駅には将校と輸送調整員が詰め、補給基地と電信局が置かれていた。[36]

北軍の輸送システムのプロイセンによるアップグレードを検証する機会が訪れたのは、よく知られた対フランス戦争、１８７０年から71年の普仏戦争のときだ。紛争はプロイセンの宰相オットー・フォン・ビスマルクがフランス皇帝を挑発し、宣戦布告を引き出したことから始まった。連絡線システムを使ったプロイセン軍は、フランス軍よりも動員が迅速で、機動性も高かった。フランス軍は（ほぼ）国営の鉄道システムを使って兵員を集めたが、兵站は惨憺たるものだった。フランスでは、兵士が自分の部隊まで遠路はるばるやってきても、軍服も武器も食糧も届いていないというありさまで、ひどい混乱が起きた。両軍が境界地帯で対峙したとき、装備と補給の行き届いたドイツ軍の前にいたのはフランス軍の4分の1に満たない兵力だった。フランス軍は虚をつかれ、大半の兵員は古代の要塞スダン城に退却してしまう。[37]

だがプロイセンの司令官による有名な言葉のとおり、まずは敵に接触せねばどんな計画ももちこたえることはない〔訳注：司令官とはモルトケのこと〕。輸送の分野は1866年には完全な変化を遂げていたが、国内の補給線がつねに機能していたわけではなかった。フランスに侵攻した1870年には、プロイセン軍は連絡線システムの見直しを迫られていた。プロイセンの食糧生産地は東部にあったのだが、軍の食糧需要はほかの物資の需要をほぼ100：1の比率で上回っていた。穀物と軍隊が同じ方向に移動したために、連絡線駅への糧秣の到着はもたついた。フランスに向かう途中の路線の駅では肉も小麦粉も腐っていた。ドイツのフランス侵攻は、クリミア戦争におけるイギリスとフランスの補給問題の再来になりかねない雲行きだった。

ところが1866年を境に、大西洋の様相は一変していた。機敏なプロイセンの将軍たちは、開戦から何週間としないうちに自ら命令に背いた。ドイツ産の穀物が連絡線に沿って西にくるのを待つのではなく、中立国ベルギーのアントワープから数十万トンのアメリカ産穀物を東に運ぶよう命令を下したのだ。[38]アントワープの穀物輸入は1870年にほぼ倍増し、71年にはほぼ3倍になった。輸入された穀物はアントワープから運河でライン川を上り、フランスにもっとも近い連絡線駅まで運ばれた。そこでパンが焼かれ、プロイセン軍の鉄道補給路を通って兵士のもとに届けられた。[39]プロイセン軍の食糧には、シャーマンの軍の食糧と原産地を同じくするものが含まれていた。イリノイ州の穀物だ。海上輸送がもつ30倍の利点を考えると、イリノイ州の穀物をパリの東にいるドイツ兵に送るコストは、チャタヌーガにいる北軍兵に送るコストをわずかに上回る程度だったのではないだろうか。

つまりプロイセン軍は戦争に勝つために国際的な穀物の道に依存するようになったということだ。これは穀物商がいなければ成功を勝ち得ることができなくなるという意味で、プロイセン人が忌み嫌う状況だった。フォン・ゴルツ男爵は当時をこう振り返っている。「数個師団に仕える補給業者が代理人をよこし、その一群は同じ場所に集まった。[…]こうして国家は、自らにとってもっとも危険な競争を生み出した。[…]そして、大きな街にある最新の高級ホテルは素性の知れない場違いな者たちであふれた。[…]契約の締結とその適正な執行を妨げるものについては、くだくだしく述べるまでもない」[40]。

プロイセンが戦争を遂行するうえで外国の穀物を必要としていたことは誰の目にも明らかで、それはこの国にとって腹立たしいことだった。名前に「フォン」が付かず、素性の知れない、称号をもたぬ人々は、ドイツ軍の補給のことをよくわかっていた。どんなドイツ人将校であれ、新しい高級ホテルに集まったこの行動的な穀物商たちに、もっと早く行動しろと命令することはできなかったろう。何千隻もの穀物船が海にいたことで、戦争は変わった。補給線はしばしば帝国の外部に出てしまい、内部の補給線はもはや軍隊を養うもっとも効率的な方法ではなくなった。戦闘での勝利や敗北のニュースが、食糧の価格を決定した。穀物が海路で届くようになったために、フランス軍やイギリス軍、イタリア軍、ドイツ軍、ベルギー軍は、現地で物資を調達したり高価で燃料効率の悪い戦艦を使って糧秣を入手したりする心配を過度にする必要がなくなり、他国への侵攻はますます容易になった。アメリカ産穀物の助けもあり、帝国主義は1866年を境に、ヨーロッパの諸帝国にとって実現しやすそうなものに見えてくる。

外国の穀物は外国への侵攻を容易にするのに役立った一方、そうした侵攻にあらゆる人の意識を向かわせもした。穀物受入港の広々とした交易所――ロンドンのバルティック取引所、リヴァプールの穀物取引所、ルアーヴルとマルセイユの取引所――にある「情報室」は、交戦国のどの軍隊にも後れをとらない、ヨーロッパの情報収集所になった。取引者は、新聞社や一般幕僚にかなり先駆けて最新ニュースの電報を受け取った。穀物交換所は、嵐や革命、兵員輸送の遅れ、作戦の失敗、干ばつ、そしてこれらの出来事による価格上昇についての情報を蓄積していった。

この取引者たちはフォン・ゴルツにとっては素性の知れない者ではあったが、すべてを心得ていた。軍の成功や失敗を利用して、船積みの穀物が港に到着する前にそれを売買した。戦争は穀物の流れを脈動させたが、穀物の不足によって流れが止まることもあった。ヨーロッパの都市と軍は同じ取引所で競争を繰り広げた。都市は新しい情報と国際市場を頼りに、帝国や兵士のことは度外視して自らの食糧の供給体制を固めようとした。これこそが穀物商にとってなじみ深い世界であり、プロイセン軍の軽蔑する世界だった。ロンドンのバルティック取引所、またベルリンやオデーサの取引所は、ほぼ同じ新聞や雑誌を購読していた。こうした取引所はそれまで長きにわたり、世界のさまざまな言語のニュースの中心地であり、権力の真の中枢であり、世界の神経でもあった。開戦から数年もしないうちに、穀物商はプロイセン人にとってなくてはならないものになるが、このことは軍将校の神経を逆なでした。

プロイセン軍の各中隊はおもに国際的な穀物取引所を通じて食糧を手に入れた。加えて補給路を堅牢化したことが、軍にとってきわめて大きな利点になった。外部から延びる新しい補給路（この場合はアントワープから前線まで）ほど重要な場所はなかったと言ってもいいだろう。軍は1863年のテネシー州東部と同様、1870年の北フランスで、補給路の1マイルごとに中隊を置き、地元の有力者を補給列車に乗せて、ゲリラの攻撃を阻もうとした。[41] アントワープの港から延びる安全な穀物輸送路のおかげで、プロイセンはアルザス・ロレーヌ、つまりフランス帝国の東端を素早く封鎖できた。ルイ＝ナポレオンが降伏すると、ビスマルクは新生ドイツ帝国から広がる新しい連絡線のうち、フランス部分を割譲するよう求めた。アントワープから食糧の供給を受けたアルザス・ロレーヌは、その後ドイツ帝国のなかできわめて重要な産業中心地になる。穀物を入手しやすくなった新しいドイツ帝国は、フランスを踏み台に産業大国に変わった。ただしそれは、ライン川流域に住んでいた空腹の産業労働者を養うことができる限りにおいて、だった。

大西洋横断電信ケーブルはアメリカの先物市場と結び付いて、リヴァプールやロンドン、アントワープ、アムステルダムの港湾倉庫の必要性を小さくした。また米欧間の価格差を狭めたが、リスクを完全に取り去ったわけでもない。実際、電信は少数の穀物商への取引の集中を促した。主要荷受港の大半に事務所を構える企業には、複数の市場の先物価格をもとに、電報略号を駆使しつつ購入量の調整をすることが可能だった。軽率に動くと、予期せぬさまざまな問題のせいで罠にはまる恐れがあった。たとえば、リヴァプールとアントワープの買い手はアメリカの荷送人による格付け基準を受け入れていたが、ロンドン市場は独立した役員会に見本を提出することを求めていた。格付け低下のリスクには、そのための保険が必要だった。アントワープで結ばれる契約はロンドンの契約とわずかに異なり、ロンドンのそれはアムステルダムでの契約と大きく違った。契約書は複数の言語で書かれ、そこには紛争裁定のため、複数の国際法廷に関する規定が盛り込まれていることもあった。マージンが縮小して取引量が増加するなか、さまざまな市場について詳細な知識をもち、小さなマージンでも多くの成果を上げられる企業は、どちらかといえば少なかった。このように古い市場が壊されたり、新しい市場が拒絶されたりする過程で、いくつかの企業が覇権を握るにいたった。[42]

国際的な穀物商からなる新しい集団——今では穀物メジャーＡＢＣＤと呼ばれている集団——は、取引に関する基準のこうした諸国間の違いを利用し、もっとも長距離かつ大規模で、収益性の高い穀物出荷に対して一定の力を及ぼすようになった。かれらは買い入れにアメリカの先物市場を使用し、ロンドンやアムステルダムでは見本を使って販売した。世界でもっとも重要な穀物商一族になったのは、こうした集団だった。ローザンヌのアンドレ、アントワープのブンゲ、ニューヨーク市のコンティネンタル、ミネアポリスのカーギル、パリのドレフュスである。[43] １社を除くと、いずれも世界で他の追随を許さない（株式非公開の）企業として今も繁栄を保っており、世界有数の裕福な一族によって経営されている。

ＡＢＣＤは、たちまちのうちに世界貿易の最新情報を握るまでになった。ブンゲ、コンティネンタル、ドレフュスはもともと穀物港アントワープからほど近いライン河畔の場所で産声を上げたのだが、オデーサに倉庫を抱え、ロシアの草原地帯からの穀物輸送に信用を供与していた。[44]農民が無学だったうえに、鉄道の整備が不十分だったことから、農民と倉庫のあいだには複数の仲介者が立つことが多かった。そのほとんどはユダヤ人で、１８６１年のアレクサンドル2世の農村改革により、郵便配達や郵便会社運営の市場から追い出された人々だ。こうした地域商人は貴族ではなかったため、銀行を使うことがほぼできなかった。だが、ブンゲとドレフュスによる信用の供与に助けられ、海から遠く離れた農場で栽培される穀物に前払いを行うことができた。ユダヤ人の弁護士・論説家のイリヤ・オルシャンスキーによると、「高慢で太った、怠惰で無能な地主たちはユダヤ人商人を心の底から軽蔑していたが、かれらなしでは自らの抱える経済問題をどうすることもできなかった」という。ほぼユダヤ人からなる内陸の穀物商は、アメリカのライン・カンパニーに似ていた〔訳注：ライン・カンパニーについては２１４ページを参照〕。もっとも、先物市場がないので価格の急激な下落に対処できないというううらみはあった。自分たちが前払い金をかなり多めに払ってしまい、価格が下がったりした場合には、地主に融資を行ったり、破産手続きのために司法を使用するはめになっただろう。ギリシャ人商人は、１７９１年から１８６１年にかけてオデーサ—リヴォルノ—リヴァプールをつなぐ穀物サプライチェーンを掌握し、財を築いていたが、自分たちよりも多額の投資をした倉庫業者や、内陸部の農場と広く付き合っていたユダヤ人商人に出し抜かれたことを悟った[45]〔訳注：１７９１年はオデーサの建設計画が立てられた年〕。

ここまで述べてきたように、ニトログリセリンを使った大規模造成が行われるようになり、コミュニケーション技術が飛躍的な変化を遂げ、十分活用されていない何千もの帆船が突然再発見され、小さな価格差から利益を得る機会が生まれたことは、新しい貴族の出現を後押しした。1870年代から1970年代にかけて、ABCDは大西洋地域の穀物貿易を一手に握っていたが、統制はしなかった。ジャーナリストのダン・モーガンに言わせれば、ABCDは効率的に活動すべく、「世界各地で諜報機関を、つまり一語たりとも印刷しない私的通信社」を運営していたのだ。[46] 開発経済学の言葉を使うと、ABCDは穀物の後方連関と前方連関、つまり大規模穀物倉庫や精穀所、加工工場に投資した。穀物価格のわずかな変化によってすべてを失ったり、多くを勝ち得たりしうるだけに、かれらは情報収集に巨額を投じた。かたやヨーロッパ諸帝国の指導者は、なんとしても後れをとってはなるまいと、わずかな情報に対しても過剰に反応した。戦争を遂行したい軍は海路でくる食糧への依存を深めてゆき、そのためリヴァプールやアントワープ、ニューヨーク、オデーサの穀物取引所の情報室には、ロンドン(ホワイトホール)やサンクトペテルブルク、ベルリン、ウィーン、パリといった帝国の首都よりも早くニュースが届くようになった。こうしたことから、帝国は被害妄想的になり、いたるところに陰謀の影を感じる傾向を深めていく。

第8章
何をなすべきか
1866年〜1871年

古代世界では、穀物が値上がりすると黙示録にある終末論的な考えが広がることがあった。穀物が豊富になった1850年代以降になっても、穀物で満たされた大西洋の両岸では、急進派も反動派も黙示録を反芻し、改訂し、再考せずにはいられなかったようだ。黒い馬――飢饉と価格の高騰――が青白い馬、すなわち死をもたらすのはいつなのだろうか、と。黙示録に駆られた1866年以後の新しい政治運動は、そのごく一部ではあれ、帝国の解体を目指し、はじめはピストルを、次にニトログリセリンを使った。こうした「テロリスト」運動の脅威によって、帝国の指導者たちは秘密機関に物財を投じ、小さな陰謀組織を追い回すようになった。同じ頃、マルクス主義の修正理論をはじめとする新しい経済理論の潮流が生まれた。1846年におびただしい量の農産物がヨーロッパに到来し始めた原因と限界を数学的に計算しようという取り組みから生まれた流れだ。1871年におけるパリでの革命によって共産主義者が社会民主主義者から切り離されると、秘密機関は帝国による支配を終わらせかねない脅威を探すべく、この急進的グループの撲滅のために時間と労力を捧げるようになる。社会主義者も共産主義者もテロリストではなかったが、秘密機関の浸透が深まると、社会主義運動は守りを固め、人の出入りに目を光らせ、帝国が自分たちの内部に送り込んだ工作員を探し出す必要に迫られた。

コロンでニトログリセリンが爆発したのと同じ日、サンクトペテルブルクにあったアレクサンドル2世の夏の庭園に25歳の大学中退者ドミートリー・カラコーゾフが足を踏み入れた〔訳注：厳密には同じ日ではなく翌日〕。ちょうどツァーリが午後の散歩をしていたときのことだ。カラコーゾフは農民が着る赤い無地のシャツを身に着け、別人を装っていたが、下には貴族の息子らしい上質な白いリネンを着ていた。この青年は、見物人の注意を引いたようだ。汗をかき、震えていた。ツァーリが馬車に乗り込もうと背中を見せたとき、カラコーゾフはすかさずフリントロック式ピストルを取り出し、銃口をツァーリに向けた。警官が叫び声を上げると、近くに立っていた帽子商が、火を噴いたピストルの向きを逸らした。すわ一大事と周りの者たちが青年を捕まえようとしたとき、ツァーリは彼に対し、「そちはポーランド人か」と尋ねたという。ロシア国民のなかにツァーリの敵などいるはずはなく、暗殺を考えるのは3年前の独立運動をロシア帝国が残忍なやり方で弾圧したことに怒りをいだくポーランド民族主義者だけだろう、とツァーリと警察は考えていたのだ。

カラコーゾフは何日も拷問を受けた末に屈服し、警察の恐れていた最悪の事態を告げた。この青年は、ロシア社会を自律的コミューンの集合体に組み直すことを目指す秘密結社に参加していたのだ。結社が下敷きにしていたのは革命小説『何をなすべきか』だった。1863年に元神学生の書いたこの物語は、おもにヴェーラ・パーヴロヴナという女性を軸に展開する。親の決めた結婚を避けて地位をなげうったヴェーラは、無私であること、コミューン内の人々との開かれた関係、そして革命に身を捧げる。この作品に脇役として描かれるのがラフメートフという名の禁欲的な革命家で、一度姿を消してしまうが、ロシアで必要とされる1866年に帰還することになっている。この小説はまた、1866年が終末の年になるというアイザック・ニュートンの予測にも触れている。カラコーゾフは大学でこの小説を読み、革命活動を行ったために放校処分を受けていた。彼はツァーリを殺して毒を飲み、小説の予言を成就させようと心に決めたらしい。それによって自分が望んでいた社会の徹底的な再編成がもたらされるかもしれないと考えたのだ。[1]

アイザック・ニュートンが1866年に終末と革命的変化が訪れると予言したかどうかについては決着がついていないが、それまでの1世紀以上にわたって同じことが繰り返し語られてきた。ニュートンは晩年の数十年、聖書のダニエル書やパウロ書簡、黙示録を綿密に読んでいる。[2] 1866年という年号にたどり着くには、606に1260を足すべしという怪しげな解釈が必要だ。なぜ1260なのかは簡単にわかる。カトリックと正教会、プロテスタントの聖書の最後にある黙示録では、天使がヨハネという人物に世の終わりについて語っている。その示現のなかで神が手にしている巻物には7つの封印がなされ、そのひとつひとつが地上に訪れる試練や裁きを示している。征服を表す白い馬と戦争を表す赤い馬は、1枡分の小麦に法外な高値を付ける黒い馬を連れてくる。そして青白い馬が死をもたらす。7つの試練の6番目は、7つ頭の馬に乗って殉教者の血の入った杯を持つ大淫婦バビロンの治世として現れる。第6の試練のあいだ、神から権威を託された2人の証人が1260「日」にわたり、彼女に不利な証言をするが、荒布(あらぬの)をまとったかれらはほとんど無視されてしまう。ダニエル書には、「日」が「年」である可能性をうかがわせる記述が紛れ込んでいる。[3]

西暦606年に大淫婦バビロンの治世が始まったとする解釈も、ひと捻りして考える必要がある。17世紀以前から、プロテスタントはカトリック教会こそ大淫婦バビロンであると決め付け、自分たちのことをバビロンと対決する証人と見なしていた。数世紀にわたり、ドイツの都市ギルドや救世主を名乗る隠者、マルティン・ルター、オリヴァー・クロムウェル、クエーカー教徒、喧騒派、真正水平派、第5王国派、アイザック・ニュートンなどの急進派が、ローマカトリック教会を大淫婦バビロンとして扱ってきたが、バビロンの治世がどのようなしるしを伴うのかについては異なる解釈をしていた。[4] ロシア正教の信徒はニュートンの著作を中心に、こうしたプロテスタント諸派の著作を翻訳した。大淫婦バビロンがカトリック教会だとすると、その治世は606年に始まったと見なすことができる。この年、ローマのカトリック教皇はコンスタンティノープルの正教総主教に優越するとビザンティン皇帝フォカスが宣言し、教会を強力な西部と弱い東部へと実質的に分割したのだ。[5]

このようなわけで、一部のプロテスタント(それにロシア正教会・ギリシャ正教会の一部信者)は、西暦606年に闘争の1260年間を足して、この試練の時代が1866年に恐るべき頂点を迎えると考えた。黙示録によると、そのときには地震が起き、月が赤くなり、星が落ち、「すべての山と島が別の場所に動かされる」。権力をもつ裕福な人々は、山の「洞穴（ほらあな）」に隠れ、岩に向かって自分たちをかくまうよう呼び掛ける。しかし誰もが「小羊の怒り」を受けるのだという。1866年にコロンで起きた激しい爆発事故に少数のプロテスタントが終末を感じたように、ロシアの人々から見れば、カラコーゾフがイエズス会やポーランド民族主義者を通じて、大淫婦バビロン（カトリック教会）とつながりをもつことは明らかだった。そして強要された自白によって、もっと憂慮すべきことが明るみに出た。カラコーゾフは、「地獄」という秘密の革命集団の一員だったのだ。[6]

ツァーリ打倒を目指す運動は、1825年のデカブリストの乱の頃から存在していたが、予算の潤沢な秘密警察によって地下に追いやられていた。地下に潜ったツァーリ反対派は多種多様で、興味深いことにロシア正教徒の貴族、古儀式派、ウクライナのプロテスタント、ロシアのユダヤ人がいた。ごく早い時期のツァーリ反対派のなかには、ニヒリストや革命的アナキスト、「人民の意志」の人民主義者、そしてのちに加わる社会革命党員のように、君主の暗殺によって君主制を打倒しようとする地下運動の参加者もいた。

1871年以降、急進的知識人は、化学的スキルをもつ者に詳しい指示を与えれば、運河の深化や穀物港の建設以外の目的でニトログリセリンを製造させることができる、と考えるようになった。しかるべき場所に置くことで皇帝を殺害できる、効果の高い手投げ爆弾をつくれるかもしれない、と。手投げ爆弾自体は新しいものではなかったが、本当に効果の高い2つのものが、新たに出現していた。ニトログリセリンと革命組織の細胞だ。両者は融合して1870年代から80年代初頭にかけて一連の爆発を引き起こし、地主ジェントリやイギリスの下院議員、諸帝国の支配者を殺害することになる。[7]

カラコーゾフはポーランド人ではなく、ピストルによる世界変革を目指す、大学教育を受けた知識人である――このような結論をロシアの警察が最終的に導き出すと、あらゆる層の急進的知識人が脅威になりうるという考えが生まれ、帝国と急進派の双方が戦術の変更を迫られた。諜報機関や帝国の秘密法廷、暗殺者、急進的知識人は少なくとも第2次十字軍と同じくらいの歴史をもつが、1866年には帝国を批判する者も支持する者も終末についての考えを大きく変えることになった。

1866年以前には、帝国に最大の脅威を与えていたのは知識人ではなく、炭焼き党だった。宣誓によって結束し、組織力と計画力、皇帝を打倒する能力をもつ秘密の軍事結社だ。[8] 1848年の革命では、抵抗開始の指令は内密に発せられたが、行動が上首尾に終わることは多くなかった。計画が文書にされたり、準備訓練が行われたりしていたため、行動が発覚しやすかったのだ。ジュゼッペ・マッツィーニ、ユゼフ・ベム、コシュート・ラヨシュ、ジュゼッペ・ガリバルディや世界各地の同志は、帝国支配者の打倒を訴えるパンフレットを発行しただけでなく、軍事訓練を行い、組織化された軍事組織をもち、計画（一部は空想的だったが、ほとんどはかなり手の込んだもの）を立てていた。これに対して世界各地のカラコーゾフたちは、小説を読み、使命感をいだき、一瞬にして複数の国家指導者を1人か2人、吹きとばすことのできる拳銃や爆弾などの携帯装置を持っていた。かれらが何より重視していたのは変化を加速させること、つまり処刑という修羅場を繰り広げ、主権者を粉砕し、変化をもたらすことだ。「人民の意志」は1879年に、「活動の目的は政府の威信を挫き、それによって人民の革命精神を高めることだ」と宣言している。[9] 帝国の恐怖の対象はもはや貴族ではなく、大学生や反体制派の集団へと変わった。

帝国はカラコーゾフのようなアマチュア暗殺者の脅威に対処すべく、帝国に批判的な者の書いた小説やパンフレット、記事を読み解くことに特化した大規模な諜報機関の創設に多額を投じた。この機関は郵便物を読み、会合にスパイをまぎれ込ませ、未来のラフメートフについての長く詳しい個人記録を作成した。フョードル・ドストエフスキーと同じような転向作家の反革命小説に金銭的な補助を与えた。また脅威を探し出すべく、つねに変化する新しいタイプの知識人と既存の知識人との違いを調べ、誰が新しいタイプの革命的暴力事件を引き起こすのか、誰の小説や記事の発表を差し止めるべきか、また誰を買収すべきかを考えた。それからの50年というもの、急進論者と諸帝国は互いに複雑なダンスを踊るようになる。帝国の側は脅威の度合いを読み解くための戦略を編み出し、秘密工作員と探偵に知識人とその集団、つまりインテリゲンツィアを追わせた。ヨーロッパ諸国の小説家は、脅威情報を読み解く者をシャーロック・ホームズのような主人公に仕立てた。世界中の急進活動家を追跡していた帝国の諜報機関員は、自分たちのことをアナキストというウイルスの封じ込め能力をもつ白血球と見なした。かたやアナキストは「行為によるプロパガンダ」、すなわち終末に課される使命を果たそうとした。[10]

1866年以降、黙示録はそれまでとはどこか違う意味を帯びるようになっていた。4人の騎手の話がパンの不足について語っていることは間違いない。つまりそこでは、他国を征服しようという試みが戦争につながり、それによって穀物価格が高騰し、最終的に死が訪れるということが語られている。だが1850年代には、ヨーロッパと北米では飢饉を恐れる必要が小さくなっていた。にもかかわらず、革命家のあいだでも、また革命を阻止したい帝国の想像力のなかでも、黙示録の恐ろしい暗示は膨れ上がっているようだった。さまざまな急進派グループが農民や労働者を動員する方法として黙示録的な言葉を使い、バビロンを破壊せよと唱えた。帝国は自らの周囲に騎手や解かれた封印、悪魔の陰謀を見いだした。

1848年から70年にかけては、カール・マルクスをはじめとする社会民主主義者はアナキストや民族主義者や農村革命家に比べ、帝国に対する脅威としては小さいと思われていた。マルクスとその信奉者の力によって糾合された急進的な学生や専門職者や職人は、ロシアのツァーリと大臣評議会からは軽蔑の目を向けられていたが、新聞の主筆や出版社の社主にとっては敬意を払うべき相手だったようだ。一言でまとめると、この人々は国家主義を退け、自由貿易を唱え、労働日数の短縮を主張する知識人の集団だった。だが、かれらの考えのなかでひときわ危険なものに数えられるのが、女性についての見解だった。マルクス主義者は『何をなすべきか』の登場人物のように、伝統的な家族生活は女性を奴隷化するという理由でこれを拒否した。マルクス主義者といっても多様で、絶えず論争を抱えていたが、その考えは労働者階級、とくに熟練労働者と専門職者からなる層に広がっていった。マルクスは世界に目配りした野心的な歴史論のなかで、労働の疎外、夫の専制、エリートの階級憎悪、宗教の挫折、貧困の解決、国家と帝国の残忍さ、児童労働のおぞましさ、悪しき奴隷制などのあれこれを一度に説明する、全世界経済の仮説を組み立てようとした。

世界と未来についてのマルクスの理解は、リカードのパラドックスに関する自身の理解から導き出されたものだった。古典派経済学者でホイッグ党員のデイヴィッド・リカードは、穀物の生産性の向上に強い興味をもち、1820年代にこの変化を数学的に定式化しようとした。リカードによると、輪作の促進や肥料の使用といったいくつかの改善が生産効率の向上につながった。また鋤や脱穀機のような他の点での改善は、必要な労働力を減らした。[11] ところが、あるパラドックスにリカードは戸惑う。地主はこうした改善を活かしたが、効率の向上によって、総体としての地主はおそらく打撃を受けると思われたからだ。土地節約的な改善は、食糧の生産に必要な土地が少なくなることを意味する。他のすべての条件が同じだとすると、これは地代を押し下げる要因となる。労働節約的な改善も悪い方向に働く。必要な労働者が少なくなるので、労働者を雇うために地主が借りなければならない金額は下がる。このため金利（リカードの言い方を使うと「貨幣地代」）も下がる。ここに問題があった。農業における改善は、個々の地主にこそ短期的な利益をもたらすが、土地の賃貸人および金銭の貸し手としての地主層に打撃を与えるものだった。

計算にはやや怪しい点があるものの、リカードはいいところに気付いた。農業や穀物の貯蔵および輸送に関わる技術的な改善は、穀物法の廃止後、イギリスとヨーロッパの大部分の農地の地代を押し下げることになった。ところがリカードの理論には問題があった。1845年以降、労働者が食糧価格の安い都市に流入するようになったにもかかわらず、どこにおいても地代が下がったわけではなかったからだ。たとえば港や都市の不動産価値は全般的に上昇した。土地税の引き上げを支持する自由党系の経済学者は、リカードのモデルに問題がある証拠として、都市における地代の上昇という点を指摘した。[12]

リカード以降の他の経済学者はこうした懸念を退けたが、マルクスはリカードのパラドックスについての包括的な理論を築いた。人々の生活をよりよくする根本的な改善——それはいたるところに見られた——は、個々の地主や資本家の動機づけになるかもしれない。だが地主は結局のところ地主にすぎない、とマルクスは考えた。技術的な改善は、地代で稼ぐ「不労所得階級」を脅かす。ここにおいてマルクスは、大胆だが興味深い論理展開を示す。リカードのパラドックスが人類の歴史を動かした、と考えたのだ。それによると、特定の種類の地主が社会の発展の各段階を左右したという。この地主に相当するのが古代社会では奴隷主、農奴制のもとでは領主、そして資本主義においては資本家だった。マルクスによれば、「生産力」は社会の発展の各段階で進歩した。古代の奴隷制は中世の農奴制になり、のちにはそれが近代資本主義になったというわけだ。いずれの場合も、生産力がピークに達すると、既存の所有関係は抑圧的なものになった。そして「矛盾」を通じ、社会の変化がもたらされた。たとえば奴隷の蜂起や農民の反乱、雇用主に対する労働者の闘争を介して、である。生産力はすべての人の生活を向上させる新しい技術を意味するが、「生産関係」は個々の社会形態の中心にある階層構造と、強奪——つまり地代による強奪——を指す。だが歴史を通じて、どの段階にも新しい、より高い技術の社会があとに控えていたという。労働者の抗議が変化を後押しして1つの社会を終わらせ、次の社会を始動させた。最後の社会形態は、資本家と不労所得階級をまったく不必要なものにする、とマルクスは考えた。

安価なアメリカ産食糧がヨーロッパに及ぼす影響が増大したことは、マルクスのモデルに合っているように見えた。というのも食糧の生産と輸送が生産的な新しい形態に変わったことは、欠乏からの自由を約束していたからだ。1860年頃を境にパンの値段が安くなったことでそれ以外の商品を購入する資金ができたため、労働者の状況は大きく改善した。マルクスは1883年に死去するまで、地代の下落（利益率の低下）が危機につながることを確信していた。ヨーロッパに安い食糧をもたらした革命的変革は、未来を指し示しているように思えた。マルクスはクリミア戦争とアメリカの南北戦争について報じており、どちらの戦争も、合理的に考えるブルジョアジーの反動階級に対する勝利で終わった、と考えた。エカチェリーナ大帝とトマス・ジェファーソンが小麦を柱とする家族営農という未来について、ユートピア的な理想を描いていたことは間違いない。マルクスとその信奉者も同じ考えをもっていた。かれらによると、南北戦争は深く根を張った半封建的な奴隷主階級に対する、先見の明をもつ正しいブルジョアジーの偉大な革命なのだった。多くのマルクス主義者は、アメリカを家族経営の農場が拡大しつつある社会として理想視していた。[13] だがアメリカの小麦農場のなかで生産性がもっとも高いのは、膨大な数の季節労働者を収穫に使う500エーカーから1000エーカーの広大な農場だということに気付いたマルクス主義者はほとんどいなかった。[14] フロンティアの西漸を続けたアメリカが先住民の土地を獲得したことと、ロシアが南や東へと拡大するなかで黒海北岸のカザフ人とカルムイク人から草原の土地を残忍な形で取り上げたことのあいだに類似点を見いだすマルクス主義者もほとんどいなかった。1862年にロシアがイスラム教徒チェルケス人に対して略奪とジェノサイドをなしたことと、それが1830年から50年にかけてアメリカでは涙の道という形をとったこととを比較するようなマルクス主義者もほとんどいなかった〔訳注：居留地への移住を強いられた先住民が通った道を涙の道と呼ぶ〕。マルクスは先住民の土地が略奪されたことを認識し、それを「資本の本源的蓄積」と呼んだが、ことに初期の著作では、穀物生産を理想化しがちだった。[15]

マルクスも多くのマルクス主義者も都市に住んでおり、農業のことをあまり知らなかった。穀物生産の革命がロシアとアメリカの平原を様変わりさせていることは理解していたが、やがて同じ革命がアルゼンチンやオーストラリア、インドを変えることはわかっていなかった。とはいえ安い穀物が都市にどんな革命を引き起こしたかを見たり感じたりすることはできただろう。食糧価格の低下によって、農業に携わっていた人々は家族で都市部を目指すようになり、産業化を可能にした。

ヨーロッパの消費＝蓄積都市は、マルクス主義思想が広がるうえで理想的な場所となった。さまざまな言語を話す労働者が集まっていたのだ。1860年以降は生活費が下がったために、労働者は組合を組織し、労働時間短縮のために戦うことが可能になった。イギリスやヨーロッパ工業国の労働者にとって、1860年頃から90年頃にかけてはまさに黄金時代だった。[16]労働時間が短くなったおかげで労働者は読書の時間をもつことができ、それによって消費＝蓄積都市では独学者の集団の形成が後押しされた。また労働者が団結して組織をつくり、残虐な帝国でも人種排他的な国家でもない新しい世界の出現を思い描くことが可能になった。マルクス主義理論は世界の歴史とその未来に関する仮説として一貫性を備えていたがゆえに、女性と男性、民主主義者、社会主義者、ユートピア志向の都市計画者、土木技術者、さらには崩壊した帝国から生まれた難民を寄せ集める働きをした。マルクスは暗殺を退けたが、なんであれ破綻した制度を終わらせるには暴力的な大変動が必要であることは匂わせていた。この予言は、ある意味でダニエル書やパウロ書簡、黙示録に似ていた。マルクス主義理論が一貫性をもっていたがために、脆弱な帝国はマルクス主義を自らの存続に関わる脅威と見なすにいたった。

1871年を境に、マルクス主義者を名乗る一部の社会民主主義者は、帝国にとってさらに大きな脅威となった。ルイ＝ナポレオンが普仏戦争において1870年9月に降伏したことで第2帝政は終わったが、戦争そのものは終わらなかった。その後フランスは共和国となったが、パリは4か月のあいだプロイセン軍に包囲された。パンの入手ルートが、パリにとっての中心的な問題となった。プロイセン軍によって農村から遮断されたパリジャンは、包囲戦を戦った古代社会と同じ難しい問題に行き当たった。穀物をどこで手に入れるのか、という問いだ。パンを食べ尽くしたパリジャンは馬や動物園の動物を食べ、ついには街から減りつつあるネズミを口に入れている。第3共和政のフランスは1871年1月、プロイセン軍への降伏を余儀なくされた。

だが共和国が降伏しても戦争は終わらず、それはマルクス主義者のあいだに重大な分裂をもたらすことになる。戦争によって急進化したパリの国民衛兵は男女の労働者と手を結び、パリ・コミューンを結成し、テュイルリー宮殿とパリ中心部の大半を占領下に置いた。しかし食糧のない状態で首都を支配していたコミューンは、長くは続かなかった。1871年5月、フランス政府軍とプロイセン軍に囲まれて過激化した国民衛兵は最後の軍事挑発を行った。石油と火薬を使用し、テュイルリー宮殿を破壊したのだ。降伏に続く血なまぐさい1週間、何千人ものコミュナールが墓地の壁に並べられ、射殺された。多くの自由主義者が拍手喝采した。だがコミューンの伝説とコミュナールの殉難は、急進的な社会民主主義者からなる新しい集団、つまり共産主義者を名乗るマルクス信奉者という集団の確立を助けた。

その遺産は受け継がれた。パルヴスはベルリン郊外のヴァンゼー地区にある自宅の前庭に、焼失したテュイルリー宮殿の柱を運ばせている。破損した柱は、フランス君主制の終焉、コミューンの革命家の殉難、新しい種類の政治の誕生を同時に象徴していた。資本主義の世界市場に有能な知識人が集まれば国際革命が起こり、帝国を崩壊させられるかもしれないとパルヴスは考えた。ウラジーミル・レーニンも死に際し、フランスのコミュナールの旗で自らの屍(かばね)を包むように求めている。

ロシアの秘密警察(当初ロシアでは皇帝官房第3部と呼ばれ、のちにオフラーナへと改称された)による危険で破壊的な行動は、急進派の組織に変化を促した。もともと暗殺を嫌っていた人であっても、帝国を批判すれば誰であれ捜査網にかかり、流刑に処されたり殺害されたりする恐れがあったためだ。生き残った急進派は細胞を形成し、活動にコードネームや情報交換の場所、秘密のメッセージ、不可視インクを使った。1880年代には大半の革命家がテロリズムを放棄するようになったが、アナキストやロシアの社会革命党員の引きずる黙示録的な影のために、革命家は地下に潜らざるをえなかった。組織は細胞によって維持された。個々の細胞は大きな計画の一部しか知らず、全同志の一部しか知らなかった。

ロシアの帝国主義者はあらゆる社会民主主義者を、共産主義者であるかどうかに関係なく脅威と見なした。社会民主主義者が独裁制を根本から否定する教義を支持し、その終焉が近いことを予言していたからだ。帝国の工作員が自分たちのあいだに絶えず浸透して被疑者の身元を特定し、逮捕、処刑、流刑という措置に訴えたため、ロシアの社会民主主義者は、仲間を素早く識別すべく独自の言い回しを編み出すことを余儀なくされた。「矛盾」「弁証法」「生産力」「生産関係」「資本の有機的構成」といったマルクス主義の用語は隠語となった。スパイを根絶やしにするために組織の厳しい自己精査が行われ、脅威の有無をいつも神経質に見極めるような行為が盛んになった。それは民主的な同胞愛という社会主義者の基本原理を損ない、組織監視役の前衛を守るような傾向を強める危険性を宿していた。

レーニンは知識人をまとめて小さな自己精査集団をつくり、それを通じて労働者を教育し、労働組合意識から政治意識へと移行させねばならないと考えた。有名な革命小説から題名を借りた『何をなすべきか』という1902年刊行のパンフレットのなかで、この考えを詳しく説いている。いわく、十分に恵まれた知識人には労働者の運動を広める力がある。知識人は労働運動を広め、帝国を打倒してその座を奪い、一時的な独裁政権を経て、労働者に支配を委ねるのだ。この独裁政権は、君主制主義者や工場主、軍の将官、反革命主義者が手を結んで不安定状態を利用し、労働者の国際組織の設立や拡大を阻んだりすることはもはやない、と判断できるときまで存続させる。レフ・トロツキーは革命的細胞の存続について、「永続革命」というわずかに異なるモデルを提起した。それによれば、国際革命は帝国から隣の帝国へと国際主義思想が絶えず拡大することによってのみ成功する。革命は帝国の打倒を目指すものだが、革命を存続させるには、これを絶えず拡大させていく必要があるという。

革命の伝播についての共産主義モデルは、アナキストのモデルとは違った。マルクス主義者が自分たちの理論を使って労働者に教えようとしたのは、すでにある所有関係を生産力の進歩（ダイナマイト、深水港、蒸気船など）が不安定にし、それを革命家が打倒し、帝国が完全な終わりを迎える、ということだった。たとえば、ロシアやポーランドの多くの急進派と同様に自らを取り巻く世界の変化を目の当たりにしたローザ・ルクセンブルクは、アナキストや社会主義者、社会革命党員と同じく人民主義的な考えから最初の一歩を踏み出した。その土台にあったのが小説『何をなすべきか』だ。ルクセンブルクにとって、この小説はブルジョアの慣習に背を向け、急進的なコミューンと共産主義者の家族を形成した女性の物語だった。彼女をはじめとする何千もの人々は暗殺に反対し、社会民主主義運動に参加した。人民主義運動に加わっていたアナキスト革命家は、労働者の教育を目指す社会主義者の政治運動に反対した。「われわれは社会主義のために人民にぶつかっていったが、それはまるでエンドウ豆が壁にぶつけられるようなありさまだった」とは、テロリストのステプニャーク・クラフチーンスキーがかつての同志ヴェーラ・ザスーリチにあてた手紙のなかで述べていることだ。「人民はわれわれの言葉に耳を傾けたが、それは司祭の言葉を聞くときのようだった」[17]〔訳注：ロシア語の慣用句「壁にエンドウ豆をぶつける」は、「のれんに腕押し」と同じ意味〕。共産主義者とアナキスト革命家はそれぞれ異なる道を歩んだが、暗殺者たちが帝国に対する脅威と化したために、両者は地下に追いやられた。

1881年3月、ロシアの人民主義運動の一派「人民の意志」がついに皇帝アレクサンドル2世を殺害してカラコーゾフの黙示録的な構想を実現したが、革命のうねりを起こすことはなかった。むしろそれに対する反動が起き、世界中の急進主義組織の細胞を破壊することを目標に掲げたオフラーナは、ますます強力になっていった。1883年頃、革命を志す学生パルヴスは、「人民の意志」と競合する派閥に加わった。暗殺ではなく教育と労働者の組織化を通じて帝政国家の打倒を目指す一派だ。だが暗殺者と帝国とが歩調を合わせるように進化してゆくなか、ツァーリの工作員はパルヴスの殺害を狙うまでになった。そして彼を生涯にわたり付け回すこととなる。

プロテスタントと正教の信徒が予期していた1866年に、終末が訪れることはなかった。ニュートンは重力についてこそ正しかったが、黙示録については間違っていた。アレクサンドル2世の暗殺に成功したのは小さな細胞だったが、サンクトペテルブルクに拠る帝国を長期にわたって脅かしたのはピストルを持った男ではなく、何千マイルも離れた場所での爆発だった。コロンで起きた激しい爆発事故は、どんな岩であれ、またどこの岬であれ、大規模造成とまったく無縁ではいられないことを物語っていた。世界の港をつなぐ航路が短縮されると、世界の穀物市場に対するロシアの影響力は挫かれることになる。山々は震え、島々は別の場所に動かされ、試練が始まるのはそれからだった。

第9章
穀物の大危機
1873年〜1883年

ヨーロッパではリカードのパラドックスが急激に進行し、1873年には激しい金融危機が広がった。ニトログリセリンや大西洋横断電信ケーブル、スエズ運河、先物市場が世界の穀物港の序列を入れ替えていくのに伴い、耕作限界も変化した。カンザス州の小麦畑とロンドンとの距離はクラクフやヘルソンの農場とロンドンとの距離よりも短くなった。穀物業者の借入市場は過去400年のあいだ比較的安定していたが、国際的な穀物の取引パターンが変化するにつれて不安定になっていった。貿易路の交差が深まるなか、与信の巻き戻しを企てるロンドンの動きは、戦々兢々とする世界中の銀行を破壊し、金融界に混乱をもたらした。数世紀続いた商業信用制度に先物市場が部分的に取って代わると、食糧生産の金融化も変化を遂げていった。与信に関する新しい「ライン制度」

が、先物市場から農場の門へと広がった。この新しい信用制度とそれによって持ち込まれた穀物の生み出す激しい競争がベラルーシ、ヘルソン、オデーサを襲ったとき、パルヴスはまだ幼かった。彼はのちに国際貿易路のもつれが危機を引き起こす可能性があるという理解にいたり、カール・マルクスの理論を修正することになる。世界規模の貿易路についてのより深い理解や、それを低コスト化することがいかに大きな利益を生み出し、労働者の生活を楽にするかについての考え方を深化させた。パルヴスはロシアとドイツの秘密警察に追われながらもスイスとドイツ帝国を行き来し、労働者階級向けの大衆的な新聞で自らの議論を洗練させていった。彼の理論は、ローザ・ルクセンブルクの経済「世界システム」論、ウラジーミル・レーニンの帝国主義論や不均等発展論、レフ・トロツキーの複合的発展論の基礎固めを助けることになる。パルヴスが練り上げていった理論はまた、急進派が戦争を革命に変える可能性を示唆していた。

192段からなるオデーサの急な階段は海に通じる。今日では、階段から少し東に行ったところを、21世紀の列車が船の停泊する広い湾のほうへと走っている。積み込まれた穀物はカタールやリヴォルノの工場に向かうのかもしれないが、香港や南アフリカ、日本にも手軽に送ることができる。貨物の取り扱いは非常に整然としていて、息を呑むほどだ。オデーサの階段の少し東に立っていると、何百万トンもの輸出品のために設計された巨大な宇宙船の後ろにいるような気がする。もちろん観光客にとっては、鉄道や船の上を何台もの橋型クレーンが動いている光景は、昔日のオデーサほどロマンチックではないだろう。このあたりの建設工事は、その大半が1991年以降に完了し

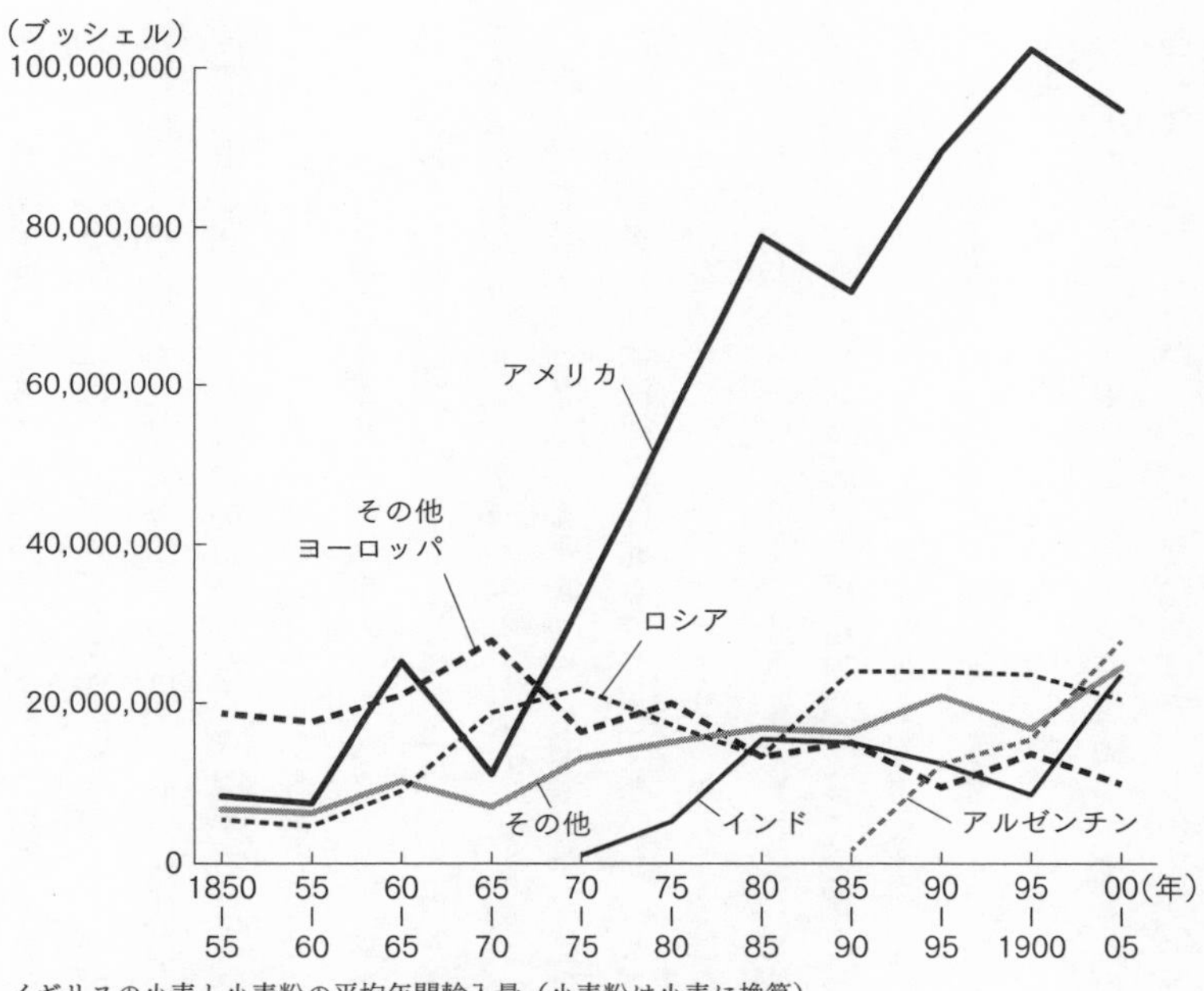

イギリスの小麦と小麦粉の平均年間輸入量（小麦粉は小麦に換算）
作成：Kate Blackmer

た。オデーサはふたたび、世界貿易に向けて体制を整えたのだ。

だが1860年代、ロシアの穀物港オデーサには、運搬可能なニトログリセリンが世界の穀物の道にもたらす変化への準備ができていなかった。過去70年あまりのあいだ、オデーサの埠頭には、ロシアやポーランド、ウクライナの小麦を購入するために帆船がきていた。オデーサの倉庫には穀物が収められていたが、それに加えてドニエプル川、ドニエストル川、南ブーフ川の艀の上では、何千プードもの穀物の袋（1プードは33ポンド分）が帆船を待っていた。ところが1866年以降、短距離を航行するようになった新しい「巨大な蒸気貨物船」にとって、オデーサが厄介な係留港であることがわかってきた。複合エンジンとスクリュープロペラを備えた積載量約2万トンの蒸気船には、波が立ち騒ぐ狭いオデーサの水域は手強かった。[1]帆船でさえ面倒ごとに見舞われた。船長たちは、労働組合や税関のお役所仕事、オデーサの銀行のせいで遅延が生じると、苦情を申し立てた。[2]ところが船長たちを支援するためにオデーサに駐在していたイギリス政府の貿易担当者はまったくと言っていいほど、かれらのために時間を割くことも敬意を払うこともなかった。1869年にイギリス総領事のユースタス・クレア・グレンヴィル・マリーはこのようにこぼしている。「身分の低い船長がくる港町はほかにもわずかにあれ、オデーサほどではない。6人中5人はシールズやサンダーランドからきた石炭船の無学な船員である」。そして最悪なのは「船員のあいだで海洋法の専門家と呼ばれる、生半可な教育を受けた連中」だという。[3]マリーは解任された。だが船長たちは法律に精通していようといまいと、総督や港湾職員の職務怠漫をはじめ多くのトラブルに頭を抱えていたと、オデーサの商人たちは証言している。[4]

船長はそれ以外に、イスタンブールの狭い水路にも悩まされていた。戦争や飢饉、あるいは反乱が起きると、オスマン帝国は水路を封鎖することがあったのだ。またこの海峡では税金を追加されたり事務処理が遅れたりすることもあり、商人はつねに仕事の休止を余儀なくされた。[5]これらすべての要因が重なって、小麦1ブッシェルをオデーサからヨーロッパの港に運ぶコストは、1869年時点では25セント以上になった。同じ量の小麦をアメリカから輸送するコストは20セントを切った。実のところオデーサとヨーロッパを結ぶルートのほうが短く、時間もかからず、海溝を通る必要もなかったのだが。[6]そのようなわけで、1870年以降、ヨーロッパの都市労働者階級の食糧として、安価なアメリカの穀物と小麦粉がロシア産のものに代わって浮上し始めた。

アメリカからおびただしい量の穀物が供給されたために、リカードのパラドックスでの予測どおり、最初にヨーロッパの農地価格が下落した。ベルリンの一論者によると、すでに１８７０年の時点で、「新聞は新会社の告知広告とともに、売り出し中の土地の広告で埋め尽くされていた」[7]。農地価格の下落は、農業の多様化が進み、優れた運河のあったフランスよりも、耕作限界地での穀物栽培に重きを置いていたスウェーデンやドイツ、イギリス、アイルランドのほうが急激だった[8]。

信用関連の問題を抱えていたのは、すでに資金繰りに困っていた農民ばかりでなく、銀行もしかりだった。１８７２年11月には、国家の首都であるベルリンとウィーンで多くの銀行の経営が不安定化した。これらの銀行は、イギリスが１８６６年に直面したのと同じ問題に突き当たっていた。金融機関は、ベルリンやウィーンで活況を呈した不動産市場を中心に、長期融資事業のための借り入れに手形を使っていた。鉄道や他の産業の事業家も実質的に、長期の、往々にして投機的な事業のために、３か月や6か月の分割払いで短期金融市場から借り入れていた[9]。20世紀のある会計士の言葉を借りれば、ドイツでもアメリカでも、最初に破綻した企業は「短期借り・長期貸し」をしていたのだった。こうした企業は１８６６年のオヴァレンド・ガーニー商会と同じように、ジェノヴァとヴェネツィアの商人の時代から穀物貿易に使われていた短期金融市場で借り入れを行っていた。金利が上がると、このような企業は借金ができなくなる[10]。

ウィーンとベルリンの銀行の経営が不安定な状態にあることを懸念したイングランド銀行は、１８７２年11月、73年6月、73年10〜11月の３回にわたって「ショック」を引き起こしつつ、手形の実効金利を3・5％から7％へと倍にした。最初のショックはオデーサの銀行にもっとも大きな打撃を与え、2番目のショックはベルリンの銀行を、また3番目のショックはアメリカの銀行を崩壊させた。具体的な原因を特定することは難しいが、高金利はこの恐慌の原因でもあり結果でもあったようだ。たとえばイングランド銀行は、ウィーンとベルリンの銀行の経営が不安定であることを利上げの理由に挙げ、債務不履行に陥りそうな銀行に貸し出しを行うリスクを盾に、自分たちの行為を正当化した。だが長距離貿易に関わる業務を行うため短期金融市場から調達した銀行は、突然の利上げによって買い手に商品を出荷するのに必要な融資を行うことが難しくなったと反論した。また商品の在庫が出荷港で滞留すれば、手形の支払いができなくなる。理由はなんであれ、最初にオデーサでおびただしい数の銀行が次々に倒産した。そして1873年5月から年末にかけてウィーンの銀行の大半とベルリンの銀行の3分の1、11月までにニューヨークの2つの最大手銀行が破綻した。アメリカでの民間企業の倒産は、3年間で総額6億5000万ドルに達した。[11]

このように世界中で倒産が起きたことは、国際的な食糧貿易および銀行間融資の要としての手形の役割をすっかり変えてしまう。銀行家でもあった『エコノミスト』の編集長ウォルター・バジョットは1877年の死去数日前に、イギリス財務省が6か月手形に代わる短期の財務省手形を発行することを提案した。[12]不正な「豚乗せベーコン」手形がいとも簡単に発行できる代物だったせいで、長期債務の借り手は短期債務の積み上げが可能になり、金利上昇時には行き詰まったのだ。

1873年恐慌が始まってから2年後に、商人のチャールズ・マニアックは、穀物商の突き当たった問題と、それが危機につながった経緯を次のように述べている。「スエズ運河に蒸気力と海底電信が加わって、倉庫や帆船、資本、6か月手形、そして仕事を失ったイギリス商人」を時代遅れにした、と。[13] 帆船は生き残ったが、穀物商の倉庫と短期手形は過去のものとなった。1873年のイギリスでは、破産はまず商人に、次に土木会社や鋳鉄会社のような、手形に依存する投機的な企業に集中した。[14] 港や都市ごとに食糧輸送と食糧価格が変わると、手形に依拠した世界的な商業の土台そのものが揺さぶられてしまった。[15]

運搬可能なニトログリセリンの発明のおかげで移動時間が短縮され、それによって輸送価格が急激に下落したことで、経済史家の言うグローバリゼーションの最初の波の到来が促された。1871年から1914年にかけての時代だ。コーヒー、砂糖、銀、綿花などの1ポンドあたり50セント超の植民地の商品は、すでに17世紀から大西洋を渡っていた。自由貿易、電信を使った価格の即時共有、またニトログリセリンによる高コストの物理的障壁の破壊といった要素が合わさり、輸送料は小麦、牛肉、灯油などの1ポンドあたり15セント未満のかさばる低価格の商品を運ぶことができる水準に下がった。1880年代には、アメリカの農民もウクライナの農民も、ニトログリセリンを使っておもに土壌をならしたり、あるいは切り株や岩を壊したりして、小麦のモノカルチャーを耕作限界地にも広げていた。

どれだけの穀物が大西洋を渡ったのかは、なかなか把握しづらい。アメリカからヨーロッパへの小麦輸送が最初に急増したのは、南北戦争の直前である。1855年から59年にかけての5年間は、アントワープに届いた輸入小麦の各年の平均量はわずか2万トンだった。1860年から69年にかけては約4倍の7万5000トンになった。出荷元はおもに北米だ。ところが1870年から74年にかけて、年間平均はふたたび約4倍に増え、27万6000トンになった。増加分のほとんどを占めていたのはアメリカから出荷された小麦だ。ヨーロッパ運輸史の研究者によれば、「アメリカが西ヨーロッパの豊かな穀倉になる可能性を秘めている」ことがはっきりした。[16]

アメリカ産小麦の急激な流入はロシアの輸出市場を圧倒した。1871年から80年にかけて、アメリカからヨーロッパへの全食料品の輸出額は320億ドルから2310億ドルへと、621％増えた。最大の品目は小麦で、年間出荷量は3100万ブッシェルから1億5400万ブッシェルに増加。つまりライン川以西に住むヨーロッパ人が1人あたり年間2ブッシェルを消費するまでになった。[17]『モスクワ・タイムズ』は、2つの年を取り上げてロシアの行く末について述べている。それによると、1867年にはイギリスの輸入穀物の44％がロシアからで、アメリカ産はわずか14％だった。ところが1873年にはアメリカの輸出穀物がイギリスの輸入小麦の44％を占めるまでになり、ロシアのものはわずか21％だったという。[18]経済学者や当時の論者は、1845年以降ヨーロッパ諸国で関税が撤廃されていったこと、ヨーロッパ全体で金本位制が導入されたこと、蒸気船が使われ始めたことがアメリカの穀物による侵略の要因であると力説してきた。[19]そうした論者の多くは生態学的・政治的背景を見落としている。つまりジャガイモ疫病菌が蔓延して諸帝国が破壊されたことやニトログリセリンが港湾の分布に影響を及ぼしたこと、また手形の使用が低調になり、先物市場が台頭するようになって取引コストが削減されたことを考慮していないのだ。この3点こそが、対ヨーロッパ貿易をめぐる猛烈な競争を引き起こし、小麦倉庫から得られる利益を縮小させ、世界的な食糧市場を生み出した要素だった。

輸送費の低下は金融面や商業面での効果以外に、重要な二次的効果をもたらした。もっとも注目すべきは、アメリカからヨーロッパへと大量の穀物が押し寄せた影響により、2つの大規模な人の移動が起きたことだ。それからの40年間で、3000万人超のヨーロッパ人が大西洋を渡り、南北アメリカに向かっている。

ヨーロッパ人はアメリカの穀物と入れ替わった、と言ってもいいだろう。人々は穀物を運んできたのと同じ船でアメリカに向かった。そのほとんどは、船がヨーロッパに着いたときに穀物用の貨物室を模様替えした低運賃の3等船室で移動した。またこれと同じ時期に、ほぼ同じ規模の人々がアジアや太平洋諸島、南北アメリカの一部地域で働くために、中国とインド北部から旅立った（多くは年季奉公人となった）。だがヨーロッパ人の農村から都市への移動は、こうした海をまたぐ移動よりもさらに大規模だった。その一因は、都市の食糧価格のほうが農村に比べて安くなったことで、そんなことは過去になかった。ある歴史家の表現を借りると、この時期、「ヨーロッパの新規人口の7人に1人が海外に行き、4～5人が都市に向かった」[20]。

アメリカでは、かつて手形を土台としていた商業信用は、1873年を境に「ライン制度」なるものに侵食されていった。これは先物市場を利用する穀物仲買人に支えられた制度だ。シカゴの先物市場は、食糧の長距離輸送という北軍の兵站に絡む問題を解決するために生まれた。グリーンバック紙幣の価値が不安定だったこと、また陸軍省が市場ベースの解決策をとったことから、シカゴ商品取引所は先物市場を形成し、急速に変化する市場で価格の急激な上昇や下降のリスクから買い手と売り手が身を守ることを可能にした。それにより、作物の買い手が先物の売り手になることも、作物の売り手が先物の買い手になることも可能になった。市場が不安定であっても、適切な賭け方をすれば、劇的な価格変動の危険性を最小限に抑えることができたのだ。

だがアメリカの先物市場は価格変動からの保護以上のものを提供した。この先物市場は食糧を軸とする信用制度の土台にもなり、その制度はヨーロッパに食糧を供給するうえでの資金源になったのだ。アメリカの鉄道会社は、すでに銀行の特徴のいくつかを備えていた。1850年代以来、鉄道会社は沿線の土地に住宅ローンを提供してきた。1860年代には、通貨同様に取引される大規模穀物倉庫の穀物受取証を発行していた。そして1870年代には、銀行の協力を得て「ライン・カンパニー」に信用を供与するようになった。ライン・カンパニーとは「穀物仲買人」を農場に送り、収穫される予定の穀物と引き換えに農民に融資する会社だ。

数世紀にわたり、商業信用は港と港のあいだの輸送に対して行われていた。またそれに次ぐ、や非公式な信用制度が銀行とカントリー・ストア、農民を結んでいた〔訳注：country store は雑貨店と訳されることが多いが、これは日本で言う雑貨店よりも多様な商品を扱い、なかには小型百貨店と呼んでいいようなものもあった〕。この制度はアメリカの入植地と同じくらい古くからあった。[21] そして1873年頃から、1つの信用手段だけで港から農場の門までをカバーすることが可能になった。ある意味で、ライン・カンパニーは中央銀行の支店のようなものだと言える。ライン・カンパニーに流動性を提供した中央銀行に相当するのが、シカゴ商品取引所だ。ライン・カンパニーの意欲に満ちた若い商人は西部の町に住み、穀物で返済する形の融資を使って近隣の営農者を引き寄せた。はじめの数年間、この商人たちは営農者に小切手を切り、これを作物の先物契約書と交換した。

ライン・カンパニーは鉄道と緊密な関係にあった。1社が1路線圏内で営業し、穀物を集めて沿線の大規模穀物倉庫に送った。契約書に署名すると1日以内に、それを使ってシカゴ商品取引所で同量の小麦先物を売り、時にはヘッジとしてごく一部を買った。1870年代前半には、中西部の鉄道沿線で農業経営をすることは1つの金融循環システムに入ることを意味していた、と言えるだろう。営農者はヨーロッパの都市にいる何千人もの見知らぬ貸し手に穀物の先物を購入してもらい、貸し手は大勢の見知らぬ営農者が栽培する先物作物に資金を出していたのだ。[22] フロンティアの西漸を後押しし、農産物の長距離輸送の拡大に力を注いでいた交通男爵は、海事金融、銀行融資、カントリー・ストアの融資を混ぜ合わせて1つの金融商品にしてしまい、農業を促進した。ライン・カンパニーには銀行資本があり、それを使って遠くの市場、しかも時を追うごとに遠くなっていく市場に送る穀物を栽培するよう営農者の背中を押したのだった。

文章の書き手で、パルヴスほどこの大変化について深く理解していた者はいないに等しい。1871年頃、パルヴスと家族はベラルーシを脱出している。一家はこの地域における最初期のポグロムの犠牲者だった。ポグロム——ロシア語で「雷」を意味するグロムに由来する——はたいてい、正教キリスト教信者の暴徒によって引き起こされた。暴徒は聖人が描かれた旗を持ち、過密なユダヤ人居住地区の狭い道を練り歩いた。雷の到来を告げるのは、コサックの馬の立てる音だった。コサックは治安を守ると言いながら、しばしばユダヤ人住民に対する攻撃の急先鋒に立ったのだ。パルヴスは4歳のときを振り返り、おもちゃと家族に囲まれていた自分は、この騒ぎの意味をほとんど理解していなかった、と書いている。彼がのちに知ったところによると、ベラルーシでの最後の夜に目をくぎづけにした美しい光は、彼の家族をはじめとするユダヤ人を追い出した正教キリスト教徒の放った火だったという。

パルヴスの両親は最初にクバニの農村に引っ越した。だがユダヤ人は「政治的に迫害され［…］限られた都市に押し込まれ、移動の自由を大幅に制限され、国民としての権利や市民権の多くを奪われていた」と、後年パルヴスは書いている。[23] ほどなくクバニを去った一家は、ユダヤ人難民が住むことのできる数少ない場所の1つ、オデーサに居を移した。この穀物貿易都市はパルヴスの父親が育った場所でもあった。父（あるいは兄）は、おそらく穀物を商う親戚の支援を得て、穀物商になった。スクルプチキ（skrupchiki）と呼ばれる小商人として一歩を踏み出したと思われる。スクルプチキは、穀物倉庫からの与信を利用して内陸部の農民に融資していた。アメリカの「穀物仲買人」に似てはいたが、先物市場がなかったために、価格が下がった場合に負わねばならないリスクはより大きかった。[24] パルヴスの家族は最終的に、オデーサの取引所で働くことになった。彼の実家であるヘルファント家はその後オデーサでの地位を活用し、穀物を軸とする国際的な金融および流通のリズムに身を任せていく。

オデーサのユダヤ人地区の住民は、ヘルファント家の人々がベラルーシで攻撃されたのと同じ年にポグロムを経験していた。オデーサのポグロムは、キリストのエルサレム入城の記念日である1871年3月21日に教会から十字架が消えたことにギリシャ人が気付き、ユダヤ人を犯人と決め付けたことが引き金となった。この紛争の根底には多くの要因があったが、部分的には穀物が関係していた。1860年代以来、穀物取引におけるギリシャ人の地位は、オデーサで穀物の価格が下がっているかどうかに関わりなく、ユダヤ人のスクルプチキと倉庫業者によって奪われつつあった。それなのに、オデーサでのギリシャ人によるポグロムが標的にしたのは穀物商ではなく、中心街の西方や南方にあるユダヤ人地区に押し込められた、もっとも貧しくもっとも無防備なユダヤ人だった。1870年代にはポグロムが続いたから、幼かったパルヴスも事態を目の当たりにしたり、その話を聞いたりしたことだろう。[25]

同時代の人々によると、ヘルファント家は生活に不自由してこそいなかったが、おそらく富裕というほどでもなかった。だがオデーサにいた大方のユダヤ人は貧しく、ポグロムの主な標的にされたのは過密な中心街近くに住む貧しいユダヤ人だった。パルヴスはのちに、こう書いている。「ユダヤ人は「政府によって人為的に孤立させられ、ひどい抑圧を受けていた」ので、ユダヤ人を目のあたりにする人たちには団結しているように見えたに違いない。「その連帯感は、よけいに強いものに見えるに違いない」と。しかし労働者階級のユダヤ人と自分の父のような商人との隔たりが実に広く深いことをパルヴスはわかっていた。幼い頃、おそらく10代はじめの頃から、自分の家族ではなく、ユダヤ人労働者に彼は共鳴していたのだろう。「ユダヤ人のなかには、貸金業者や製造業者、商人、職人の親方といった搾取者がいるが、それはほんの一部にすぎない。残りのプロレタリアのなんと多いことか」と書いている。

パルヴスは父親と同様、国際貿易のレンズを通して世界を見るようになったが、正教徒の一群に襲われた土地なし労働者に自らを重ね合わせていた。それは家族がベラルーシで攻撃を受けたためかもしれないし、友人が貧しいユダヤ人であったためかもしれないし、自身の家族がかつてプロレタリアであったためかもしれない。他の多くの急進的なユダヤ知識人と同様に、パルヴスはブルジョア階級の出身者だった。申し分のない生活を送り、高度な教育を受けていた。それでも、他の急進的知識人と同じように、自分とは異なる人々に共感した。暴徒に痛めつけられた労働者や高慢なロシア貴族に侮られるロシアの船員、帝国が農場に課す重税ゆえに貧困に陥った農民といった人々だ。ツァーリに激しい敵意をいだいていたパルヴスはやがて国際共産主義者になり、20世紀の重要な知識人のひとりとなった。[26]

オデーサにやってきたパルヴスの家族は、この都市と世界をつなぐ国際的な穀物の道にアメリカの新しい鉄道網とニトログリセリンの発明がもたらした混乱の渦を目の当たりにした。この世界的な変化こそが、国際経済学についてのパルヴスの理解を深める糸口になった。アメリカとの新たな競争に適応するには、広い世界にいつどのように穀物を販売すべきかや、より安く輸送する方法、小さな価格変動に迅速に対応する方法、2%のマージンでも成長を見込めるほど大量の穀物を売るのに十分な信用を集める方法を慎重に分析することが必要だった。パルヴスの父はアメリカのデイヴィッド・ダウズやピーター・H・ワトソンのように取引に習熟し、将来についての予想を的中させて成功を収めた。だがロシアの政治構造はアメリカのそれとは大きく異なり、パルヴスは根本的変革に取り組むなかで、世界に関するさまざまな考え方に触れるようになった。

パルヴスが教育を受けたのはギムナジウムという中等教育機関だった。が、「人民の意志」によるアレクサンドル2世暗殺後の1882年に制定されたいわゆる5月法により、ほとんどのユダヤ人がロシアの学校から追い出されてしまう。パルヴスの家の人々は、彼に歴史や文学、古語、数学を教えられる大学卒の家庭教師を探して奔走した。[27] 同じ頃、10代のパルヴスは「人民の意志」とは別の「黒い再分割」というグループに加わった。[28]「黒い」というのはオデーサの北にある黒い土のこと。また「再分割」は土地を農民に再分配するという約束を指す。「黒い再分割」は、アレクサンドル2世の大臣たちがニコライによる最後の布告に細工し、農奴に割り当てられる土地を減らして請け戻し金の支払額を増やし、ツァーリによる農奴解放の約束を破った、と訴えていた。現在では、この主張が正しかったことがわかっている。[29]

パルヴスは16歳だった1883年以降、彼自身の言葉を借りると「学術的教育を受けた家庭教師」から古典と経済学を教わった。[30] 1880年代にパルヴスと付き合いのあった作家によると、ヘルファント家はオデーサから輸出される穀物と獣脂の投機を行い、この頃には裕福になっていた。[31] パルヴスは自分の生まれを努めて隠そうとした。後年、ブルジョアの子どもであることを認めたが、父の仕事は明かさなかった。[32] のちに記したところによれば、オデーサの記憶のなかで彼にとって一番鮮明なのは、オデーサ商人の姿だという。カフタンをまとい、おかっぱ頭に亜麻仁油を塗り、ユフテン（オデーサで香水のように使われた革用オイル）の香りをまく、そんな型にはまった商人像だ。パルヴスは父と似たような商人に囲まれて少なからぬ年月を過ごしたことで、国際貿易について初めての学びを得たのだろう。[33]

パルヴスを迎え入れた革命家集団は、反ツァーリ運動に労働者を集めようとしていた。1885

年、パルヴスはオデーサの波止場周辺で熟練労働者を組織する任務を受け持った。務めを果たすなかでアナキスト革命のプロパガンダを使ったが、決まり文句を口にしているときにも、それを疑問視している自分に気付いた。1887年12月、革命家に対する取り締まりが強化され、パルヴスをはじめ多くの人々がオデーサから逃走した。当時20歳のパルヴスは国境を越えてドイツに入り、彼の言葉によると「［自分の］政治的疑問を解決しようと」、本を読むことや自らの周りで動いている経済の世界を理解することに専念した。そして農村を中心に据える「黒い再分割」の政治思想に背を向け、マルクス主義者・共産主義者になった。オデーサで過ごした年月のおかげで、本で読んだ抽象的なマルクス主義経済学をオデーサの商人の世界と結び付けることができたのだろう――オデーサの商人たちは、穀物の買い付けのためロシアに向かう道中や穀物の取引所、あるいは日々の国際価格を教えてくれる倉庫のなかで、貿易に関する情報を追いながら、自分たちの知識の正しさを確かめていた。[34]

パルヴスはわずかのあいだチューリッヒに住み、21歳でベルンの大学に入学した。それからまもなくバーゼル大学の大学院に進み、古代史やジャーナリズム、公共圏、政治経済学を研究するドイツ人の学者カール・ビュッヒャーのもとで政治経済学の学位論文に取り組んだ。その頃に22歳になり、プレハーノフのサークルに加わった。このマルクス主義革命家のグループは、ロシアの労働者階級（都市部でも農村部でも規模が小さかったのだが）がツァーリ打倒の鍵になると考えていた。パルヴスはスイスで革命に関するパンフレットや本を渉猟した。[35] 彼は自分の考えが国際経済についてのマルクスの理解からいくらか逸脱していることに気付いた。このドイツ人共産主義者は未完の大著『資本論』で、1人の資本家、1つの工場、そして1つの商品を生産する数十人の労働者集団という経済の数学的モデルを設けている。マルクスの計算によると、労働者は家族を養うのに十分な富を生み出すために半日以上働き、労働日の残りは資本家に盗まれているという。資本家の権力の源は、生産手段、とくに工場を所有していることにあった。パルヴスはこの説におおむね納得した。[36]

だがマルクスのモデルは不完全であるとパルヴスは考えた。オデーサで見てきた港湾労働者は、商品（通常は乾燥穀物の袋）を倉庫から船に運び込んでいた。概して言うと、オデーサの港でほとんどの労働者の生活を占領していたのは商品の運搬だった。ほかにも、水門の製造や修理、倉庫の建設、船の修理に携わる人がいた。港湾労働者は、1つの工場をモデルにしたマルクスの説を知ったなら、きっと疑問を感じるだろう。とくに穀物のような安価でかさばる商品の場合、輸送コストが国際市場における最終価格の半分超を占める場合があることを、実体験からわかっていたのだから。コストのもっとも多くを占めたのはチュマキの隊商だった。牛車で古代の黒い小道を通り、ヘルソン県、エカテリノスラフ県、タヴリダ県の農村からオデーサの倉庫に穀物を運ぶ人々だ。マルクス主義者としてのパルヴスはロシア社会再編のために力を注いだが、組織化の担当者（オルグ）としての、また世界の観察者としてのパルヴスは、1つの工場に立脚したマルクスのモデルを修正せねばならないという強い「政治的疑念」をいだいていた。

パルヴスはオデーサを去ってからわずか4年後の23歳のときに博士論文を提出している。そのなかで、現実の世界は輸送路を軸に、空間的に組織されていると大胆にも言い切った。彼の見方によると、労働者は何百種類もの商品を生産し、企業経営者はこの雑多な品物（彼はラテン語でmembra disjecta と呼んでいる）を港湾都市に送り出す方法を探す。品物は、「消費の輪」（ドイツ語では Consumptionkreise）に可能な限り近い場所で製造される。たとえば銑鉄から作られたベッドは製鉄所からそう遠くない店に陳列されているし、衣料品の搾取工場は商業地区の近くに集まり、工場の門前にはパン屋が軒を連ねている。工場では労働者が組み立て作業を行っているが、そこでの商品の製造は、世界規模の流通プロセスの序幕にすぎない。パルヴスは言う。マルクスは商品生産がグローバルなプロセスであることを認識していたが、物流をモデルに組み込んでおらず、それではモデルが機能しない、と。[37]

製品を完成させた経営者たちが、その商品を整理して長距離の輸送を安価に行う新しい方法を見つけることはありうる、とパルヴスは述べる。そして、わたしの言う「tollage」（輸送費）、あるいは現在国連と世界銀行がトンキロあたり運賃という数字で示している概念についての説明を自ら編み出した。彼はオスマン支配下のスーダンの奴隷労働者に関して、同時代の人類学者が紹介した事例を使い、自説の証明を試みている。この人類学者によると、モハメッドというエジプトの奴隷主が、ハルトゥームのオスマン兵を養うための穀物税を支払わねばならなくなった。ハルトゥームは彼が所有する穀物倉庫の数百マイル北にあった。モハメッドは税を納めるべく、20人以上の奴隷と牛の隊を組んで穀物を届けようとした。奴隷と牛は道中で、自分たちの運んでいる食糧を食べてしのいだという。ある程度の距離を進んだ時点で、その穀物はなくなってしまっただろうとパルヴスは述べる。スーダンの労働力が安かったとはいえ、ハルトゥームの帝国将校の要求は、生産地から製粉所まで穀物を家畜で運ぶ作業の限界を超えていた。オスマン帝国内を移動するには莫大な輸送費が必要で、労働者と牛が商品を届けて戻ってくることができるようにするのなら、奴隷主は収穫量をはるかに上回る量の穀物をハルトゥームに送らねばならなかった。[38]

もしも荷馬車や道の改良、船賃の引き下げ、埠頭の深化、あるいはアフリカ大陸を貫通する道路の建設などによって、ある中間財と別の中間財とを結ぶ道の輸送費を安くすることが可能なら、社会全体が利用できる貴重な商品は大幅に増えるだろう。輸送費が安くなっても工場の労働過程が変わることはなく、変わるのは工場に届く商品の輸送だけなのかもしれない。とはいえ各国を結ぶ国際的な道を短縮あるいは直線化できるなら、マルクスのモデルにあるような工場が増え、分業が広がり、さらに多くの価値が生み出されるだろう。ただ、それでも疑問が残った。誰がその恩恵を受けるのか、だ。そしてパルヴスはマルクスと同じく、労働者が公正な分け前を得ていないと考えた。[39]

パルヴスが頭に描いていた道が重きをなす理由はここにある。ヨーロッパの労働者階級の食糧にして生活費で最大の比重を占める小麦を、ウクライナの草原や南スーダンの湿地、カンザスの平原のような帝国の辺境からより低コストで輸送できるなら、社会全体が利益を得ることになるだろう。大規模穀物倉庫や鉄道や深水港を利用したり、ニトログリセリンで山間部を爆破したりすれば、産物や商品を製粉所やパン屋まで運ぶ際に必要な輸送費は、最小限に抑えることが可能になる。商品の通る道を短くすることは、莫大な社会的利益につながる。つまり資本主義的生産の増大によって労働者が貧しくなるというマルクスの悲劇的な工場モデルから、何百万人もの人々を救うことが可能になるのだ。

つまりパルヴスは、世界各地の商品の道からなる世界システムを研究した、新しいマルクス主義者だったのだ。この世界システムには資本主義よりも長い歴史があるとパルヴスは考えた。また、関税の引き下げや穀物乾燥技術の改善、大規模穀物倉庫の建設、港湾の深化などを通じて世界を縮小すれば、誰もが恩恵にあずかれると思ってもいた。パンが安くなり、利益が実際に共有されるなら、何百万人もの労働者を果てしない労苦から救えるかもしれない。オデーサで労働者の組織化に携わったことのあるパルヴスは、かれらにとっては時間が金銭と同じくらい、あるいはそれよりも大事であることを知っていた。穀物流通に必要な輸送費を下げることでもたらされる恩恵は、物質と時間の両面において、すべての人に利益をもたらすはずだと彼は説いた。道をより短くして無駄の少ないものにすれば、標準的な労働時間を12時間から10時間へ、さらには8時間へと短縮できる可能性がある。パルヴス・モデルの国際的視野は、草原のように広大で、海のように深かった。人々にわかりやすく説明すれば、このモデルは労働者を国際的な運動に引き付ける力になるかもしれなかった。というより、このモデルに従えば、国際的な運動はなくてはならないものだった。そうした運動が生まれなければ、互いに貿易路で結ばれた工場の労働者たちは、1万マイル離れた外国の労働者と競争することになるからだ。

農業に関するパルヴスの見方は、多くのマルクス主義者のそれとは違った。彼は黒い再分割を行ってロシアの貴族から土地を取り上げるべきだと考えてはいたが、農民による集団所有がロシアの問題を解決するかどうかについては疑っていた。のみならず、幼い頃に住んでいたクバニでもっとも生産的だったのが家族営農の土地であることを知っていた。これは20代半ばに住んでいた東プロイセンにも当てはまることだった。１００エーカーを超える農場であれば機械設備を使用して収穫のコストを抑えることもでき、そのことは国際市場に革命をもたらしつつあった。マルクス主義者であるパルヴスは工場の集団所有には意味があると考えた。だが穀物に関しては、比較的大きな土地での家族営農のほうが、地主や集団が管理する土地よりも効率性の高い生産が可能であると説いた。[40] このように、パルヴスは「黒い再分割」で過ごした時期の革命的人民主義から学びはしていたが、同時に集団農業は穀物生産にはあまり有効でないと感じていた。おそらくこの論点の理解については、同世代のマルクス主義のなかでパルヴスの右に出る者はいなかっただろう。

　１８９１年夏、パルヴスはスイスの新聞記事の切り抜きを持ってドイツにやってきた――革命的な新聞の編集人になるという目標をいだいて。１８９４年の夏、彼はライプツィヒで労働者階級に広く読まれていた新聞の主筆となった。そこで使った筆名が、ラテン語で「貧しい」とか「小さい」を意味するパルヴスだ。着想源になったのは、ロビン・フッドの革命的なグループ「愉快な仲間」に加わった博識の大男、リトル・ジョンの中世の呼称「パルヴス・ヨハン」だったかもしれない。パルヴスはリトル・ジョンのように体格がよく、成人してからは太りやすかったし、ロシア語やドイツ語、ウクライナ語、ラテン語、若干のギリシャ語、さらには旧教会スラヴ語で書かれたものを読むことができる教養人だった。イディッシュだけでなく、ヘブライ語も理解したかもしれない。また友人によると、彼は20代の頃、ずっと貧しい暮らしをしていたという。だが名前の由来がなんであれ、パルヴスは穀物が世界中でどのように移動するのかを解明しつつ、労働者の背中を押して帝国と資本主義に終止符を打つという使命に人生を捧げた。労働組合運動の当事者以外、彼の正体を知っている人はほとんどいなかった。

ロビン・フッドの伝説中のリトル・ジョンのように、パルヴスは人生のほとんどを逃亡者として送ることになる。ロシアの秘密警察オフラーナはパルヴスが１８８７年にオデーサから脱出したことを把握したが、自由主義的なスイスは彼の政治信条を問わず、ロシアを離れて大学に入学した件について起訴することはなかった。だがパルヴスがドイツに居を移すと、オフラーナは彼に関する情報で膨れ上がったファイルを、急進活動家の一掃に血道を上げるベルリンの秘密警察の第５課と共有した。第５課の脅威情報の探知担当者は、パルヴスを「物を書くごろつき」と呼び、彼をライプツィヒ、ザクセン、ドレスデン、バイエルン、そして最後にベルリンから追い出した。[41]

ほかの多くの書き手も、パルヴスのあとに続いた。かれらもやはり皇帝の国ロシアからの逃亡者で、絶えず拡大を続けるロシアのオフラーナの脅威にさらされていたため、筆名を使った。使われた筆名は、パルヴスよりもよく知られている。ローザ・ルクセンブルク（「ユニウス」）、レフ・ダヴィードヴィチ・ブロンシュテイン（「トロツキー」）、ウラジーミル・イリイチ・ウリヤノフ（「レーニン」）は１８９１年から１９１７年にいたるまで、パルヴスにとってとくに近しい仲間だった。パルヴスはドイツの警察によってライプツィヒから追放されたとき、ポーランド生まれのマルクス主義者にして親友のローザ・ルクセンブルクに自分のあとを託した。ルクセンブルクはライプツィヒで国際主義の立場からポーランド民族主義を批判し、文筆活動を始めている。１８９０年代、彼女とパルヴスは、ドイツ社会民主党の大会に出席し始めたが、当初は左派の異分子として扱われた。

そして彼女はパルヴスのように、ニュースの解説者として名を馳せるようになる。2人の考えに賛同する人々はかれらを知識人と考え、批判的な人々は政治宣伝者と呼んだ。パルヴス自身は、両方の要素を少しだけ取り込む必要があると考えていた[42]。

ドイツにやってきて間もない頃、パルヴスはドイツ人のマルクス主義者でカール・マルクス、フリードリヒ・エンゲルスの親しい友人でもあるエドゥアルト・ベルンシュタインの著作を読んだ。そしてパルヴスはベルンシュタインについてこう考えた。ドイツ社会民主党がふたたび合法になったとたん、彼は国家の改革の問題についてドイツの自由主義者およびナショナリストとの共闘の道を探る方向に党を誘導すべく、マルクスの著作を歪めたのだ、と。ベルンシュタインは投票を通じてこそ、労働者による国家機構の管理が可能になると考えているように思えた。国際的な運動にとって有害なドイツ・ナショナリズムをベルンシュタインのなかに感じ取ったパルヴスとローザ・ルクセンブルクは、言論によって彼を攻撃した。パルヴスは1890年代に「修正主義者」という用語を考え出し、ベルンシュタインたちを批判した。かれらは革命に対するマルクスの信念から逸脱し、自分がオデーサ時代から見てきた緊密に絡み合う穀物の国際経済に目を向けていないように思えたのだ。ドイツの社会主義政治家アウグスト・ベーベルは、2人の厳しい批判に対する反応を、友人にこう説明している。「パルヴスは魚の骨のように彼らの喉に突き刺さった。[…] パルヴスとラ・ローサに対する党内の敵意は君の想像以上だ[43]」。

パルヴスより3歳若いレーニンが初めてパルヴスの著作を知ったのは、ベルンシュタインへの鋭い攻撃を通じてだった。レーニンは1899年、社会民主主義者は安価な穀物がヨーロッパに新しい種類の港湾都市を生み出す仕組みについてのパルヴスの説明を理解しなければならず、ロシアの農業問題は「世界資本主義の全般的な発展」との関連においてこそ理解できる、と力説した。[44] このように、パルヴス、ルクセンブルク、レーニン、トロツキーは次々とマルクスから逸脱してゆき、世界への最大の脅威は単なる資本主義ではなく、帝国と連携した資本主義であると説くようになった。

マルクス主義者は経済自由主義者に続いて「帝国主義」という言葉を使い始めたが、意味を変換した。この言葉は、1872年以前には専制君主による軍事権力の掌握を指すものだった。だから1848年にイギリスの記者は、ルイ゠ナポレオンによる権力の掌握を帝国主義的行為と呼んだのだ。イギリスのベンジャミン・ディズレーリ首相がその広大な帝国を持ち上げる演説を水晶宮で行った1872年には、国内の自由主義者が「帝国主義」という言葉を使い、ディズレーリら保守党員が海洋をまたぐ高コストで非生産的な帝国の版図に執着していると非難を浴びせた。[45] たとえばインドとカリブ海でも、大英帝国は割に合わない「帝国主義的」投機をしている、と。

「帝国主義」という用語をつくり出した自由主義者は、19世紀の社会が実際には帝国の機能を果たしてもいないのに、古代帝国の虚飾をまとっているということを表すものとして、この言葉を捉えていた。財政面を見れば、19世紀の社会は帝国とは言えなかった。なぜなら帝国の首都と軍隊とを養う穀物は、もはや帝国圏内で集められてはいなかったからだ。その機能には、すでに自由貿易によって終止符が打たれていた。農業における世界規模の資本主義的分業のおかげで、世界中で食糧を共有する体制が整ったのだ。

パルヴスと彼に続く新しいマルクス主義者は帝国主義に対する自由主義者の批判に肉付けし、労働者は国際的な穀物経済によって利益を得ている、と論じた。従属的な植民地を探して世界各地で諸帝国が繰り広げる競争は、外国市場を求める資本家の欲求と極端な形で溶け合っていた。資本主義と帝国が結び付いて帝国主義になったことで、たとえば南アフリカのズールー人との戦争や、それに続くボーア人との戦争のように、無意味かつ犠牲の多い戦争が引き起こされた。マルクス主義者としてパルヴスたちと反対の立場に立つベルンシュタインは、アフリカでヨーロッパ諸帝国が冒している危険についてのこうした議論に強烈な反対意見を放った。いわく「文明化された人々」は世界中の「文明化されていない人々」に対して義務を負う、と。[46]

国際的な穀物経済についてパルヴスが行った説明は、ロシアの社会民主主義者のなかで当初は孤立していたトロツキーにも刺激を与えた。トロツキーもウクライナ出身で、やはりパルヴスと同じく、活気ある穀物港オデーサで人々の組織化を通して政治を学んでいった。レーニンより9歳、またパルヴスより12歳若かった彼は、1902年にロシア人社会民主主義者の仲間に加わった。これはパルヴスのアパートで印刷されていた新聞のもとにかれらが結集した翌年のことだった。トロツキーはパルヴスによる農業の分析を引き継ぎ、資本主義の進展のあり方はヨーロッパの国々が勢力圏の争奪戦を繰り広げ、黒海地域で農業の集中的な資本化が起きた頃に根底から変わったと説いて名を馳せた。東洋的専制、つまりロシアや中国などにおける、君主が圧制によって支配するシステムを槍玉に挙げた点でマルクスは間違っていた。むしろ「複合的で不均等な発展」という壊れたシステムこそがロシアや中国、アフリカ、中東のあり方を決めたのだ。資本主義と融合した帝国主義は、ウクライナのように革命の機が熟した高度な商品生産地域と、ヴォルガ川周辺地域のように中世以来ほとんど変化していない後進的な農村区域を生み出す可能性を宿している、とトロツキーは言う。[47]

世界の変化についての考えにどんな違いがあったにせよ、パルヴスはルクセンブルクやレーニン、トロツキーがもっとも賞賛し、それぞれの考えを固めるうえで支えにした経済思想家だった。穀物が安くなった世界は誰にとっても生活が楽になることにつながるのだから、ヨーロッパの社会民主主義者は内輪もめをやめなければならないというパルヴスの主張には、彼の先見性がもっとも明確に表れている。前のめりになったヨーロッパ諸国は、やがて穀物、石油などの戦略物資の入手経路を掌握しようと戦争を起こすことになる。ルクセンブルク、レーニン、トロツキーはパルヴスと同じように、19世紀半ばから後半にかけて、イギリス、フランス、オランダ、ベルギーの諸帝国が起こした一方的な帝国戦争を丹念に考察した。ヨーロッパの帝国は、アフリカ、オスマン帝国、中国を分割し、勢力圏を手に入れていった。かれらは共産主義者の観点から、こうした戦争が世界に破滅をもたらすような帝国間の衝突の始まりにすぎないと考えた。[48]

パルヴスは、国際的な穀物貿易の革新がもたらす影響や1873年恐慌について学んだことを用いてロシア帝国の破壊を手助けし、さらには新しい革命国家——近代トルコや社会民主主義国家のような——を建設する一助になりたいと考えた。彼はマルクスの考えを修正したが、世界の共産主義者は、パルヴスによる修正をマルクス主義の正統に属するものと見なすようになった。これはソヴィエト連邦の公式原則がのちにレーニンの解釈や拡大されたパルヴスの議論を取り入れたためでもある。1873年の農業恐慌に関する彼の考察は、マルクス主義理論、世界システム論、帝国主義論の基礎となった。彼は政治的変化を起こすことに成功した。もっとも、それは彼が思ってもみない形ではあったのだが。

第10章 ヨーロッパの穀物大国

1815年〜1887年

1815年から1914年にかけてヨーロッパで起きた「大国」の地位の変化は、一見無関係な3つの動きとして従来は説明されてきた。まず、ドイツとイタリアで公国などの国々が強力な国家と合体したこと〔訳注：ドイツ統一とイタリア統一を指す〕。次に、オスマン帝国とオーストリア帝国の影響力が衰えたこと。そして、こうして再編成されたヨーロッパの帝国が、アジアやアフリカ、太平洋で支配をめぐる競争を激化させたこと。[1] これらの動きが起きた原因については、それなりに当を得た説明が多々なされてきた。そのほとんどは、民族主義の伸長や多民族帝国に固有の弱さ、徴兵制の影響、深謀遠慮の政治家たちの狡猾さ、南欧と東欧の「後進性」といった要因を挙げての説明で、ヨーロッパ諸国にしか注意が向いていない。だがドイツとイタリアの台頭も、オーストリアとトルコの衰退も、またヨーロッパ諸国の植民地争奪戦も、大半の学者が認識している以上に、安価な外国産穀物のヨーロッパへの流入と関係しているのだ。[2] 大国はなんの力も借りずに動いていたわけではない。その原動力のなかには穀物も含まれていた。大国の深水港が大西洋や黒海を経てやってくる食糧を呑み込んだことから、労働者が都市に集まるようになり、ヨーロッパの食道都市に近接する運河や川の沿岸での産業化が可能になった。ヨーロッパのいくつかの国は、穀物の豊富な新しい常態に適応して、余剰食糧の一部に課税し、労働者のポケットからお金をかすめ取り、戦艦を建造した。安価な穀物で満たされたヨーロッパの帝国は、やがて加工食品を含む工業製品を世界中の他の地域に輸出するようになる。大きな港湾都市はヨーロッパの帝国の膨張にとって不可欠であるとともに、最大の泣きどころにもなった。ジャガイモ疫病菌の拡大後、世界はこのような形に変わっていたのだった。

小学生も学者も、国や首都や王の名前を知っていれば世界を理解したも同じと考えている。国別に色分けされた地図の多くは、それを目で追う人をすっかりそんな気にさせる。だが地図上にある色付きの国は、世界のモデルとしては単純だ。穀物商にとって、世界を理解することは、帝国や首都を数え上げることとは違った。世界を理解するとは、食糧が集まる大都市を見つけ、外の世界に働き掛けることを意味したのだ。人間が占める場所は色分けされた図形ではなく、黒い道、つまり人と人をつなぐ食べ物の道であり、そのことは昔からずっと変わらない。

世界を海、川、港からなるひと続きの線として捉えるのは難しいが、穀物を商う者にとって、そうした視点はきわめて大事だ。パルヴスは、海を越えてやってくる安価なカロリー源の流れに大国が依存していることに気付いており、今とは違う形で再編されたヨーロッパや、それが世界の他の地域と結ぶ関係に想像をめぐらせた。１８９６年、彼は次のような考えを示した。ヨーロッパについて国際的観点から理解しようとするなら、ヨーロッパと大西洋を結ぶ線がロンドンを通り、ヨーロッパと太平洋を結ぶ線がバルカン半島を通るという事実を出発点にしなければならない。スエズ運河は東西を結ぶ線を短くしたが、イスタンブールが東の穀物を西の食道に運ぶ際の玄関口であることに変わりはなく、ゆえに大きな世界紛争はここから始まるだろう、と。[3] ヨーロッパの外交官は尊大な連中で、世界は大国間の関係を中心に回っていると思い込み、おびただしい数の歴史家がその考えをなぞってきた。パルヴスは、穀物ほど大きな力をもつものはないこと、力の決定要因として穀物の道の掌握よりも大事なものはないことを知っていた。ヨーロッパを中心に書かれた第１次世界大戦史は例外なく、ヨーロッパでの塹壕戦に紙幅を割いている。だがパルヴスは、本当の意味での世界戦争を左右するのはボスポラス海峡であることをわかっていた。第１次世界大戦がバルカン半島で始まると、ダーダネルス海峡とボスポラス海峡がオスマンの支配下にあったために、イギリスとフランスの都市は食糧の入手に窮した。このとき、パルヴスの説の正しさが証明された。

オーストリア帝国の19世紀における衰退は、先に挙げた要因のなかでもっとも説明しやすいかもしれない。ペスト菌の到来以前、オーストリアはヨーロッパの他の地域に小麦粉を輸出することで活路を切り開いていた。１８６７年にオーストリア・ハンガリー帝国を形成してからは、決定的な利点を手にした。ハンガリーの肥沃なバナート地域では、小麦がよく育ったのだ。その小麦はブダペストにある多層階建ての製粉所で小麦粉になり、ドイツの街やパリ、ロンドン、さらにはブラジルの街の優秀なパン職人や菓子職人が買い手となった。1879年には、オーストリア・ハンガリー帝国はその農業の恵み、とりわけ小麦粉のおかげで数百万ドル相当の外貨を手に入れるまでになっていた。[4]

ブダペストの製粉所は、1820年に導入した複雑な工程をほとんど秘伝のように扱っていた。それに先立つ2000年のあいだ、世界では臼式製粉機が使われていた。これは石を2つ重ねて小麦を砕くもので、石臼を水平に回転させると、彫られた溝に砕いた小麦がたまっていく。溝にはすぐに穀物のかけらが詰まったので、つねに清掃する必要があり、石も定期的に研がなければならなかった。

ブダペストの製粉業者は溝をなくす方法を見つけた。それは次のようなものだ。ガラス製や陶製、あるいは鉄製の2つの長い円筒のあいだに、手を使って穀粒を注ぐ。互いに逆方向に回転する2つの円筒は、その狭い隙間に穀粒を呑み込むと、それを砕くのではなく、きれいな細長い粒に変える。次に、1組目の円筒の下にある2組目の円筒が（この2本の隙間はもっと狭い）、その粒をそっと開き、硬い外殻を分離する。飛び出した粒と外殻が重力で落ちると、ファンとふるいが外側の褐色のふすまや内側の茶色の胚芽から白い胚乳を分離する。穀粒を円筒の隙間に入れる作業や残留物をふるいにかける作業には、膨大な数の労働者が必要だった。しかるべくふるいにかけられたものは小麦粉として、オーストリア・ハンガリーの社会階級の違いに従って、12の等級に分けられた。もっとも白い小麦粉は皇帝の精製粉、カイザーアウスツークと呼ばれていた。カイザーアウスツークは価格こそ高かったものの、ふすまをほとんど含んでいなかったため、腐らせずにリオデジャネイロまで輸送することが可能だった。1878年、ブダペストのペスト側にあった工場は、ロンドンやリヴァプール、南米の市場向けに1日3万バレルを生産していた。価格はアメリカ産小麦より高く、1バレル50セントだった。[5]

だが食糧がオーストリアの帝国内を移動する際に課される複雑な税金は、すさまじく重い負担だった。パルヴスの言葉を借りると、オーストリアは「物乞いの着るコートのようで、つぎはぎだらけとしか言いようがない。[…]肥大した体から何本もの萎縮した手足が生え、おまけに頭も腕もない異形の生き物で、歩くことも立っていることも動くこともできない状態だった」[6]。この農業帝国の食糧供給システムが「つぎはぎだらけ」で「肥大」していることは、ヨーロッパの穀物商なら誰でもわかっていた。たとえば帝国内の邦国に脱穀前の小麦を運び込んだ際に課税され、小麦粉にして別の邦国に運ぶと課税されるというように、邦国間の交易への課税が重かったうえ、穀物商の上げた利益が大きすぎると、高利で取引した罪で逮捕される恐れもあった。穀物の国内交易路は、輸送効率の高いドナウ川の上流にいたるまで複雑な規則と複雑に絡み合っていた。経済学者のヴィクトル・ヘラーによると、ユダヤ人の穀物商に対する強い疑念が、オーストリアの国内交易の規制に強く影響したという。[7]

オーストリアの「皇帝の精製粉」は、皇帝よりも先に表舞台から消えた。ブダペストの工場には、遅くとも1877年にはミネアポリスやセントルイス、ウィスコンシン州ラシーンの製粉業者が訪れるようになっていた。数千人の労働者を必要とするハンガリーの手法を、水力を使って産業規模で再現することを企てていたのだ。ウィスコンシン州選出の上院議員ロバート・ホール・ベイカーは、ブダペストで自分が見聞きしたことをつまびらかにしている。ベイカーは1878年、「現地の技術者の1人が、アメリカの大規模な工場のために進めている計画について、わたしの兄弟に語っているのが耳に入った」。彼は「おそらくこれは、ミネアポリスで進んでいるものなのだろう」と、不快感を示している。[8] 技術者たちはアメリカで、最初に蒸気動力を使った製粉を試したが、壊滅的な失敗に終わった。小麦粉の粉塵のすぐそばに火花を放つ蒸気機関があると、火花が引火して街区1つを燃やし尽くすほどの炎になる危険性がある。実際1878年には、ミネアポリス中心街にあった、ウォッシュバーンという人物が所有する製粉所で火事が発生し、18人の労働者が命を落としている。[9] 全国で多くの爆発事故を経験したアメリカ人はやがてハンガリー方式を半自動化し、1881年にはロンドンとリヴァプールで数十万バレルの小麦粉を販売するまでになった。その価格が非常に安かったため、イギリスとオーストリアの企業はアメリカ人がイギリス市場に「投げ売り」していると非難した。だが消費＝蓄積都市のヨーロッパ人は省力化機械の仕組みを分析し、1885年には外国産穀物に特化した新しい圧延機を使うようになった。ハンガリー方式を採用した製粉工場が、リヴァプールやハル、ロンドンだけでなく、大陸側のアントワープ、ルーヴェン、ロッテルダムにも出現した。[10] ハンガリーの秘密が明かされたことで、厳重に保護されたオーストリア・ハンガリーの輸出産業はつまずき、他の国の後塵を拝するようになった。国家は小麦粉産業に資本を注入し続けたが、それはオーストリア・ハンガリーを「物乞いの着るコート」に変えただけだった。この帝国は「異形の生き物」になってゆき、1905年、製粉業は完全に崩壊する。[11]

オスマン帝国もオーストリア・ハンガリー帝国のような農業帝国で、固定価格制や警察組織による規制、また製粉業者とパン職人の強力なギルドが国内交易への大きな負担となっていた。だが両者のあいだには重要な違いがあった。オーストリアは小麦粉を輸出したが、オスマン帝国は穀物を国外に出さず、おもにタバコとナツメヤシの実を輸出していたのだ。１７８０年代にエカチェリーナ大帝が穀物市場を斬新な方法でうまく利用し、オスマン帝国を敗北させた結果、スルタンの財政顧問は固定価格で穀物の軍事調達を行うのをやめた。とはいえ穀物への課税は１９１１年まで続き、帝国はこれに大きく依存していた。[12] 食糧価格が高かったために、帝国は衰えていった。安価な外国産穀物が密輸され、オスマン帝国を悩ませ続けた。しかも鉄道のせいで安価なアメリカ産小麦粉は税関を迂回してしまい、商売上手なパン屋に利益をもたらした。[13]

だがそれよりも重要なことがある。オスマン帝国衰退の原因は、小麦粉製造にまつわる秘密とは関係がなく、自国の税金を管理できなかったことにある。そして自治権の喪失には、大英帝国というもっと直接的な原因があった。１８３８年から１９１１年のあいだに、オスマン帝国は財政面でイギリスの勢力圏に縛り付けられていった。苦難の時代が始まったのは１８３１年、エジプト太守ムハンマド・アリーが皇帝マフムート2世に反旗を翻したときで、帝国は滅亡の脅威にさらされた。急遽ロシアが介入して、アリーのイスタンブール掌握をなんとか防いだ。このときの脅威に動揺したマフムート2世は、イギリス海軍に援助を求めた。１８３８年にはイギリスとのあいだでバルタリマヌ条約という不平等条約に署名し、トルコを言わばイギリスの財政的属国にした。この条約によると、イギリスの商人はオスマンの市場に自由に参入できたが、オスマン側にはイギリス市場への同様な参入権はなかった。イギリスはこの莫大な恩恵の見返りに、オスマンによるエジプト軍への反撃を助けた。イギリス海軍が１８４０年にアッコに対して行った砲撃は、もっともよく知られている〔訳注：アッコは現在のイスラエル北部に位置し、当時はエジプトの統治下にあった。砲撃は１８３９〜40年の第2次エジプト・トルコ戦争のとき〕。条約が締結されてからというもの、イギリス商人によって持ち込まれた外国産の安価な小麦粉と繊維製品はオスマン帝国の国内産業を弱らせていったが、帝国には輸入の勢いを封じ込める力もなかった。オスマン帝国末期を通じて、輸入量は輸出量を上回っていた。帝国は関税の損失分を補うべく、バルカン諸国に対する増税に踏み切り、セルビア、ブルガリア、ワラキア、モルダヴィアでの独立運動を勢いづかせた。イギリスは帝国の関税を回避しおおせ、その経験はアジア、アフリカ、太平洋地域から資源を搾り取る際のモデルになった。[14]

海外から持ち込まれる安価な穀物や国内産の穀物に課される高い国内税、税制面で優遇される外国からの輸入だけで、19世紀ヨーロッパにおけるオスマン帝国とオーストリア・ハンガリー帝国の末路を説明し尽くすことはできない。だが１８４０年代には黒海から、また60年代には大西洋から安価な穀物がやってきたため、２つの農業帝国は直接間接の競争に苦しめられた。自国の穀物交易から財源を吸い上げる力が衰えるにつれて、かつて強大な帝国として握っていた権力も弱まっていった。

他のヨーロッパ帝国は輸入穀物をうまく取り込み、大国になった。ドイツとイタリアは深水港を建設し、国内の鉄道網を補助金で支えた。そして鉄道網は外国産穀物の輸送と流通を促したほか、港湾地区の製粉所がもつ利点を活かして、豚肉、バター、牛肉など、穀物飼料を食べる動物からできた食品の流通も後押しした。イタリア首相のカヴール伯爵カミッロ・ベンソは、鉄道の建設と関税の抑制を明確な政策として推し進めた。だが1880年代になると、ドイツとイタリアでは農地の価格下落というリカードのパラドックスの影響を抑えるため、輸入穀物に関税を課すようになった。輸入小麦に対する関税は地代の下落を緩和したが、外国との価格競争が一定程度にとどめられたことで、これらの国の農業革新の力は弱まってしまったかもしれない。[15] とはいえ、1846年から流入し始めた膨大な量の外国産穀物に課税したので、ドイツとイタリアや他の穀物輸入国では国家予算の額が増えてもいる。

重農主義帝国のロシアとアメリカでは富のほとんどが周縁地域に集まっていたが、ドイツやイタリアのように安価な穀物に課税して消費するヨーロッパの国々は首都に富を集中させていった。そして安価な食べ物のおかげで栄えた食道都市の人々は、これに対する反撃を試みる。ヨーロッパの食道都市の製粉業者や他の穀物加工業者は、当初は穀物関税に抵抗した。だがのちに、税の除外と転嫁を組み合わせた複雑な新しいシステムを設けることに同意した。それは、輸出小麦粉の製造に使用されたすべての小麦を「関税払い戻し」の対象にするというものだ。たとえばフランスでは、1892年に1万袋の小麦粉をフランス植民地に輸出した製粉業者が2900ドル相当の関税払い戻し許可証を受け取っているが、この許可証は穀物商が関税費用を減らすために購入したものだ。そのようにして、製粉業者は穀物関税の支払いを減らすことが可能になった。食道都市で生産された小麦粉やパン、ビスケットをヨーロッパの外の飢えた人々のいる場所に輸出すればよかったのだ。[16]

穀物関税は鉄道や戦艦の建造に役立った。やがてヨーロッパ諸国は、アジア、アフリカ、太平洋地域で潜在市場をめぐって争うことになる。海を渡ってくる食品を加工して海外に販売することが、ヨーロッパ諸国の新たな仕事になった。

穀物と帝国との密接な関係はなかなか目に見える形をとらないが、両者の関係を表す里程標はいたるところに存在する。プロイセンがケーニヒスベルクからベルリンに遷都した1701年、大理石の立派な塔が建った。これは帝国の中心を表す里程標の起点とされた。こうした里程標は、深いところで歴史と共鳴している。紀元前20年、ローマ皇帝アウグストゥスはローマにミリアリウム・アウレウム（黄金の里程標）という塔を建てている。そしてこれよりも小さな塔（里程標）を、帝国の境界線まで1マイルごとに置いた。また、すべての道はローマに通じていた（そうなるように、軍が道を建設したため）。ビザンティウムのコンスタンティヌスは、330年にローマの衰退を見て取ると、その地に新しい塔を建てた。やがてこの都市はコンスタンティノープル、つまりコンスタンティヌスの都市として神に献納され、ローマ帝国の新しい首都と呼ばれた。

それから1000年以上が経ち、ローマの権威の継承者を自任するフランスとプロイセンの王は、その重要性を十分に理解していなかった可能性はあれ、首都に同じような里程標を設けた。かたやイタリアは古代ローマの里程標を踏襲していた。フランスには、王の居所であったテュイルリー宮殿に近いノートルダム大聖堂の前に里程標がある。ベルリンの黄金の里程標は、城跡の近くに設けられた。スペイン継承戦争（1701～14年）でルイ14世麾下（きか）のフランス軍を打ち負かしたプロイセンの英雄アレクサンダー・フォン・デーンホフを称えるため、王室は1730年にこの場所に精巧な彫像を据え、ここをデーンホフプラッツと改名している。2000年まで、ドイツ政府の作成したヨーロッパの地図には、すべての都市についてベルリンの里程標からの距離が示されていた。またドイツの関わった主要な紛争の戦闘計画は例外なく、この距離をもとに立てられていた。ドイツ再統一からだいぶ経った2000年になってようやく、ドイツ政府は黄金の里程標をブランデンブルク門に変更した。

こうした後世の王たちは、ローマの里程標が権力の座からの距離ではなく、帝国が手に入れた黄金色の収穫、つまり穀物倉庫からの距離を示していることを理解していなかったかもしれない。ホレウムと呼ばれる公共の穀物倉庫は、黄金の里程標の周りに集まっていた。1マイル（mille passus）はローマの単位で1000ペース分に等しく、1ペースはローマの兵士の2歩分に相当した。古代の軍師はめったに地図を使用しなかったが、里程標の番号が付いた前哨基地の長大なリストを使って戦略を立てた。ローマの穀物倉庫から敵陣までの距離を、マイル単位で示した。パルヴスが紹介した話にもあったが、奴隷と牛が穀物を運びながら食べ続けるうちに、穀物はゆっくりと減っていく。このためローマの軍師は、目的地に到達するのに必要なコストの尺度として里程標を用いた。里程標は距離や労働力、時間、さらに帝国の限界線を同時に測定するためのものだった。そして前哨基地は、ローマの穀物倉庫、つまりその黄金の中心地から離れていくほど防御のコストが高くなっていた。[17]

一種の福祉国家が古代ローマに現れたのは、土地なし労働者が著しく多い交易都市で起こりうる混乱を、最小限に抑えるためだった。ローマ帝国では年に1度、数百トンの穀物が里程標の起点に届けられていた。収穫から約1か月後にアンノーナと呼ばれる行事が催され、首都にある穀物の量が計られた。紀元前3世紀には、月に1回すべての市民と兵士が硬貨を受け取って、のちに硬貨と穀物を交換していた。2世紀になると、帝国は毎月の配給をパンの形でローマ市民に無料で提供している。その頃には、追加の品々を買うための総合市場が里程標の周囲にできていた。ローマ帝国が首都につながる軍用道路を拡大すると、領土拡大戦争の際には兵士や物資、食糧がこれらの幹線道路を通って外界のほうへと運ばれた。ベルリンとパリは帝国の偉大さを装っていたにもかかわらず、穀物の輸送路がないうえ、海上交通の便もよくなかった。いずれも、ローマのような古代帝国にとって不可欠と考古学者や歴史家が考えていた要素なのだが。[18]

かつてプロイセンにあった里程標の起点は、今やゴミだらけで草が伸び放題の、ほとんど忘れ去られた公園のなかにある。現代のドイツ人がこの黄金の里程標をなぜ放置しているのかを説明するのはたいして難しくない。ナチが権力を握った1930年代、アドルフ・ヒトラーはベルリンの黄金の里程標から放射状に広がる第3帝国の建設を思い描き、そこから数ブロック離れたところに総統官邸を建てた。

ヒトラーが敗北すると、ソヴィエト連邦軍がすかさず第3帝国の中心地を占領した。「鉄のカーテン」をヨーロッパに下ろした際には、帝国の里程標をソ連の管理地域に置いておくべきだ、とソ連は主張した。そして里程標は東ベルリンのソ連占領地域に40年のあいだとどまった。1960年代になると、ドイツ民主共和国が王族を記念する彫像をすべて撤去した。そして1989年にベルリンの壁が崩壊し、ヨーロッパの地図はふたたび変わる。里程標の横にあるひびの入った看板によると、ベルリンが再統一した際、ベルリン市議会はデーンホフプラッツという広場の名前を維持することを決めたが、里程標はかのプロイセン軍人の血を引く反骨の自由主義者に捧げたという。マリオン・デーンホフ伯爵令嬢はナチが出現した1930年代に大学を卒業し、その後ヒトラー暗殺計画に参加したと言われ、第2次世界大戦後には自由主義的な新聞の主筆を務めた。広場には古いモニュメントのいくつかが戻ってきたが、それらは狭い空間に押し込められ、そこはまるで墓石の転がった荒れ墓地のようなありさまになった。

1871年に統一された当初から、ドイツは穀物の国内輸送路を改良したいという願望に駆り立てられた。軍はアルザス・ロレーヌを占領したが、恥ずべき問題を抱え込むことになった。アルザス・ロレーヌに届く穀物のほとんどが、大西洋の向こうからベルギーのアントワープにやってくる穀物だったのだ。軍はドイツが建国時に外国の穀物に頼っていたことは認識しつつも、国家の存続は外国産穀物を抑制できるかどうかにかかっていると考えた。アントワープは1870年にはドイツ軍を養ってくれた。だがここはどこの軍も養うことができる移り気な港湾都市で、ヨーロッパ大陸に陸路侵攻を行う軍の倉庫になることさえありえた。イギリスもそのことをわかっていた。事実、プロイセンがフランスに侵攻したとき、イギリスはアントワープに穀物港を擁する中立国ベルギーが侵入禁止地域であること、またこの港の開放を維持するために3万人のイギリス兵が上陸の態勢を整えていることを両方の交戦国に伝えた。プロイセンとフランスのどちらかがベルギーに侵攻した場合、自分たちはもう一方の側に与するとイギリスは断言した。そこからさかのぼること80年、ナポレオン・ボナパルトはアントワープを掌握し、そのピストルでイギリスの心臓部を狙った。つまりこの脅威を繰り返させてはなるまい、ということだ。[19]

ローマ、アントワープ、イスタンブール、ニューヨークなどの穀物集積港は大量の穀物を囲い込む能力があり、帝国にとってはそれが懸念される点だった。ヨーロッパの帝国から見れば、アントワープ港を取り囲む小さな国は心配無用だった。イスタンブールを囲む、しぼみゆく帝国も問題なかった。[20]ヨーロッパの帝国を研究する歴史家によると、アフリカ大陸をめぐって「争奪戦」が繰り広げられた1880年代における大陸の分割は、まず港湾都市を見つけ、次にそこに流れる川を見つけねばならない、という考えに従っていた。港湾都市も川も、強力な国家を築く土台になりうるからだ。その結果、イギリスをはじめとするヨーロッパの帝国は川の「自由航行権」を設定した、と歴史家は言う。だからアフリカの国家（またはアフリカに領土を獲得した帝国）で、広大な農業地域と主要河川の両岸とを支配下に置くことのできた国はなかった。脱植民地化がなされても、ほとんどの川は互いに競う国家の国境線として残された。唯一の例外がエジプトだ。[21]そのようなことから、1871年に生まれたドイツ帝国にとって、アントワープの穀物港は食指の動く獲物だったが、他の帝国、とくにイギリス、フランス、スペイン、オランダにとっては同時に泣きどころでもあった。

それまで穀物を送り出していたドイツとイタリアの一部の地主にとって、アメリカ大陸から安価な食糧が洪水のように押し寄せることは、もっと古くから続く問題だった。大西洋を中心に展開された新しい国際分業は、穀物の国際価格とヨーロッパの土地の価値を押し下げ、プロイセンの地主と農民をきわめて難しい立場に追いやった。つまり、これは進歩が農地価格を押し下げるという、リカードのパラドックスだった。ドイツ東部の地主たちは、農業恐慌後の新しい日常を皮肉交じりの言葉で表現している。いわく、ブランデンブルク州の農民はみな新しい輪作の形を身に付けなければならない。それは「小麦、ライ麦、借金、ピストル」の順番である、と。[22]

地主は輸入穀物への課税と鉄道の特別運賃の設定を求めた。ドイツ帝国は大西洋経由で届く安価な食糧がもたらす困難に、亀のように身を縮めることで対処した。国有化した鉄道の運賃を安く抑えて国内交易を支え、安価な食糧の洪水を抑制し、また利益も得たのだ。[23] 1876年、反自由貿易の地主による新しい連合体がドイツ保守党を結成した。後年に人々は、この新党をつくった実業家と地主を「鉄とライ麦の同盟」と呼んで揶揄した。輸入した金属と穀物に課税し、製造業者と農民に利益をもたらしたためだ。

穀物関税にもっとも強く反対していたのは労働者、とくに大西洋の向こう側から届く安い食料品を強力に支持する社会民主主義者だった。現代の学者は、ヨーロッパ中のマルクス主義政党が自由貿易を熱心に支持したこと、そしてきわめて保守的な労働組合だけが関税を支持していたということを忘れがちだ。1878年、ドイツ帝国初代宰相のオットー・フォン・ビスマルクはアナキストがウィルヘルム1世の殺害を企てたという口実を掲げ、社会民主党による選挙活動や演説、新聞の発行を禁じた。社会民主主義者の活動が禁止されたためにドイツの政治バランスは変わり、政府が労働者の食糧に課税することが可能になった。[24]

ベルリンを中心にドイツ帝国を再建するという保守派の計画は慎重に手直しされた。輸入穀物に対する関税は「帝国の新たな収入源になる」うえ施行も容易だとビスマルクは述べ、次のような提案をした。それは帝国への入り口を関税で覆い、その輸送コストを引き上げることによって外国産穀物の流れを抑制し、国産食糧の移動は補助する、というものだ。[25]だがアントワープやロッテルダムの深水港を経由する輸入食糧の流れを完全に減速させるのは難しいということが、1878年にははっきりした。というのも穀物だけでなく、小麦粉や冷蔵牛肉、肉の缶詰までもがヨーロッパの地主を脅かすようになったためだ。

1879年に新しく組閣された中道右派政権は、国内交易への介入を強めた。鉄道幹線を国有化すると同時に、輸入穀物に関税を課したのだ。私有鉄道が国益を最優先することはありえないというのが政府の言い分だった。自由党と保守党にいた反ユダヤ主義者は、ユダヤ人がもっとも重要な路線を所有し、1873年の不況を引き起こしたのだと言い立てた。[26]また、ビスマルクはこう述べた。「わたしの考えでは、防止措置が十分ではないため、われわれは徐々に出血死しつつあります。[…]ドイツの産業のために少なくとも国内市場だけでも確保すべく、扉を閉じ、いくつかの障壁を建てようではありませんか」。[27]

帝国の保守派はベルリンの里程標から東の穀物生産量を増やそうともしたが、この地域は情けないほど力不足だった。そこでプロイセン政府は1881年から83年にかけてアメリカの穀物農業と販売方法についての幅広い調査を行い、プロイセン入植委員会を設けた。この委員会はベルリン以東にあるポーランド人所有の大規模な土地を買収することになっていた。対象になったのは1790年代のポーランド分割の際にドイツが獲得した場所で、現在のポーランドのグダンスクとポズナンのあいだに広がる地域だ。アメリカ中西部の農場をモデルに、土地を35エーカーほどの農地に分割し、ドイツの農民に分配することが考えられていた。だがこれは失策だった。35エーカーでは、機械化には小さすぎたのだ。計画されていたのは、帝国の東部に穀物栽培地帯を拡大してベルリンに多くの穀物を送れるようにし、アメリカの穀物と正面から対決することだった。1918年までにかかった最終的な費用は10億マルクを超えたが、ドイツの穀物供給に与えた影響は小さすぎて滑稽なほどだった。[28]

また、ドイツの保守的な学者が結集し、帝国の自給自足という新しい教義に合わせるべく、古代の帝国の歴史を書き直した。歴史学教授であり国会議員でもあるハインリヒ・フォン・トライチュケは、ドイツが高関税に転換したことを正当化しようと、世界の帝国の歴史を捏造した。のちに『政治学』という題で出版されるほど強い影響を残した講義において、ギリシャ人があまりにもコスモポリタン的だったために、マケドニアに追い越されたと述べている。そしてローマ帝国は、アフリカから安価な穀物を輸入したがゆえに崩壊したという。「アジアとアフリカからの穀物の輸入に対する保護が適切な時期になされていれば、古くからの農業階級が滅びることはなく、社会条件は健全であり続けたろう。ところがローマの商人は安いアフリカの穀物を買うはめに陥り、イタリアの農民は苦しめられ[…]国の中心であるカンパーニャ・ロマーナは荒野になってしまった」。コスモポリタニズムと国際貿易は、新旧の帝国を脅かす、とトライチュケは畳み掛ける。そして、そのままでもおぼつかない主張をあからさまな反ユダヤ主義で補強した。それは、どの古代帝国の崩壊もユダヤ人が決定的要因になったという考えだ。「なんという危険な粉砕力が、この人々のなかに潜んでいたことか。かれらはあらゆる国籍の仮面をかぶる能力を有するのだ」[29]。

ドイツの保守派はユダヤ人と自由貿易だけでなく、運輸業者をも非難した。アメリカの穀物をヨーロッパの都市中心部に大量に持ち込むことによって経営を成り立たせていた私有鉄道のことだ。商人がアントワープに届いた外国産穀物を船に積んでライン川を上ると、次は鉄道が、この危険な安い食糧をご丁寧にもドイツ西部州などの工業都市の中心部へと輸送していた。国家が鉄道を完全に管理すれば、国境の外からくる安価な穀物の圧力を押しとどめ、ベルリンにある黄金の里程標を維持できるだろうというのが保守派の考えだった[30]。

だがドイツが新たに穀物に課税しようとしても、他国とのあいだで最恵国待遇に関する合意を結んでいたため、即時に実行することは難しかった。税金を課さねばならないとあれば、外相はドイツが外国と結んでいた2国間協定のもつれを少しずつほどいていかねばならない。

洪水のように押し寄せる外国産穀物への課税は、地主のご機嫌取りなどではなかった。関税は連邦の財源を満たすという点で、国家の建設に大事な利益をもたらした。関税と鉄道運賃は、ドイツの国家予算における二大収入になった。穀物に対する2種類の公課——ドイツを通過する外国産穀物に課される関税と高い鉄道運賃——は、ドイツ帝国の権威に逆らう小さな邦国を買収するための資金になった[31]。当時ドイツの経済学者は安価な食糧が土地をもたないすべての人に利益をもたらすことを認識してはいたが、経済的利点ではなく軍事的利点を理由に穀物関税を正当化した。その主張によると、イギリスでは安価な食糧と安価な運賃という「二重の危険」のせいで、全人口に占める農業従事者の割合が減っていた。1881年時点ではヨーロッパの平均値が35～69％であったのに対し、イギリスでは8・5%を下回った。だから戦争が勃発した際の飢餓リスクからドイツが逃れるには、安価な穀物への課税によるしかない、というのだ。[32] これと同じく重要なのは、ドイツとイタリアが安価な外国産穀物への課税により、土地税の引き上げなしに軍事予算を増やすことができた、という点だ。安価な穀物はヨーロッパの国家を建設する役割を果たしたが、同時に人を殺すための資源にもなってしまった。

ドイツの経済学者はまた、国内交易に対する優遇税率を設ければ産業と農業との相乗効果が高まると力説した。たしかに、産業副産物や化学肥料は作物の収量をいくらか向上させた[33]〔訳注：産業副産物には油かすなどが含まれる〕。窒素循環に関する人間の知見を洗練させた革命的なハーバー・ボッシュ法は、ドイツで行われた作物収量に関する集中的な研究が生み出したものだ。

けれど関税が生産性に役立つという理論は、細かく掘り下げると崩れてしまう。ハーバー・ボッシュ法を用いて収量を上げることができるようになるのは、それから数十年後のことだった。さらに言えば、窒素肥料をもってしてもブランデンブルクの砂質土をカンザスやポジーリャの黒土に変えることはできなかった。[34] 穀物関税の制定から28年後のこと、パルヴスは、ドイツ帝国は自らを世界市場から切り離したために、農業の発展を四半世紀遅らせた、と悲しげに述べ、こう強調した。「これは、資本主義国家の政治が資本主義の発展という目的と矛盾することを示す厳しい事例である」。[35]

黄金の里程標の周りで亀のように身を縮めたことで、ドイツは国外に予想外の結果をもたらした。ドイツの穀物関税は、アメリカよりはむしろヨーロッパの他の農業帝国の穀物輸出を妨げることになったのだ。ドイツの港湾都市の商工会議所によれば、ロシア領ポーランドからの鉄道輸送や、ハンブルクなどのドイツの港を経由する鉄道輸送は、穀物に関税が課されるようになるとほぼ停止したという。ロシアの穀物は外国産穀物を遮断するドイツの国有鉄道網を迂回するようになり、ドイツの北東部や南西部に追いやられていった。[36] １８７１年にアルザス・ロレーヌを併合し、ドイツ帝国を強固にしたプロイセン軍は外国の小麦に養われていた。ところがドイツはひとたび足場を固めると、クヌート1世よろしく、潮流を止めよと海に命令したのだ。新税と鉄道運賃は国民を養う役割を果たしたが、同時に国内で緊張を高め、それは買収では和らげることもできないほどになった。南部と西部の工業地域は、人件費の削減を可能にしてくれるという理由で、アントワープから届く安価な穀物を歓迎していた。かたや北部と東部をはじめとする穀物生産地域の地主は、外国の穀物の流れがいつまでもやまないと不平を言い続けた。関税は食糧の波が大西洋からドイツへと流れ込むのを食い止めることはほとんどできず、その影響を歪めただけだった。１８７９年には価格の10％だったドイツの穀物関税はのちに30％を超えたが、流入の勢いを和らげるにとどまっている。[37]

フランスの農民と地主もアメリカ大陸からくる安価な穀物に憤慨していた。１８８１年に制定されたフランスの関税は、ドイツと同じくはじめは穀物価格の約10％だったが、１８８５年と87年に引き上げられた。[38] 19世紀末、フランス、イタリア、ドイツは、港における価格の3分の1強の関税を外国産穀物に課した。フランスもドイツと同様、外国から与えられたこの豊富な資金を用いて多額のインフラ投資を行った。公共事業相シャルル・ド・フレシネが打ち出したいわゆるフレシネ計画では、農村地域と都市を結ぶ鉄道や運河を建設するため、元本40億フラン超の債券が発行されている。アメリカとロシアの穀物に課税してフランスの都市中心部と未開地を結ぶ黒い道を改良するという計画は、ドイツの場合と同じく、国家を強化するとともに農村地域からは強力な支持を集めた。[39]

穀物の力は大国の膨張を後押しすることもあるが、輸入穀物への課税はリカードのパラドックスの影響を長引かせるだけだった。ヨーロッパでは、アメリカ南北戦争末期に穀物が流入するようになって地価が下落し始め、それは19世紀末まで続いた。[40] ロシア南部やアメリカ北部の平原、またカナダやアルゼンチン、オーストラリアの東・西端では、非常に安価な小麦の刈り取りに、蒸気動力の穀物収穫機が使われ続けた。穀物栽培技術の高度化とそれによる食糧価格低下から最大の恩恵を受けたのは、1840年代から70年代にかけては労働者、そして70年代の農業恐慌後は、いわゆるヨーロッパの大国だった。これら「ヨーロッパの穀物大国」はその恩恵を利用して、国民と黄金の里程標と鉄道をつなぎ、都市と農村を結ぶ路線に補助を行い、海外では軍事的冒険を試みた。

それぞれ1879年と81年に導入されたドイツとフランスの関税は、世界の穀物が通る道を大きくねじ曲げた。ドイツは東の国境を越えてくる穀物に高い関税を課すとともに、高い鉄道運賃を払わせた。ドイツが安価な外国産穀物から得られる恩恵を自国の財源に組み込もうとすると、商人たちはドイツが外国産穀物に課した法外な運賃を回避すべく、それまでにない経路を考え出し、黒い道に手直しを加えた。ロシアの穀物商のあいだでは、高い運賃を支払わずに済ませようと、穀物を北のバルト海沿岸の港に輸送し、そこから船を使ってバルト海沿いの別の港や北海沿いの港に運ぶ者が増えていった。その結果、かつて独露間の国境を越えてドイツに直接供給されていた穀物が、今では補助金を交付されたロシアの鉄道に乗せられ、バルト海沿岸のロシアの港を出て、ドイツの港にやってくるようになったのだ。船での輸送距離が伸びたことで、ドイツに対するロシア産穀物の供給は、戦時にきわめて貧弱なものになってしまう。

新しい関税はヨーロッパ諸国が新しい高価な戦艦を建造するための収入になったが、それにとどまらず、アフリカやアジア、中東の市場を掌握しようという、よこしまな動機をそれらの国々に植え付けた。輸入穀物を穀物製品として再輸出すればドイツとフランスの関税を回避できるため、港湾都市の製粉業者らはこの抜け穴を利用した。ヨーロッパ産の小麦粉の輸出市場を見つけることができれば、かれらは安い穀物を輸入し続けることができた。小麦粉やビスケット、パスタ、クッキーなどの製粉製品を輸出すると、それらの製造に投入された穀物の量を超える関税の払い戻しを受けられたのだ。[41]このように、ヨーロッパに流入した穀物は（関税によって）ヨーロッパ諸国の軍事力の増強を可能にしたほか、（小麦粉やビスケットやパスタが帝国の領有地に輸出された場合は、港湾都市の製粉所や工場への補助金を通じて）海外での危険な行動を後押しした。その恩恵を受けたのは、小麦粉の再輸出業者と腐敗した税関、そして帝国の軍隊だ。フランス、ドイツ、オランダ、オーストリア・ハンガリー、ベルギーの港湾都市の商工会議所では帝国に広がる市場という夢が膨らんでいく。

アントワープとロッテルダムでハンガリーの製粉方法が採用されると、大西洋経由で届く安価な穀物を抑制しようというドイツの動きに拍車が掛かった。1880年代には、これらの都市ではドイツ産のものやオーストリア・ハンガリー帝国から届く小麦粉よりもはるかに安い白色小麦粉が生産されるようになった。穀物価格と地代がさらに下落したことから、ドイツは1882年秋に「第2次恐慌」に襲われる。ドイツもフランスも、1885年までに穀物関税を4倍に引き上げた。安価な穀物への対策はドイツとロシアの全面的な関税戦争につながり、それは1885年から90年にかけて激化した。1887年には、ドイツからロシアへの輸出は1880年の水準からほぼ50%落ち込んでいる。[42]

1878年頃から、帝国は外へ外へと勢いよく広がってゆき、里程標は意味をなさなくなった。もちろん、海外に植民地を求めるヨーロッパの残虐行為はこのときに始まったわけではないが、市場開放の名目で行使された暴力は1879年を境に衝撃的なまでの次元に達した。たとえばイギリスとズールー王国との戦争（1879年）、フランスのチュニジア征服（1881年）、イラン以東のカスピ海沿岸地域のロシアによる占領（1881年）、イギリスのエジプト占領（1882年）、インドネシアのアチェ王国で続いていたオランダによる戦争などがそうだ。ヨーロッパ諸国は、アジア、アフリカ、中東の全域に残忍な植民地統治機構を打ち立てた。これはアフリカをめぐる争奪戦、アジアをめぐる争奪戦、そして中東をめぐるグレートゲームだった。豊かなヨーロッパ諸国が、帝国の市場をめぐって互いに争ったのだ。

だがこうした勢力圏争奪戦には利点があるという考えは、どうやら幻想のようだった。アフリカ、アジア、中東をめぐる争いにはほとんど便益がなく費用が大きいということをもっとも声高に唱えていたのが、自由貿易派経済学者のジョン・A・ホブソンだ。彼の見積もりによると、1900年にアフリカ、アジア、中東におけるイギリスの領有地や属領とのイギリスの貿易の総額は合計900万ポンドにすぎず、「一方でこれらの領有地の獲得、管理、防衛に直接間接に関わる費用には、計り知れないほど大きな金額を要した」[43]。全体として見ると、ヨーロッパにとって最良の貿易相手国はアメリカやロシア、自国以外のヨーロッパ諸国だったのだから、アフリカや中東、アジアにおける帝国主義は、経済的にはほとんど意味をなさなかったのかもしれない。もっと言えば、関税制度が帝国拡大に悪しき刺激を与えたことを、ホブソンは完全に理解してはいなかった。

ヨーロッパの帝国は安い食糧がもたらす恩恵に応える方法を見つけ、陸海軍を動かしたが、自国の金銀を枯渇させる安い外国産食糧と戦っていたオスマンと清の両帝国から見れば、これはまったく別の話となる。清帝国の臣民、とくに港湾都市の民はカリフォルニアの小麦粉とその製品を大量に購入し、都市部の食は米や麵から饅頭(マントウ)や大餅(ターピン)へと替わった[44]。これら2つの帝国は、国際債券市場で自らの将来を抵当に入れた。オスマン帝国と清帝国はドイツ、フランス、イギリス、イタリアの諸帝国と競争するために債券を発行して恐ろしく長い鉄道を敷設し、深水港を建設し、商船団に資金を出した。両国はほとんど野放図に借金を重ねた[45]。オスマン帝国と清帝国は増え続けるインフラ建設費を支払うために外国の会社に徴税を請け負わせたが、これは危険な一歩となる。中国海関(1854年設立)は形のうえでは国際的な機関だったが、税務司はほぼイギリス人だけだった〔訳注:海関そのものは17世紀から置かれていたが、1854年に外国人が管理するようになり、中国海関が誕生した〕。黄海を渡るジャンク船は課税されたが、イギリス所有の蒸気船は免除された。また1881年に設立されたオスマン債務管理局(OPDA: Ottoman Public Debt Administration)は、イギリス、フランス、ドイツの債券保有者の選出した人員からなる機関だったが、パルヴスによれば、フランス人が最大の力を握っていたという。どちらの税務機関も独自の警察隊を抱え、国内でほぼ完璧な独立性を有していた。オスマンのスルタンにはOPDAが独占していた塩とタバコの帳簿を調べることができ、清の皇帝も国内の関税について同じ権限をもっていたが、いずれも徴税の形や方法を変えることはできなかった。中国海関とOPDAは事実上ヨーロッパが管理する徴税機関であり、国家内の国家だった。両者はオスマン帝国や清帝国の債券を保証し、これらの農業帝国が契約した債務を少しずつ返済していった。後年、パルヴスはOPDAがオスマン帝国を効果的に支配して崩壊に追いやったことを明らかにし、彼による解明はローザ・ルクセンブルクとウラジーミル・レーニンによる帝国主義の危険性をめぐる議論の鍵となった。[46]

より独裁性の強いロシア帝国は、安価なアメリカ産穀物の脅威に対して異なる反応を見せた。1895年に設立された露清銀行はオスマンや中国の機関と同じく、東方へと拡大する領有地で鉄道の旅客運賃や貨物運賃、関税を徴収するようになった。この銀行は形式上、ロシアのアジア地域におけるフランス人債券保有者の機関だったが、ツァーリが議決への拒否権を要求したうえ、あらゆる通信がロシア語で行われるよう、ロシアのセルゲイ・ヴィッテ財務相が手を打っていた。こうした機関がもつ国家内の国家という機能がロシアと清の両帝国の足かせになったことは間違いないが、露清銀行は帝国としてのロシアの利益を伸ばすことに成功した。日清戦争後、この銀行はさまざまな利害を調整し、日本が清国から獲得した領土――黄海に突き出た要所、遼東半島――を同国に放棄させるうえで一役買っている。[47]だが後段で見るように、強力な債券保有者を利用して太平洋地域での利益増進を狙うというロシアの賭けは壊滅的な失敗に終わる。オスマン、清、ロシアの各帝国は食糧の国内輸送路の強化に努めたが、独立的な徴税機関が足かせになり、第1次世界大戦頃には破滅の淵に追いやられた。1914年には、これらの帝国は崩壊、あるいはすっかり衰弱していた。

パルヴスたち国際革命を目指すグループは、ローマやイスタンブール、ベルリン、パリにあるような帝国の記念碑とは異なる世界の中心地を思い描いていた。パルヴスの記念碑は、デーンホフプラッツの記念碑から南西へ約13マイルの場所、ハーフェル川の中洲にある。ドイツの観光地図には記されていないが、興味深い柱だ。世界の中心に突き刺さった、オルタナティブかつ急進的な思想を象徴する柱。この記念碑はパルヴスの家の前にあるが、近くの看板には彼に土地を売った開発業者の名前が書かれている。パルヴスは死の前に自身に関する記録を廃棄したので、このオベリスクがパルヴスのものであることを証明するのは難しい。それでも、家の前庭にある柱はれっきとした記念碑である。何しろこれは、フランス皇帝の宮殿テュイルリーから持ち去った柱なのだから。1789年から92年にかけて革命家によって占拠されたテュイルリー宮殿は、1830年と1848年、そして1870年から71年にかけてまたも革命家に占拠され、ついには焼き討ちにあった。パルヴスにとって、残骸となったこの帝国の柱は、世界革命のための黄金の里程標であり、穀物という動力で動くヨーロッパの「大国」の終焉を示すものだった。

1924年、パルヴスはこの柱から数百フィート離れた場所で生を閉じた。だが他界する前に、フランスやドイツのどの皇帝をも凌駕するやり方で、世界の輸送路の結節点や港や首都の様相を一変させていた。パルヴスは自らの手で港や都市を変えたわけではない。しかし彼は、輸入穀物の目に見えない輸送路に頼っていた帝国が、その記念碑の威容ほどは強くないということを、同時代の人々よりもしかと理解していた。世界の回転軸を形成するのは何かの宣言でもなければ、戦闘ですらない。というより、回転軸は世界中の帝国をつなぐ道の基盤の上に立っている。そして食糧のありかや、それを兵士や市民に届けるのにかかる時間を規定しているのだ。補給に関わるこうした根本的問題が解決されない限り、帝国は飢えに見舞われてしまう。そして飢えた帝国は倒れ、あるいは革命の場になるだろう。

パルヴスは1891年に書いた論文から1895年の論文「世界市場と農業恐慌」にいたるまで、安価なアメリカ産の食糧が世界の食糧の道を変え、1873年にヨーロッパに危機をもたらしたと一貫して説いている。ベルリンに到着した1892年には、こうした自称帝国が戦艦や潜水艦の建造によって食糧の道の変化に応えたことを理解していた。とくに農業帝国――ロシア、オスマン、清、ハプスブルク――は、生き残ることができないかもしれないと見ていた。この頃は支払い用の金(きん)をもつあらゆる港に、オデーサやニューヨーク、サンフランシスコから、途方もない量の穀物が流れ込んでいたのだ。

第11章

「ロシアはヨーロッパの恥」

1882年～1909年

古代帝国の時代から帝国主義の時代にかけて、戦争は貯蔵されたエネルギーに支えられていた。最初がホレウムで、それに銀行、アシグナーツィアが続き、最後が債券だった。古代の地中海地域では、軍隊は帝国中心部を取り囲む地帯の生産性に大きく影響された。穀物は帝国の外にいる陸軍や海軍のもとに向かい、あるいは帝国の内側にあるホレウム、つまり黄金の里程標の周囲に建てられた穀物倉庫のほうにも移動した。黄金の里程標は帝国の中心であり、包囲戦が起きたときには帝都の守り手の食糧源になった。イタリアに資本主義都市国家が現れると、穀物と銀行は分離され、穀物は抽象的なものになっていく。手形が移動中の穀物を表すようになったのだ。商人が売買する手形の価格は、穀物が倉庫に到着する数週間前に上昇したり、下落したりした。エカチェリーナ大帝の時代には、アシグナーツィアが新しい種類の通貨、あるいはロシア軍の勝利への賭け金として機能した。銀行はその後も帝国の要であり続けた。銀行券は都市で流通し、銀行による約束は、港や海上に小麦粒の形で溜め込まれたエネルギーを表した。19世紀後半には、穀物を送り出すヨーロッパ近隣地域では、穀物の栽培と国家の膨張が密接に結び付くまでになっていた。ロシアでは、収穫期には飢饉と暴力が付きものになる。

1850年代には安価な食品が世界中に流通し始め、60年代には農奴制が終わった。そしてロシアの2人の財務相が、穀物の植え付けと収穫に役立つ新しい信用方法をつくり上げていく。ロシアで大規模農園を擁する小麦農家のあいだでは、耕作機械を使って草原地帯を穀物で埋め尽くし、収穫の際には大勢の農業労働者を使う者が増えていた。こうした農場主には信用が必要だが、ほどなくそれを得られるようになった。与信を可能にしたのは、アメリカの「ライン制度」――ライン・カンパニーと大規模穀物倉庫と鉄道と銀行と穀物仲買人をつなぐ制度――に似た仕組みだ。南ロシアでは、スクルプチキと呼ばれる独立代理商が、収穫の見通しに基づいて小規模農家への融資を行うことがあった。また最大規模の農園をもつ穀物農家は、都市にある大きな穀物商社の代理人から、収穫後の売り上げを見込んで与信を受けていた。1880年代に入ると、ロシアのこうしたライン制度は、成長のための融資や、穀物を海まで運ぶのに必要な輸送費を安く抑えることを可能にするまでになった。

1881年頃、ロシアの財務省はこのライン制度を改善して国家に取り込み、管理しようとした。そして鉄道のハブ駅に近い場所の農場主に信用を供与し、国際市場で鉄道債と帝国債を販売したうえ、この方法の恣意性を隠すためにきわめて欺瞞的な会計を駆使した。厳しく統制されたこの穀物送出装置は、ヨーロッパの穀物市場におけるロシアの競争力を高めた。ところが財務省の厳格な税制が農場主のわずかな資金を圧迫していたために、1891年にヴォルガ河畔で干ばつが起きると飢饉が続いた。パルヴスたちロシアの社会民主主義者はこの国の穀物流通の仕組みがいかに専制的であるかを説明し、広く訴えようとしたが、それはちょうど、財務省が前代未聞の大胆な構想を始動させようとしていたときだった。シベリア経由で遼東半島にいたる鉄道を、穀物の力を活用して敷設するという構想だ。しかし日本帝国がロシアの膨張を押し返す決意を示し、危機が訪れた。日本の軍事介入とロシアの屈辱的な敗北は、この国を革命に駆り立てていく。

穀物を土台に膨張するロシアに資金を用立てたのは、どこあろうロシアのかつての敵、共和国フランスだった。フランスの協同組合的な金融機関は支援先に飢えていた。この国の協同組合銀行は、1870年のドイツによる侵攻と戦争から国を守ることこそなかったが、皇帝が退位して国家がふたたび共和国になるや、万全の体制を整えて速やかに復興をもたらした。ドイツ帝国が自国の仕掛けた戦争に対する賠償を求めてきたが、賠償金支払いのための債券はフランス市民のおかげですぐに申し込み超過になった。フランス国債を保有するフランス市民は、1870年時点では約130万人だったが、6年後には440万人に達している。保有者の大半は首都パリの人々だった。[1] フランス共和国は敗戦後、おもに自国民の貯蓄と投資銀行に助けられて強国になった。この国ではドイツに復讐したいという願望は強かったが、ロシア皇帝との同盟は多くの共和主義者の怒りを誘った。

ただ余剰資本をどうするかという重要な問題があり、フランス共和国は長期投資に対する市民の情熱を吸収し尽くすことができていなかった。フランスの投資家の海外資産は1850年時点で国民所得の53％にのぼり、これはイギリスの国民所得に占める海外投資の割合よりも高かった。1890年には、フランス人の海外投資は国民所得の110％に達している。[2]

ロシア帝国はフランス共和国を軽蔑していたが、投資を呼び込む必要はあった。ロシアはフランスと違って民間銀行がごくわずかしかなく、それらの銀行は取引のための資本を調達するのに苦労していた。農業恐慌が起きた1870年代に、ツァーリは銀行の設立許可を与えるのをやめているが、それ以前から銀行は少なかった。[3] 18世紀の終わりにはオデーサを中心とする穀物市場が形成されたが、1861年の農奴制廃止の影響が長引き、この市場は根本的に変わった。ツァーリの農奴解放計画では、農奴が自身の自由と土地の代金を金銭で支払うものとされていた。農民はそのために穀物を売るしかなくなり、多くの場合、自らの労働を売るはめに陥った。この変革の受益者は、読み書きができ、機械化に前向きな一握りの農業従事者だった。かれらは何百人もの労働者を使って、ステップの風景をつくり替えていった。[4]

ヘルソン県のユダヤ人農場主ダヴィード・レオンチェヴィチ・ブロンシュテインも、そんな穀物農家のひとりだった。草原地帯に250エーカー超の土地を所有し、さらに近隣の地主たちから400エーカーを賃借りしていた。十数年後、息子はレフ・トロツキーと名乗ることとなる。父ブロンシュテインにとって、熟練した産業労働者のほとんどいない地域で数十万ポンドの小麦を育て、収穫し、販売するには資本が必要だった。おそらく突出して大きな費用を要したのが、農機具加工場の運営だった。トロツキーが生まれたときは道らしい道のなかった草原の真ん中で、トラクターや馬用そりを修理し、鋤を研いでいた加工場は、半機械化された農場の中枢だった。農業を営むユダヤ人はほとんどいなかったが、ダヴィード・ブロンシュテインの両親は農奴解放の頃に農業を始めていた。ウクライナの富農の多くは新来定住者で、出身はさまざまだった。もっと北のほうから来た元農奴もいれば、1世紀前にドイツでの宗教的迫害を逃れてきた「ロシア・ドイツ人」もいたし、養蜂や牧畜をやめて穀物の生産を始めたコサックもいた。南ロシア（現在のウクライナ）は、ロシアの他の地域とはかなり違った。この地方の草原では、1861年の農奴解放の前から、農業従事者の3分の2以上がすでに自由人だった。[5]

ロシアの草原にいたこれらの営農者は、成功して大草原に芝土（しばつち）の家を建てたアメリカの営農者兼手仕事人にいくつかの点で似ていた。ロシアの草原には木がほとんどなかったため、生い茂る草のなかにいた農業者もまた、木を使わずに家を建てねばならなかった。トロツキーによると、ブロンシュテインの農場には「高さ数百フィートの巨大な小屋が2軒あり、1軒は葦で、もう1軒はわらでつくられていたが、いずれも壁がなく、切妻屋根が地面に接していた。これらの小屋のなかに収穫したばかりの穀物が積み上げられ、そこでは男たちが雨の日や風の日に唐箕（とうみ）やふるいを使って作業していた。小屋の向こうには脱穀場があった。また窪地（くぼち）を隔てたところには、壁を乾燥した畜糞（ちくふん）でつくった牛舎があった」[6]。

トロツキーは、ウクライナの平原にあった自分の最初の家のことを「ロシア的なアメリカ」と、また父親の農場のことを「小麦工場」と表現している。[7] このような富農階級はクラークと呼ばれていた（ロシア語の俗語で「握りこぶし」を意味する）。ロシア帝国の経済学者は、こうした人々を「経済的に強い農民」と呼んだ。称号も農奴ももったことがない者が多かったからだ。[8]

このような農場主は労働力も必要としていた。クラークは毎年、数十万人の若い農民を雇っていた。そのなかには1861年の農奴解放で得た土地の代金の完済を目指す元農奴もいる。かれらは息子や娘も連れてきた。毎年5月にヘルソン県北部の農場を離れて4か月、移動しながら南部の県で収穫に携わった。トロツキーは当時を振り返る。「かれらのなかには、一家の長い行列を率いている者もあった。故郷の県から徒歩で歩き、丸1か月のあいだ硬くなったパンの皮をかじってしのぎ、市場で寝泊まりしつつ移動した」。アメリカ中西部の土地なし労働者のように、こうした人間「収穫機」（アメリカではこう呼ばれた）は、実を結ぶ穀物のあとを追って移動し、遠く離れた市場に送るために刈り取りを行い、まとめて束にした。[9] トロツキーによれば、ロシアの「収穫機」が寝起きする場所は明らかに間に合わせのものだった。「かれらは、天気のよいときには戸外を家にし、悪いときには干し草の山に避難した。昼食には野菜スープと粥、ふだんの夕食にはキビのスープを食していた。肉は食べない。脂肪は植物性のものしか摂取しておらず、しかも少量だった」。収穫機はしばしばストライキを行ったが、効果はなかったという。「父は酸乳やスイカ、あるいは魚の干物を半袋分渡した。するとかれらは仕事に戻った。しばしば鼻歌を歌いながら。どこの農場でも、そんな状況だった」と、トロツキーは弁解がましく書いている。そして収穫機は、10月1日になると家に戻っていった。[10]

クラークは機械の代金や労働者への支払いのために、倉庫業者や銀行などの金融仲介業者による融資への依存を増していったが、ロシアの金融基盤は他のヨーロッパ諸国やアメリカとは異なり、最低限の水準にとどまっていた。ロシアでは、識字率がきわめて低かったこともあり、仲介業者が大勢いるだけで銀行業は非公式なままだった。オデーサの貸金業者スクルプチキ——その多くはユダヤ人——は、信用の鎖の1番目の輪だった。収穫前に南ロシアの農村へと向かい、収穫前の段階で農家にルーブル紙幣を手渡した。貸金業者はオデーサやミコライウ、ロストフ・ナ・ドヌー、セヴァストーポリに小麦を運ぶための費用を支払い、その手配を取り仕切った。

業績の好調な倉庫の所有者は、鎖の2番目の輪だ。倉庫業者はスクルプチキに融資を行い、収穫期が近い小麦や輸送中の小麦の倉荷証券を発行した。この倉荷証券は先物契約書に似てはいたが、はるかに統一性がなかった。倉庫業者は証券の公開市場取引を行うのではなく、商業銀行に持ち込んで追加の融資を得たが、1880年代までこの証券には契約書としての強制力がなかった。ダヴィード・ブロンシュテインのようにとりわけ裕福で読み書きのできる農業者は、スクルプチキの頭越しに倉庫業者と直接取引しただろうし、数千ブッシェルの穀物を持っていたならオデーサの仲買人と取引したはずだ。

倉庫業者は33ポンド入りの穀物の袋10個を1単位として（この容量を1チェトヴェルチと呼んだ）仲買人に販売し、仲買人はそれをオデーサなどの黒海沿岸港の電信局の近くに常駐する穀物商に売った。1865年頃から、ルイ・ドレフュス社やJ・ブンゲ社、そしてベルリンのM・ノイフェルト社をはじめとする多くの穀物商が、都市に近い場所の倉庫を購入して仲買人と倉庫を迂回するようになった。

穀物商、仲買人、倉庫業者、スクルプチキ、農場主からなる購買者の鎖はアメリカのそれよりも長かったが、進取性に富む穀物商や仲買人なら、価格が上昇した場合や手持ちの量が少なくなった場合に、1段階か2段階を省くこともできた。冒険心のある仲買人が、農村まで足を運んで大規模穀物農家に会うこともあったかもしれない。時には穀物商が代理商の役割を果たした。こうした取引は、オデーサのブルス、つまり商品取引所で行われることもあった。オデーサの商品取引所は現地契約価格の設定に役立ちはしたが、取引所としての権威はシカゴ商品取引所ほど強くはなかった。オデーサ商品取引所はシカゴのそれと同様、100件以上の取引に基づいて日次価格を公表していたので、その日の価格の前後で契約することが可能だった。[11]

大勢の買い手と売り手からなるこのシステムによって、リスクは分散された。取引関係者は安定した金利とルーブルに依存していたが、1870年代の激しい競争のなかで、その安定は損なわれてしまった。オデーサで最大の銀行、モスクワ貸付銀行は、穀物がさらに売れるものと見込んで地主貴族に融資を行っていた。ところが1873年に価格が急落して、75年に同銀行はとうとう廃業し、全国で銀行が次から次へと破綻した。モスクワ貸付銀行が出した損失でもっともひどいのが、鉄道事業家のビーテル・ヘンリー・シュトロウスベルクへの巨額の融資だ。シュトロウスベルクはロシアの南部・西部から北上してプロイセンの港ケーニヒスベルク（現在のカリーニングラード）まで穀物を運ぶ鉄道路線を一部だけ完成させていた。ロシア帝国は景気後退の罪を誰かに押し付けるべく、シュトロウスベルクを逮捕すると、自らの信用を過大に見せて不適切な貸借対照表を公開した罪で裁判にかけている。ロシアにおける銀行破綻のニュースが広まるにつれて、ルーブルの価値は下落していった。譲渡可能な倉荷証券や契約書などの保有者は、預金銀行が破綻したためにこれらを譲渡できなくなった。穀物を購入した一部の人はルーブル下落の恩恵を受けた。だがルーブルが下落し続けると、オデーサの富裕層は金（きん）を溜め込み、金融危機後のロシアで穀物貿易から信用を吸い上げ、10年以上にわたってルーブルの価値を下落させた。[12]

ロシアの銀行は1880年代になるまで、アメリカの銀行のように穀物取引の金融仲介者を務める水準には達していなかった。ロシア銀行は中央銀行だったが、1860年代にロシアで認可された銀行は主として貴族を相手に不動産担保融資を行っていた（もっとも、貴族の土地の売却を制限する法規があったことを考えると、いささか滑稽な話ではある）。倉庫業者と仲買人は手形を担保に融資を受けることが可能だったが、クラークは対象外になることが多かった。ロシア銀行の持論は十分に健全なものだった。それは、農奴が解放によって得た土地の代金を支払い、貴族がその代金でロシアの銀行に資本を積み上げてゆき、それが土地の改良に充てられる、という考えだ。ところが実際には、地主貴族は1870年代から80年代にかけ、とんでもない額の負債を抱えて破産した。銀行は何十人もの貴族の不渡り手形を、銀行の扉に文字どおり釘付けした。1873年を境に、何千もの地所の所有者が替わった。信用上の問題はあったものの、土地の市場は活況を呈した——地価は1873年から90年にかけて4倍になっている。この総入れ替えによって、トロツキーの父のような農場主の一部は大土地所有者になりおおせた。ロシアには1860年代に新しい銀行が登場していたのだが、銀行恐慌でほとんどが破綻した。この恐慌は1872年にオデーサで始まり、73年にヨーロッパに広がった。[13]

だが農業恐慌がまさに底を打った1883年、もっとも必要とされる人物が現れた。より具体的に言うと、ロシアの2人の学者が帝国の財政運営を引き継ぎ、ウクライナにいるロシアのクラークに信用を供与したのだ。1883年以降、2人は5％超の利益が見込まれる債券を熱心に探すフランス人銀行家に連絡先を知らせることを続けた。イワン・ヴィシネグラツキーとセルゲイ・ヴィッテ。かれらの経歴を知れば、ロシア帝国が金融崩壊から（不安定ではあれ）急速な成長へと移行できた過程を理解できるだろう。

イワン・ヴィシネグラツキーは、非貴族の出身で財務相になったロシアで初めての人物だ。神学校で教育を受けたのちに教壇に立ち、ヨーロッパで数学と物理学を学び、その後サンクトペテルブルクに戻って機械工学の教授になった。火砲や蒸気機関、積荷技術を専門とするヴィシネグラツキーは、その街で行われる主要な土木事業において、なくてはならない助言者となる。[14] 1878年に南西鉄道社に入り、セルゲイ・ヴィッテに出会った。貴族の出身で、背が高く体格のがっしりしたヴィッテも数学と物理学を学んでおり、当時は南西鉄道で管理職を務めていた。

貴族のセルゲイ・ヴィッテは皇帝との縁故があるなど、ヴィシネグラツキーに比べて境遇に恵まれていた。1877年から78年にかけての露土戦争では、ミハイル・チェルニャエフ少将の率いる義勇兵部隊（実際はセルビア人民兵を装ったロシア兵）を草原伝いにロシアの港へと運んだ。自らは戦わなかったが、鉄道規則を曲げて前線に兵士を、次に食糧を速やかに送った。そのことでヴィッテは軍部に勲章を授与され、皇帝に注目されている。終戦時には新たに設立された南西鉄道社の事業管理者になった。同社はかつてシュトロウスベルクが途中まで建設していた、オデーサとケーニヒスベルク、他のバルト海沿岸港とを結ぶ路線を引き継いだ民間企業である。ヴィッテは1881年に南西鉄道社の役員に就任、黒海沿岸やバルト海沿岸を経由して外国に運ばれる穀物輸送の大半を管理するようになった。[15]

ヴィシネグラツキーとヴィッテはともに、アメリカとの過酷な競争でロシアがまともに戦えるよう穀物輸出の強化に努めた。アメリカの鉄道会社は西部の小麦や南部の綿花を運ぶために積極的に運賃を下げており、ヴィッテは彼の言う「鉄道王」、つまりアメリカとヨーロッパの鉄道事業者を忠実にまねながら、その手法を覚えていった。

1881年にアレクサンドル2世が暗殺されて大臣委員会が混乱に陥り、それに対する反動が起きると、ヴィシネグラツキーとヴィッテの立場はがぜん有利になる。1882年5月、ツァーリは「戦時措置法」として「5月法」を制定した。のちに恒久法になったこの法律は、ユダヤ人に対し、どこのギルドにも所属せずに農村部に移動したり、商業に携わったりすることを禁じるものだ。しかもそれらのギルドには制約が設けられていた。この法律の制定からまもなく、ツァーリはギムナジウムや大学に入学するユダヤ人の割合を全体の5％に制限する。サンクトペテルブルクとモスクワについては3％だった。帝国はほかにもさまざまな手段を使って、ユダヤ人をロシアの社会や商業活動から締め出そうとした。そして5月法の悪質な解釈を通じ、農村部のユダヤ人が転居したり、子どもに土地を与えたりすることを禁じもした。[16] 財務相を務めていたニコライ・ブンゲは当初、農民の権利を縮小したり、ユダヤ人の経済活動を制限したりする保守派の企みやさまざまな変更に強く反対した。農民に信用を供与するために土地銀行を創設しさえした。ところが1887年に、貴族の所有地への課税によってロシアの財政難を解決する案をブンゲが出すと、大臣委員会にいた保守的な貴族が彼を辞任に追い込んでしまった。ヴィシネグラツキーはその後任として申し分なかった。彼はまず、1961年の農奴解放とユダヤ人解放の撤回を声高に求める保守派、いわゆるクワス愛国主義者と戦略的に手を結び、サンクトペテルブルクの保守的な貴族の注目を集めた。保守派は、農民にはむしろ課税すべきだというヴィシネグラツキーの考えを歓迎し、かたや自由主義者は、鉄道や工学、港湾建設に関する彼の深い知識を高く評価した。

ヴィシネグラツキーが財務省に移ると、ヴィッテは南西鉄道で獅子奮迅の働きをした。穀物の長距離輸送の運賃を大幅に割引し、収穫された穀物を迅速に国境地帯へと運ぶために運行計画を再編した。南西鉄道の運営する路線は1500マイル（ロシア全体のわずか10％）だったが、1883年には実に1万3862台の貨車を走らせている。これはおそらくロシア帝国にあった貨車の総数の半分に相当する。[17] 南北戦争期のアメリカのように、ロシアにおける政治権力の焦点は、行政府（この場合はツァーリ）から帝国の補給路の形成に関わった商人や土木技師に移っていった。ヴィシネグラツキーが堕落した策士サイモン・キャメロンのロシア版だとすれば、ヴィッテは独占的なシステムを構築したトマス・A・スコットのロシア版だった。

パルヴスたちユダヤ人をギムナジウムや大学から追い出した法律は、ユダヤ人が農村地域で新しい不動産を購入したり賃貸したりすることも禁じていた。小麦取引に関わるユダヤ人の貸金業者は、もはや農村の土地を所有するどころか賃貸すらできず、収穫前の穀物を事前に確保することが難しくなった。またユダヤ人商人は、鉄道沿線の町にある重要な倉庫を所有することも賃貸することもできなくなった。5月の危機を経た1883年、ヴィッテは「貨物輸送のための鉄道運賃の原則」という味気ないタイトルの有名な論文を書いた。そのなかで、ロシア帝国の拡大は自社のような私鉄会社を放任することによって可能になると述べている。だが輸送運賃の管理を鉄道省からヴィシネグラツキーの財務省に移したならば、財務相は鉄道料金を選択的に変更して、ロシアの穀物輸出を後押しし、外国の製造業を妨げることができる、と付け加えた。これはアメリカとプロイセンでうまく機能した方法だ。

1884年、ヴィッテは農村にいたユダヤ人スクルプチキの追放を試み、小麦の供給網に対する鉄道の影響力をさらに強めようとした。まず、穀物栽培者に対する鉄道会社からの直接融資を開始し、スクルプチキに正面から挑んだ。つまり鉄道に貸金業者、穀物商、運送業者の役割を一括して担わせることにより、これを農業恐慌の際に不安定化した信用の鎖と取り替えようとしたのだ。[18]かたやアメリカでは、シカゴ、ミルウォーキー、グランドラピッズ、バッファローなどの供給地に貯蔵施設が誕生して競い合っていた。激しい競争から、ジョージ・アーマーやアイラ・V・マンのような、他社とは比べものにならないほどの穀物倉庫業界の大物が生まれた。鉄道が勝利を収めた地域もあれば、ABCD（先述の穀物メジャー）が勝った地域もある。また自らの扱う穀物とその保存方法を深く理解する起業家が勝利を収めた地域もあった。これに対して、ヴィッテは競合相手になりうる者を締め出すことにほぼ成功した。ヴィッテは反ユダヤ主義的であるだけでなく、所有欲も強かった。彼はロシアの草原地帯から黒海へといたる穀物輸送路の掌握を愛国的な義務と見なしていた。ロシアに入ってくる外貨は、すでに1870年時点で、その半分以上を黒海経由での小麦輸出による収入が占めるまでになっていた。またバルト海沿岸のドイツの港ケーニヒスベルクに向けて北上した穀物による収入も、かなりの割合にのぼっていた。この鉄道会社の事業管理者ヴィッテは、両方の輸送路の運用を担っていた。[19]

ヴィッテによる南西鉄道の再編のおかげで、ヨーロッパとロシアの西・南部の県とを結ぶ国際的な穀物の道は短くなった。それによってウクライナの肥沃な畑がふたたびロシア帝国の心臓部を占めた。きれいに整理された鉄道網は貨物の動きを円滑にし、農場と港のあいだの輸送費を押し下げたが、これはアメリカの穀物輸出システムの、専制体制による模倣と言える。南西鉄道は穀物の生産者に融資を行い、穀物の荷降ろしに専用車両を使い、主要港に大規模穀物倉庫を配置した。[20] 1880年代には、ヴィッテにとって事実上の競争相手と言えるのは、ウクライナ中心部で農家と契約を結び、自社の大規模穀物倉庫を置いていたルイ・ドレフュス社とブンゲ社だけとなった。ヴィッテは、何世紀も前にヴァイキングとギリシャ人を結んだ「ヴァリャーグの道」に沿って、ロシアの「背骨」をつくり出した〔訳注：ヴァリャーグはスラヴ語でヴァイキングを意味し、古い史料には、その一部がキエフ大公国を形成したと書かれている〕。ヴィッテのルートは、オデーサを出てキーウ、ブレスト・リトフスク、ケーニヒスベルク（ドイツ）を経由しリバウ（ロシア）にいたる、緩やかなS字形をしていた。11世紀から18世紀にかけてロシアで決定的な役割を果たした古い食糧輸送路ヴォルガ川は、このルートに比べるとあまり重要ではなくなる。[21]

ロシア帝国の穀物輸出を掌握するというヴィッテの企みはクーデターであったとは言わないまでも、鉄道の運行計画さながらに、計算され尽くした精度の高いものだった。1887年、ヴィシネグラッキー財務相は、ロシアの恥ずべき予算問題を解決するため、穀物輸送の運賃を引き下げた。この頃ロシア帝国は、農業恐慌と1877年から78年にかけての対トルコ戦争に起因する赤字を抱えており、その規模は5200万ルーブルに達していた。前任者は貴族の支払う驚くほど低い資産税の引き上げを主張していたが、ヴィシネグラッキーは農民と都市への課税を増やした。またアルコールやタバコ、ナフテン〔訳注：石油に含まれる成分〕、印紙に新しい関税を課し、新しい商業免許や都市資産税を設けた。また身内の財政委員会の反対を押し切ってバルト海沿岸にあるロシアの港湾の深化工事に資金を投入し、輸出を大幅に増やそうとした。[22]

さらにヴィシネグラッキーは、アメリカやドイツの事例にならい、関税を利用して国家財政の強化を図り、銑鉄、鉄鋼製造用コークス、船に対する関税を引き上げた。だが関税率が高すぎた。関税によってイギリスとドイツの安価な工業製品を締め出すことはできたが、輸入も減速してしまったため、この施策はほとんど収入につながらなかったのだ。だが1888年半ばには、ヴィッテの築いた信用システムとヴィシネグラッキーによる鉄道運賃の調整が機能し始める。穀物輸出が大幅に伸び、それが鉄道収入の急増につながったのだ。[23] ロシア国家の恥ずべき大赤字は、2年のあいだにほぼ5000万ルーブルの黒字に転じた。[24] それからまもなくして、ロシア政府は1870年代に売却した鉄道を買い戻す。[25]

ヴィッテは国家権力をてこに、ロシアの穀物を外国の買い手に向けて押し出し続けた。1889年にロシアとドイツの両帝国が鉄道輸送料金の相互割引に関する合意をすべて終了させると、穀物はバルト海沿岸と黒海沿岸のロシアの港を経由するようになった。ロシアの財政赤字が黒字に変わるとルーブルは一時的に安定し、ヴィッテはロシアに金本位制を取り入れるために必要な時間をかけられるようになった。ヴィッテとヴィシネグラツキーはともに、鉄道を基盤にしたロシア帝国の穀物輸出システムによって流れを生み出した。2方向に流れる小麦の素晴らしい流れができた一方、新しい収入が小麦とは逆の方向に、ロシアの新しい背骨とも言うべき南西鉄道に沿って流れてくるようになったのだ。[26]

ドイツとイギリスの両帝国はロシアの新しい関税に危機感をいだいたが、やはり工業製品と農産物に高い関税をかけていたドイツには、不平を言う根拠はほとんどなかった。だが1887年、ヴィシネグラツキーが課した鉄への関税に対抗して、ドイツの宰相オットー・フォン・ビスマルクが自国の資本市場からロシアを締め出した。ロシアは、ベルリンやハンブルクの公開取引所で鉄道株や国債を売ることができなくなった。この破滅的な決定は、ロシアとドイツのあいだに形成されていたさまざまな投資関係を断ち切ることになった。これは、第1次世界大戦の勃発につながった金融措置のなかでもっとも重要であったと言われる。[27]こうした輸入の遮断や輸出の奔流、そして倉庫業者との競争を抑制する試みは、数年のあいだ見事に機能した。そして1890年の冬が訪れ、ヴォルガ川に沿って風が吹いてくる。

ロシアの平原で育つ冬小麦は通常、雪の毛布に守られ2か月をしのぐのだが、1890年の冬には干ばつのせいで降雪が少なく、厳しい東風が積雪を吹き飛ばした。冬の寒さによる枯死(こし)に、春の干ばつが続いた。この干ばつはとくに過酷なものだった。というのも、例年ならば雪解け水が雨と組み合わさって、小麦やライ麦の春と冬の植え付けの際に養分になっていたはずだからだ。過酷な乾燥した冬に春の干ばつが重なり、ロシアの古い貿易路に当たるヴォルガ川地域はきわめて大きな打撃を受けた。ロシアの中核農業県における作物収量は、前年比で50〜75％もの減少を見た。[28]

ヴィッテが西部地域の信用機関と穀物貯蔵施設を束縛していたことは、このとき手痛い報いをもたらした。それまで東部の大土地所有者は、不作に対処し、来季の植え付けに備えるために、毎年収穫物の10％を残しておくものとされていた。ところが1891年春の収穫後、ヴォルガ川地域の小麦とライ麦は北のバルト海沿岸の市場に向かう蒸気船に積み込まれ、倉庫は空になった。穀物の販売から得られた金銭の多くは、借金の返済やヴィシネグラツキーが設けた新税の支払い、また解放農奴の場合は償還の支払いに使われた。ロシアを支える西部地域でヴィッテの鉄道会社が大規模な倉庫を管理下に置いていたうえ、5月法がユダヤ人による倉庫の所有を禁止していたために、穀物を保管しておく金銭的インセンティブはなく、むしろ障壁が多い状態だった。ロシア東部の旧来の農村にある倉庫にはほとんど何もなく、次の季節の植え付け分にも事欠くほどになった。[29]

ヴィッテとヴィシネグラツキーは当初、ツァーリたちが過去7世紀にわたって用いた方法で不作に対処した。被害地域への融資と減税だ。ただ、ヴィッテが穀物ではなくルーブルによる融資を行おうとしたため、ロシアのライ麦価格は国際価格よりも速く上昇した。そして農民と農村労働者はその被害を受けてしまう。ヴォルガ川地域の農民は昔から販売用の小麦と自家消費用のライ麦を植えていたので収穫不良は収入減につながり、ライ麦の備蓄の減少はライ麦価格の急騰をもたらした。これにより、1891年にはほとんどの農村労働者の食費が実質的に3倍に跳ね上がった。[30] 同年春には、農民はわら葺き屋根を下ろして馬の餌にし、子どもを街にやって路上でパンの施しを受けさせ、ついには自分の馬を食べるまでになった。不作のときに農民がとっていた昔ながらの解決策は、ライ麦のあいだに生えているレベダ（ハマアカザ）を引き抜くことだった。少量のレベダをライ麦に混ぜて挽くと、満腹感こそ得られるが、黒ずんでおいしくない、しきりに胃を刺激するパンをつくることができる。これを数日以上続けて食べると腹を壊し、免疫システムを弱らせる。そのためか、飢餓のあとにはコレラが発生した。17県に住む３５００万人のうち、50万人が飢餓やコレラの直接間接の影響で死亡し、国勢調査にはっきり表れるほど深刻な人口減少が起きた。[31]

この事態については、さまざまな非難が浴びせられた。森林破壊のせいにする人もいれば、黒土を深く耕したのがいけないと言う人もいた。飢饉を間近に見たレフ・トルストイ伯爵は、鉄道に非難を向けている。鉄道は農民から自然の恵みを取り上げたのだとトルストイは言う。農民は小屋に保管していた穀物を鉄道事業者に与えてしまい、それは車両に置かれたままだ、と。この論文のロシア内外での出版は、検閲官に阻まれた。[32] 結局、１８９１年の飢饉についての非難の大半はヴィシネグラツキーに浴びせられた。新聞は、ヴィシネグラツキーの設けた新しい税金や現金による救済――どちらも強力な要因なのだが――ではなく、ロシアのライ麦輸出を停止するまでに時間がかかりすぎたことを批判した。もっとも残酷で皮肉なのは、口のうまいセルゲイ・ヴィッテが、ヴィシネグラツキーは脳卒中の発作を起こしたのでその職を続けることができないとツァーリに告げ、かつての後ろ盾からその地位を奪ったことだ。ロシアは追加の借り入れを行わなければ混乱を解決できない、とヴィッテは述べている。また、自分は他人が失敗した場所で「健全な企業精神を燃やし」、

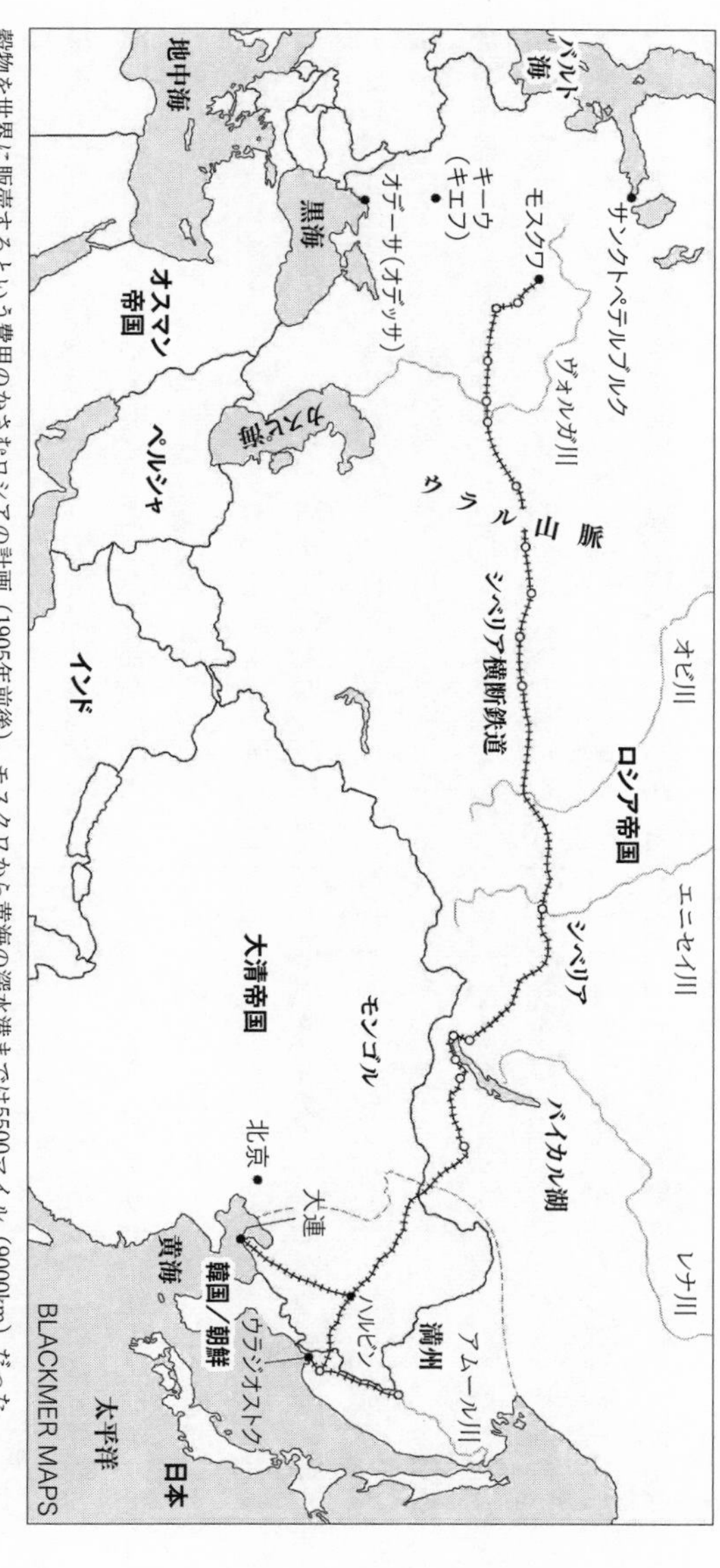

穀物を世界に販売するという費用のかさむロシアの計画（1905年前後）。モスクワから黄海の深水港までは5500マイル（9000km）だった。
作成：Kate Blackmer

成功を収めてみせると語った。[33]

ヴィッテは鉄道への新たな融資を得るため、フランスの銀行に接触することを提案した。ロシア帝国はクリミア戦争の頃から価値が不安定だった国債に頼るのをやめ、クレディ・モビリエの採用した方法で鉄道債を発行した。これで皇帝の印章（ツァーリの「債券」であることを意味するもの）は不要になった。債券は、アメリカでは債務不履行に陥った1840年代、ロシアでは債務不履行に近づいた1854年を境に、まったく違うものに変化していた。というより、企業の「債券」は、たとえば線路や車両、車庫といった物的資産が担保になりうることを意味した。こうした社債のおかげで、ユニオンパシフィック鉄道とセントラルパシフィック鉄道はアメリカで数百万ドルを調達でき、フランスによるスエズ運河建設計画でも巨額の資金を集めることが可能になり、同国によるパナマ運河建設も順調に進んでいる印象を醸し出した（結局フランスの土木技師たちは完成させなかったのだが）。いずれの場合も、帝国はもはや債券を保証していなかった。その代わり、企業自体の担保となる資産がなんらかの形で約束や印章の役割を果たすようになった。[34]ヴィッテは、アメリカで完成したばかりの大陸横断鉄道に似た鉄道を敷設する構想を打ち出した。シベリア横断鉄道を建設することで、シベリアでの穀物栽培を可能にし、ウラジオストクや、可能ならば満州（現中国東北部）の他の場所にも不凍輸出港をつくれるかもしれないと考えたのだ。フランスでは都市部の年金受給者の退職資金に使える債券を必要としていたので、この国の人々はロシア帝国の国債や鉄道債、銀行債を買い取るものと思われた。ところが債券価格が低迷し、ヴィッテはクレディ・モビリエがニューヨークで、アメリカ南部の鉄道会社が南部で行ったのと同じことをした。そう、経済紙に賄賂を贈って鉄道会社の見通しに関するちょうちん記事を書かせたのだ。パリの経済記者にヴィッテが支払った金額は数百万フランにのぼる。[35]

ここでパルヴスがふたたび登場する。パルヴスは、ロシアの飢餓に対する革命的な反応を引き起こすためには革命家がニュースの担い手にならなければならないことを認識していた。政治経済学とメディア学の研究者であるカール・ビュッヒャーから教えを受けたパルヴスは、ニュースの報道が太古の昔から行われていたことを学んでいた。ビュッヒャーによると、ニュースというものが初めて報じられたのはおそらく古代ローマだった。元老院議員が読み書きのできる奴隷に対し、元老院の会合に出席して重要な情報を備忘録にまとめるよう求めたという。やがて奴隷たちはそれぞれの属州で備忘録を声に出して読み上げるようになり、他の元老院議員や市民に情報を伝える役割を果たした。そして元老院での出来事を語った奴隷が、少なからぬ力を得るにいたる。ユリウス・カエサルはこの情報の流れを統制するために掲示板の作成を考え、はじめはローマに、のちに属州にこれを立てさせた。元老院でのやりとりについての公式報道を行って、奴隷による報告をかき消そうとしたのだ。[36]

この場合、「知識人」であるローマの奴隷は第一に解釈者だったが、それだけでなくある意味で立法者のような役割も果たしていた。元老院での意見対立のニュースを伝えるだけでなく、それを筋道立ててまとめたからだ。一部の学者は、「解釈者としての知識人」から「立法者としての知識人」への転換が起きたのは啓蒙主義の時代だと述べているが、ビュッヒャーがこれを知ったら、そんなことはありえないと言うだろう。[37] ニュースを広めて政治勢力を動員することは、ローマ人の時代から行われてきたのだ。ロシアのシステムにおいては、立法者はもちろんツァーリだった。だが帝国の能力を強化し、導きの光になったのはセルゲイ・ヴィッテだ。そして鉄道を土台に帝国の拡大を続けるというヴィッテの考えたシステムは、ニュースの管理という弱点を抱えていた。

パルヴスは、ヴィッテの泣きどころを正確に把握していた。パルヴスの言葉を借りると、「全世界の目を引き付ける絶対主義の誇示」は脆弱なものだった。だからひとたび危機が訪れるや、「強大な皇帝も金メッキを施したがらくたも一瞬のうちに一掃される」と考えられた。[38] ヴィッテはパリの取引所、とくに債券市場に届くロシア関連のニュースを管理せねばならなかった。数万人にのぼるフランス人投資家のロシア鉄道債に対する選好の有無は、起債のたびに支払わねばならない金利に直接の影響を及ぼした。「金メッキを施した」ヴィッテの債券が不良なのではないかとの疑念をもたれれば、その金利は上昇する。「大飢饉は偶発的な現象などではなく、破壊と解体の長期にわたるプロセスの結末なのだ」とパルヴスは述べている。[39] ロシアでの飢饉を境に、パルヴスは識字能力を高めつつある数十万人の労働者に向けて、ロシアやオスマン帝国、そしてアジア全域に関するニュースを整理し、解釈し、説明する達人になっていった。

1895年初頭、パルヴスはライプツィヒに移り、社会民主党の資金で発行されていた日刊紙『ライプツィヒ民衆新聞』の記者兼主筆になった。そして何か月もしないうちに、『ザクセン労働者新聞』に誘われた。明快かつ鮮やかで親しみやすい形に記事をまとめたパルヴスは、労働者階級の読者にとって、ザクセンの外の経済世界に関する理解の窓口になった。それまでの新聞は労働組合の会合を報じる退屈な記事で埋め尽くされていたが、パルヴスは1860年代のアメリカ産穀物の侵略以来、国際資本主義がどのように進化してきたかを説いた。その説明のために彼は帝国と資本主義のつながりについて、興味深い記事を書いた。それは従来にない国際経済学の議論で、後代に世界システム論となる。世界システム論については、のちにイマニュエル・ウォーラーステインが詳しく説明している。この理論では、ヨーロッパにある資本主義の中核が、労働者を酷使して「低開発」を生み出す強力な独裁国家を経済的周辺に生み出して利益を得る、という資本主義システムを提示している。[40]

冷酷な搾取者であるロシアの必然的な崩壊を説くパルヴスの記事は、この世界システム論よりも劇的で具体的だった。パルヴスはこんなことを述べている。いわく、アメリカの仕掛けた穀物をめぐる競争とそれに続く農業恐慌は、ロシアの急速な産業発展を妨げた。また1877年から78年にかけての露土戦争は代償が大きく、問題を悪化させただけだった。ところが1881年にアレクサンドル2世が暗殺されたことで、後継者のアレクサンドル3世はヴィッテを筆頭とする産業界の利害代弁者と手を結ぶはめになった。ヴィッテはツァーリとブルジョアジーの利益を調和させ、アジアにつながる鉄道の積極的な拡大（最終的には失敗に終わるのだが）に向けて両者の背中を押した。それにより、ロシアは領土拡大戦争（いわゆるアフリカ争奪戦やアジア争奪戦）で産業ブルジョア階級と結託するイギリス、フランス、ドイツの諸帝国とまったく同じ行動をとることになってしまった。戴冠式が行われた1896年5月、ニコライ2世は「ブルジョアジーの皇帝」になった。だからロシアの崩壊は近いのだ――このようにパルヴスは読者に向かって断言した。そしてロシアの傍若無人な膨張に終止符を打つものは戦争以外にありえない、と。資本主義の危機は必然的に革命をもって終わるというカール・マルクスに、彼は同意していなかった。まず戦争が起こり、革命はその次に起こるものだと考えた。[41]

パルヴスは状況に合ったドイツの俗語を素早く見つけ、面白おかしくも明確な表現を使って執筆した。たとえば抵当に入った農地を公費で買い取るというドイツ社会民主党の農業プログラムはあまりに平凡で、「ストーブの後ろの犬の関心を引く」ことさえできないほどだ、という具合だ。[42]また、18世紀のポーランドはロシアの動きを阻止できたかもしれないが、あいにく「2つの海を」またいだことがなかったので、「親しげな隣人たち」の「餌食」になった、とも書いている。[43]さらに、ロシア帝国は「いつもオーストリアにひもを付けて連れ回しているが、時どきオーストリアにふくらはぎをかまれている」とからかった。[44]アレクサンドル2世と3世については、「食料品店や居酒屋や精肉店」出身の「有望な」ブルジョアをずっとばかにしていたが、ニコライ2世だけがかれらに耳を傾けた。そしてブルジョアジーと手を結んだことで、彼は没落していくという。[45]

パルヴスは、印象深い気のきいた言葉で資本主義の世界を説明できるユーモラスな書き手であるにとどまらず、不気味なほどの先見の明をもっていた。1896年に書いた文章では読者に向かってこう明言した。「完全に分裂し、混乱し、粉砕され、いくつもの階級に分化した」農民階級は「収奪された百万人という船底のおもりのような人々を背負っていて」、それを土台にロシアは勢力を拡大している。この状況は、国家という船が沈没することを意味する、と。[46]鉄道をアジア方面に拡大しようというロシア帝国の欲望には惨憺たる形で終止符が打たれるはずであり、イスタンブールを占領したいというこの帝国の底なしの願望は、バルカン半島における国際戦争につながるものと見ていた。[47] パルヴスの文体は大げさで、ドイツ社会民主党は彼の書きぶりを不快で下品と評したが、新聞は売れた。[48] パルヴスが労働者階級の読者にわからせようとしたのは、帝国間の争いが深いところにあるものをめぐる紛争なのだという考えだった。深いところにあるものとは世界貿易の盛衰で、それが都市の形成や変化につながるのだという。彼はユダヤ人や外国人をやり玉に挙げたりせず、帝国そのものが労働者の苦境の原因であると指摘した。

パルヴスの書いた記事は、若きウラジーミル・イリイチ・ウリヤノフ（レーニン）の注目を引いた。レーニンはパルヴスのことを、1873年の農業恐慌の原因を突き止めた「才能あるドイツ人ジャーナリスト」と呼んでいる。ドイツの小規模地主に対するパルヴスの批判は、土地の集団所有ですべてが解決すると考えていたロシアのナロードニキや、農民を搾取している（とレーニンが見なしていた）クラークに対するレーニン自身の批判と似通っていた。[49] パルヴスはまた、オーストリア・ハンガリーやドイツ、ロシアの秘密警察の注目も引いた。ロシアのオフラーナの報告には、彼が妻を含む12人とともに、「地元で開かれたアナキストと社会民主主義者の会合に出席し、『前進』や『社会主義者』などの社会民主党の刊行物を読み、集会で話をして大衆を扇動した」と書かれている。[50] ドイツの保守派はパルヴスの書いた記事を過激なプロパガンダと呼んだ。ドイツ政府はパルヴスの新聞が皇帝とプロイセン議会に非難を浴びせて成功を収めたために、彼を不法滞在者として扱い、都市から都市へと追跡した。

パルヴスが書いた最初の分析的な記事は、農業の国際化を掘り下げたものだ。彼は1895年に、ドイツ社会民主党はこの国の農民有権者を救うことはできないし、農民と手を結ぶべきではないと言い切った。ロシアとアメリカの穀物が流れ込んでいる国際市場において、ドイツの農民は敗北する運命にあるからだ。農民は外国産穀物への課税を求めていたが、この方法は時間稼ぎにすぎない。資本主義が発展しつつある状況では、地代が下がっただけで、業績の好調な家族経営農場が効率の悪い小さな農場を買い取ることが可能になってしまう、と言うのだ。そしてアメリカの手法に沿って穀物生産を機械化することができるのは、こうした農家に限られるだろう。パルヴスは何も富農のことが好きだったわけではない。ただ、小農と政治的同盟関係を結ぶというのは勝算のない案だと考えた。小農の財産は、機械化の恩恵を得るにはあまりにも少なかったからだ。[51] パルヴスはザクセン王国政府から追放処分を受けた1898年9月に、社会民主党を説得して『ザクセン労働者新聞』に新しい主筆を据えた。その人物は(偽装結婚によるものではあれ)ドイツ市民権をもっていたため、そう簡単に国外追放にはならないはずだった。名前はローザ・ルクセンブルク。のちにポーランドの労働運動について、自国の独立に執着していると批判したことで名を馳せた。[52] 彼女もまた、市場は国際化しており、国家は幻想にすぎないと述べていた。

1899年、パルヴスはかつてロシアの背骨の役割を果たしていたヴォルガ川地域を取材して、同地を襲った飢饉について報告し、そのなかでロシアの君主制を真正面から批判した。ヴィッテの組み立てた財政システムを精巧な詐欺と形容し、飢饉の原因をここに求めた。パルヴスは一連の記事と、1900年に刊行した『飢えつつあるロシア』のなかで、ヴィッテの公表した公的債務の数字を注意深く調べ、それが根も葉もないものであることを示した。ヴィッテはロシア帝国のために鉄道会社を買収すると、鉄道貨物運賃を貸借対照表に収益として書き込んだが、鉄道の埋没費用や購入費用を資本化費用として含めることをいっさいしなかった。貸借対照表にほとんど費用を記さなかったので、黒字であるかのように見せるのは簡単だった。ヴィッテが鉄道の減耗を将来の債務として計算しなかったため、鉄道の将来の業績予測は大幅に過大評価された。満州まで鉄道を延伸するというヴィッテの計画は、「犬に対し、当の犬の尻尾を餌として与える」ようなものだというパルヴスの言葉はまさに至言で、フランスの投資家が提供した資金は過去の債務の古い利子の返済にすぐさま回され、アジアに通じる線路にはわずかな資本しか費やされなかった。[53]

パルヴスは古代ローマの——奴隷というより——記者のように、ロシアの飢饉の起源について説得力のある語りを書くことができた。『飢えつつあるロシア』のなかで、問題は物流にあるという考えを示し、ヴォルガ川地域を走る穀物の道は崩壊するはずだと述べている。だが同時に、最終的に崩壊すべき帝国と緊密な関係にある国際資本主義の悲劇の物語として、飢饉について語った。そして彼の言葉は、20年もしないうちに現実のものとなった。ある種の金融アナリストとして大衆向けの新聞に執筆していたパルヴスは、金（かね）の力でフランスの新聞に好意的な記事を書かせることしかできなかったヴィッテら帝国の代弁人よりも多くの読者に考えを届けることができた。彼はローマの奴隷のような解釈者であり、翻訳者でもあった。ロシア語とドイツ語を理解していたうえに、貸借対照表と穀物貿易のこともわかっていたパルヴスには、ヴィッテの事業の核をなすねずみ講や嘘や私利追求を説き明かす力があったのだ。

パルヴスの見るところ、ヴィッテの計画には国際資本主義の欠点が凝縮されていた。そして国際資本主義という国際システムは破綻する運命にある、とパルヴスは読者に向かって断言した。1899年から1910年にかけては、1891年に起きたロシアの飢饉に関する分析を押し広げ、グローバル資本主義の一般理論を築いた。そのなかで国際的な蓄積都市や貿易の崩壊、帝国間戦争に触れている。彼はすでに1894年の時点で、20世紀にはロシア南部の穀物生産地域とアメリカ中西部との戦いが起きると述べていた。ロシアとアメリカが火花を散らすだろうが、ヨーロッパはその戦場になるという。のちにローザ・ルクセンブルク、ウラジーミル・レーニン、さらにレフ・トロツキーがこの分析を拡張して世界資本主義についての理論づけを行っている。そこでは穀物や帝国、鉄道、そして世界を変えることになる国際債務についての分析が示された。

シベリアや中央アジア、満州へのロシアの膨張は、穀物の世界で起きていることへの対応として特別合理的なわけでもなかったようだ。1890年になると、世界各地への食糧供給をめぐる世界的な競争に加わる農業帝国が増えてきた。オスマン帝国から分離したエジプト、セルビア、ブルガリア、ルーマニアは、相当な量の穀物を輸出し始めた。アルゼンチンとオーストラリアの農家は、重農主義者を喜ばせるのに十分な量の穀物を生産した。さらに厄介なのは、フランス、ドイツ、イタリア、オーストリア・ハンガリー帝国が1880年代に小麦と小麦粉に関税を課すようになり、国際価格をさらに押し下げたことだ。ロシアは債務返済と財政均衡のために小麦を売ろうとして、ますます無謀な振る舞いをするようになる。

1898年、ロシア政府は清帝国を説得して、旅順・大連を租借し、遼東半島に鉄道を敷設する権利を得た〔訳注：大連はここが日本の租借地になってから使われるようになった名称だが、以下では便宜上この表記を用いる〕。ロシアは東清鉄道の「支線」を南に向かって敷設できるようになり――この路線は南満州支線と呼ばれた――、長らく望んでいたもの、つまり黄海沿岸の深水港を手にした。ほどなく清国政府は旅順・大連の軍事的・民事的な管理権を完全に譲渡する。[54] 鉄道の資金調達手段の役割を果たした露清銀行は、この地域の税関を完全に掌握した。[55] イギリスが密約について苦情を呈した際には、ロシア政府はこんな好戦的な言葉を返したという。「ほかの海事大国は中国の沿岸部に海軍基地を置いている。であるのに、相当規模の艦隊を有し、中国と領土を接するロシアが置いていけないはずがない」[56]〔訳注：露清同盟密約にはロシアによる鉄道の敷設や戦時における中国港湾のロシア海軍による利用を認める規定がある〕。その後、東清鉄道は南満州支線との接続点に位置するハルビンに本社を設け、はじめはスンガリ川河畔の古い酒造店の建物に入居した。その後ロシア人の事業家が未開発の木材資源と石炭の鉱床を見つけ、数か月もしないうちにハルビンには活気があふれた。加えて製粉所ができたことで、ハルビンはシカゴやミルウォーキーと太刀打ちできるほどの重要な内陸都市となった。[57]

この地域への財政的管理に関するロシアの主張は、軍部によって支えられたものだった。ヴィッテは、「一時的に退役した」者などからなる予備役を「偽装」させ、鉄道警備隊を編成したことを認めている。この偽装したロシア軍は1898年に、拡大しつつある大連の町の近隣地域から中国人と満州人を追放した。[58] ロシアは深水港大連で関税を徴収したが、イギリスが管理する中国海関の権限をいっさい認めなかった（中国海関は、税収を清帝国の対外債務の返済に充てるため、黄海を通過する全商品について関税の支払いを求めていた)。[59] 法的にはまだ中国の領土であるはずの場所にロシア軍がいたことは、排外的な社会運動を拡大させた。この運動の参加者を、ヨーロッパ人は「ボクサー」と呼んだ〔訳注：義和団のこと。その成員がボクサーと呼ばれた理由については諸説ある〕。急速に広がったこの運動はドイツの勢力圏である山東省に起源をもち、参加者は主として若い男性だった。1900年7月になると、運動は満州に広がっていった。またたく間に組織化され、自警団を自任したこの集団は、自分たちには弾丸をはねとばす能力があり、歴史小説の登場人物〔訳注：関羽など〕の霊が乗り移っているものと信じていた。かれらはロシア人による土地の奪取に反撃すべく、鉄道のターミナル駅を占拠すると火を放ち、線路をはがし、鉄道技師のボリス・ヴェルホフスキーを捕らえて首を切り落とした。[60] これを受けて、ロシア政府は関東州〔訳注：現在の大連市の一部〕に部隊を増派している。[61] そして月末には、コサック部隊が中国人の老若男女を標的に、まるでポグロムのような仕打ちを加えるにいたった。ライフル銃と棒を中国人住民――その多くは鉄道を建設した労働者の家族――に突き付けてアムール川のへりに追い込み、「泳いで中国に戻れ」と告げた。ロシア兵は、2日間で3000人から9000人の中国の民間人を溺死させている。[62]

黄海に向かう路線の敷設が進んでいた1900年12月に、ロシアの勢力拡大に反対する民衆の運動が出現した。ミュンヘンのパルヴスのアパートは、小規模ながら成長しつつあったロシアの労働者階級に帝国と革命に関するニュースを発信する、革命的取り組みの中心となった。『イスクラ』(火花)と呼ばれる新しい新聞は、帝国間および国家間の闘争の背景にある国際資本主義という潜在的枠組みについて、パルヴスの考えを伝えた。パルヴスは印刷機を、ロシアにいる同志は資金を提供した。主筆はウラジミール・ウリヤノフが、レーニンという筆名で務めている。かたや鉄道に関しては、1902年の終わり頃にはバイカル湖沿岸部から黄海沿岸部まで車両を走らせることがほぼ可能になった。中国からは、陶器（陶土も含む）、林産品、灯油、茶などが輸出された。ハルビンの製粉業者は、自分たちの製品が世界各地に浸透しているアメリカ産の小麦粉と渡り合えるようになることを望んでいた。[63]

それに少し先立つ1898年12月、パルヴスの親友ローザ・ルクセンブルクが次々と論文を書き始め、世界の貿易システムや国家がいかに無用であるかについてパルヴスが論じていたことを膨らませていった。一連の論文は、1913年に著書『資本蓄積論』にまとめられている。パルヴスもルクセンブルクも、経済はすでに国境を突き破っており、ロシアやアメリカ、アフリカ、極東のような新しい領域が世界市場に継ぎ足されたときに好況が訪れ、その後、製品の量が需要を大幅に上回ったときに不況が起きる、と述べた。2人とも経済危機は深刻さを増すと考えた。[64]また、1905年時点ではパルヴスの相棒的存在だったレフ・ダヴィードヴィチ・ブロンシュテインはトロツキーという筆名を使って執筆を行い、資本の蓄積に関するパルヴスの議論を拡張した。トロツキーの掲げる「永続革命論」によれば、ロシアのような場所のブルジョアジーには資本主義を発展させる力がなく、労働者と農民が協力することで革命が可能になるが、これには新しい地域への革命の継続的な拡大が必要になるという。

レーニンによる初期の論文は『イスクラ』のなかで、ロシア語で発表された。レーニンは同紙上において、ロシア南部の穀物生産地域で農民が土地を奪われていることを難じるとともに、ヴィッテが設けたシベリア鉄道沿線における土地分配の仕組みを激しく批判した。そしてユダヤ人と外国人を排除し、貴族を厚遇したことによって、ヴィッテの鉄道は必ず失敗に終わると述べた。[65] レーニンが1916年に上梓したパンフレット『帝国主義——資本主義の最高の段階としての』は、パルヴスとユニウスが示した議論を反復したものだ。

パルヴス、ユニウス、トロツキー、レーニンは多くの場で著作を発表し、ヨーロッパ諸帝国の残忍さ——自由主義者か社会主義者かを問わず多くの書き手が共有する主題——、そして国際資本主義がロシア、清、オスマンの諸帝国を歪めている状況を説いた。ロシアについては、鉄道を土台に穀物輸出帝国を築くという目的のために、ヴィッテが貸借対照表に細工を施し、債務を隠していることに注意を促した。満州にいたる鉄道の建設費のために、ロシアは1904年時点で世界最大の債務を抱える帝国になった。ヴィッテにだまされたフランスの投資家の手元には、数十億金フラン相当の債券が残された。

1903年7月にヴィッテの鉄道が満州の旅順に到達すると、日本の社会主義者と自由主義者は猛反発した。日本は日清戦争（1894～95年）の際に旅順を含む遼東半島を占領し、この地域に対する権利を主張していたが、フランス、ドイツ、ロシアが主張の取り下げを求めたため、中国に返還するはめになった。三国干渉で自国の動きを阻まれた日本は盛んに借り入れを行い、イギリスのヴィッカーズ社製の最先端の軍艦を中心に相当規模の艦隊を構築した。[66] 財源の一部は日清戦争の賠償金だったが、日本帝国はニューヨークの投資家に債券を売って資金の大半を調達した〔訳注：この時期の海軍増強の費用は、実際には3分の2近くを日清戦争の賠償金で、残りを公債と普通財源で賄った。また債券の外国での売却は日露戦争の戦費を賄うために行われたことで、日本はアメリカ以外の国でも債券を売っている」。債券の引き受け手は、ロシア帝国の膨張主義政策とロシア内のユダヤ人の処遇に憤っていたニューヨークの裕福なユダヤ人が所有する企業などだった。日本軍はこの艦隊を手にしたことで、ロシアから日本帝国を守る用意を整えた。

「欧州に露国の在るは、欧州の恥辱なり」とは、1904年2月に東京で最大級の発行部数を誇る新聞が掲げた言葉だ。「我日本の之を伐つや、文明の名に於てし、平和の名に於てし、人道の名に於てす」と、その新聞は続けている。[67] その月、日本はロシアとの国交を断絶し、旅順港のロシア艦隊に奇襲攻撃を仕掛けた。ロシア艦隊はほどなく大きな打撃を受けた。陸戦は最初こそロシアに有利であるかに見えたが、1904年4月から12月にかけて、ロシア政府による予備役召集の動きに抗議する123件の騒乱が起きた。この戦争が遠い外国で戦われているというのが、抗議の大きな理由だ。[68] 旅順にあったロシアの要塞に対する日本の包囲攻撃は1904年8月から翌年1月まで続いた。1905年5月にはロシアのバルチック艦隊が日本海に入ったが、わずか2日で撃破された。

のちに駐日ロシア公使のロマン・ロマノヴィッチ・ローゼン男爵は、(後講釈にはなるが)ロシアが最終的に旅順・大連の譲渡を余儀なくされた以上、シベリア横断鉄道に投下された数十億フランの返済は不可能だろうと述べている。いわく、ロシア帝国が「犠牲にした生命と財産」はすでに膨大な規模にのぼり、行き止まりの鉄道のために抱え込んだ長期債務は不履行になるはずだ。ロシアは実質的に破産した。無駄なうえにきわめて高くついた鉄道の拡張とそれに続く降伏は、ロシア帝国の終焉を意味する、と。[69]

1905年1月、ゲオルギー・ガポン神父は、戦争の終結と労働条件の改善、8時間労働の確立を求める請願書をツァーリに届けようと、真面目な労働者を主体とする行進の隊列を率いた。ところが群衆が冬宮殿の前の広場に入りもしないうちに兵士が発砲し、おそらく200人近くを殺害した。[70]1905年10月中旬になると、印刷工によるストが起き、サンクトペテルブルクとモスクワでのゼネストへと広がった。10月下旬には、鉄道従業員組合の率いる全国的な鉄道ストが今にも始まりそうな雲ゆきになった。革命が広がるものと見たトロツキーとパルヴスはサンクトペテルブルクに赴き、2コペイカで買える最初の日刊紙『ルスカヤ・ガゼータ』を発行している。この廉価な新聞は、労働者代表ソヴィエトを名乗る組織の機関紙となった。労働者代表ソヴィエトはスト実行中のすべての組合の代表に参加を呼び掛けた。鉄道従業員組合から重要な金銭的支援を受け、複数の組合を少しずつひとつ旗の下にまとめていった。[71]ソヴィエトを中心に据えて新しい種類の国家権力をつくるというのは、パルヴスの計画と言っていいだろう。だが、当時レーニンはこの考えに反対していた。[72]少数民族の起こした混乱は、ヴィッテの後押しでつくられたロシア帝国の新しい背骨を揺るがし、切断しそうな勢いになった。なかでもはなはだしいのがバルト海地方やロシア領ポーランド、ウクライナだった。ワルシャワ、リガ、バクーをはじめとする多くの都市で、政府は混乱を制御できなくなった。[73]10月12日、皇帝の大臣委員会は、予備役による反乱が「全体に広がり」、ロシア軍には帝国内の紛争を鎮圧できないという認識にいたった。[74]
サンクトペテルブルクの警察がソヴィエトの初代議長を逮捕すると、パルヴスは新しい議長に就いた。ペテルブルク労働代表者ソヴィエトの最後の議長という立場でパルヴスが行った活動のなかでとくに目を引くのは、「財政宣言」の発表だ。これはロシア全土の労働者や工場主、商人に対し、ロシア帝国は破産しており、発行される債券は返済不能な債務の利払いを行うためのものにすぎないと警鐘を鳴らすものだった。「政府は破産の危機に瀕しており、国を崩壊させ、死屍累々たるさまにした」とパルヴスは言う。そして農民に対しては土地償還のためのいっさいの支払いをやめること、労働者に対しては賃金の「全額現金支給」のみを受け入れること、市民に対しては「貯蓄銀行と国立銀行から預金を引き出し、全額を金(きん)で支払うよう求める」ことを促した。

パルヴスの財政宣言はロシアの銀行をほぼ破壊した。するとセルゲイ・ヴィッテが宣言を葬り去るべく、宣言の写しを受け取ったすべての新聞印刷所を打ち壊した。[75] 他方、ツァーリは市民的権利と国会(ドゥーマ)の権限強化を約束しているように見せかけた10月宣言を発布していた。10月以降は秩序が戻ったかに見えたが、12月には陸軍部隊がサンクトペテルブルクでストを行っていた労働者に火器を使用し始めた。この月、おもに社会民主主義者と社会革命家が捜索の対象となり、略式の裁判と処刑が次々に実行されていく。トロツキーとパルヴスは1905年12月後半に逮捕された。サンクトペテルブルクのペトロパヴロフスク要塞に移送された2人が処刑されることはほぼ確実だった。だがパルヴスは警備員に賄賂を贈り、8か月後に脱出した[76]〔訳注:パルヴスの逮捕や脱獄の時期については他の説もある〕。

第12章 オリエント急行、行動軍

1910年～1914年

ロシア、フランス、イギリスは、イスタンブールを経由し中東に向かうドイツの鉄道が建設されるという考えに恐怖をいだいていた。この鉄道計画のもたらした脅威は不安定な同盟の形成を後押しし、3か国は1914年に連合国として手を結ぶことになる。イスタンブールでは1908年から14年にかけて緊張状態が続き、「青年トルコ人」と呼ばれる軍将校の新しい集団を、オスマン帝国領内でのトルコの軍と国家の再建に向かわせた〔訳注：「青年トルコ人」運動には軍人以外の多様な勢力が参加していた〕。この国家建設運動には独特なところがあり、革命後のロシアを筆頭に、20世紀の世界各地で革命のモデルとなった。青年トルコ人の用いた方法は軍をハイブリッドの軍事教育組織に変えるというもので、若い男性を政治化すると同時に教育し、特定の思想を教え込むことを目指していた。とくに重要なのは、連隊内に監督役を設けるようにしたことで、これにより新たに形成されつつある革命の理念を維持し、将校主導の離反の発生を防ぐ体制が整った。こうした軍の組織化に加え、新聞や教育を使ったプロパガンダ、数学や工学の実学への適用という要素が組み合わさったおかげで、トルコはバルカン戦争の真っただ中に自国を立て直し、第1次世界大戦中にガリポリの戦いでロシア、フランス、ドイツの連合軍を打ち負かすことができた。

パルヴスは、1908年に始まった青年トルコ人革命に吸い寄せられた。2年後、トルコにやってきたパルヴスは、経済についての自らの慧眼を発揮し、大衆動員の方法に関する知識をこの地の人々と共有した。バルカン戦争が始まると、彼の影響力は当初考えていた以上に大きくなる。1910年から14年にかけて革命的変化を起こした青年トルコ人は、帝国の破壊を狙うバルカン諸国と戦った。青年トルコ人が自動車搭載砲を使って街を統制するすべを身に付けると、パルヴスはトルコに手を差し伸べ、近代的な弾薬の入手を助けた。またトルコの輸送路の整備を後押しし、穀物を最新の方法で弾力的に供給することを可能にした。初めてイスタンブールにやってきた1910年、パルヴスは大きな構想をいだく知識人だった。だが青年トルコ人の行う変革を間近に見る機会を得た彼は、1914年にはさらに大胆なことを計画できるだけの資本と人的つながりを築いており、世界大戦がロシアに革命をもたらす道筋について考えをめぐらせるようになる。

43歳のパルヴスがオスマン帝国の首都イスタンブールに到着したのは1910年11月だったが、彼はウィーンから有名なオリエント急行に乗ってきたはずだ。これはベルリンとバグダッドを結ぶ鉄道予定路線の開通区間を走る、高速旅客サービスだった。この路線については、北海沿岸のハンブルクを出てオーストリア・ハンガリー、セルビア、ブルガリア、トルコを経由し、イスタンブールの海峡を越え、トロス山脈のふもとにあるコンヤにいたる路線と接続することが構想されていた。この構想がパリとサンクトペテルブルク、ロンドンの外交官や君主たちを悩ませていることをパルヴスはわかっていた。これが完成すれば、世界貿易の重要な集中地点を通る完全な鉄道路線をドイツが獲得することになるからだ。革命の進むトルコでドイツが鉄道を使って急速な商業的拡大を続けていることはほぼ明らかで、パルヴスは国際的な危機が芽生えつつあると考えた。黒海への玄関口と昔から言われてきたトルコとドイツとの接続は、ロシア帝国という「政治的に沈没しつつある船」を葬るための鍵になることを、彼はずっと若い頃からわかっていた。[1]

パルヴスはロシアの秘密警察オフラーナの工作員に追われていたため、偽(にせ)の住所とチェコ人の名前が書かれた旅券を使ってイスタンブールに入った。自由に使える現金が少なかったことから、ボスポラス海峡のアジア側、スクタリ（ユスキュダル）のスラム街に部屋を借りた。[2] このときトレードマークのヤギひげを剃り落とし、ロシア製の厚手コートを隠してしまったに違いない。けれど、しみひとつないスーツや磨き上げられた靴は手放したりしなかっただろう。

イスタンブールの街は、鍵というよりがっしりした錠に近かった。オスマン人もそれ以前の帝国の建国者と同じで、何もないところから帝国を建てたわけではない。遠い昔に商人が築いた、都市と農園を結ぶ長距離輸送路を再建したにすぎない。街の城壁は、古代の首都で使われていたものの残骸を使って建てられていた。この街をしかるべく防御できるならば、ロシア皇帝を絞め殺すことも不可能ではなかった。ロシアの野心的行動はエカチェリーナ大帝の時代から、穀物栽培地の利用を基礎に地球全体へと勢力を拡大することを目的にしていた。だが穀物を土台にした重農主義的膨張には国際市場が必要だった。ロシアが満州の深水港を失ってしまった以上、すべては世界への出口である黒海の港にかかっていた。[3]

パルヴスはイスタンブールに到着すると、統一進歩委員会（統一派）のメンバーを探した。この委員会は、縮小に向かうオスマン帝国に残されたものを核にトルコ人の母国を守るべく、「トルコ人」という国民アイデンティティを生み出すことでオスマン帝国を再編しようとした改革派将校と知識人のグループである。この統一派のなかに、ドイツ帝国との連携を模索する派閥があり、イスマイル・エンヴェルという小柄の若い将校を旗頭にしていた。[4]エンヴェルは名門の帝国陸軍士官学校で、ドイツの将校から教えを受けている。彼は帝国の辺境地帯でムスリム武装集団の人員を集め、トルコの敵との戦いで自身の属するオスマン帝国第3軍に協力させようとしていた。こうした国家建設構想は、最初は短命で終わりそうに見えた。パルヴスが到着したとき、オスマン帝国の首都は1453年頃の都と同じくらい危うげだったに違いない。1908年には火事が街中に広がり、街の西方では数万人のムスリム難民を収容していた何百もの粗末な木造建築物が焼き尽くされた。各地のナショナリズム運動のせいでオスマン帝国のかつての領土から追い出された人々は、火事によってまたもや行き場を失った。しかしその年、イスマイル・エンヴェル——のちにパシャという称号を与えられた——は、他の将校とともに青年トルコ人革命を始動させ、アブデュルハミト2世に帝国議会を復活させた。エンヴェルたちは、オスマン帝国を立憲君主制に近い国に変えたいと考えていたのだ。
エンヴェル・パシャら統一派の将校たちはオスマン帝国内の近代的な軍人の集団で、外国人の傭兵に似た異分子の集まりだった。この集団は、たとえて言うなら炭焼き党のようなものだった〔訳注：炭焼き党については192ページを参照〕。高度な訓練を受けたこの革命家たちは、帝国を引き裂いて自国を拡大することを目指すバルカン諸国などの敵対国から、帝国を守ろうとしていた。エンヴェルたち統一派将校はイタリアやロシアの炭焼き党員のように、秘密めいた兄弟の盟を互いに結んだ。複雑な入会の儀式では、国内外のあらゆる脅威から国家を守ることを約束し、血の誓いを立てた。[5]この青年トルコ人の多くはエンヴェルと同じく、士官学校で新しい戦闘方法と国家建設について学んだ将校（メクテプリ）だった。機関銃や自動車、飛行機などの新しい技術を使い、兵士の練度を高めれば、比較的小さな部隊であっても大きな部隊を撃退することは不可能ではないことを理解していた。

だがオスマン帝国軍は兵士を必要とし、募兵を増やせという統一派からの要求は、やがて危機を引き起こす。新しい将校であるメクテプリは、士官学校とは別のところで軍の階梯をのぼり、スルタンに忠誠を誓う昔ながらの将校（アライル）と反目していた。青年トルコ人は、トルコの軍事力が弱いのはイスラム教の神学校（マドラサ）に進学するアナトリアの若者たちのせいだと非難した。大半のマドラサは、学校と言えるようなものではまったくないとかれらは言う。男性の約3分の1はマドラサを卒業しており、したがって兵役を免除されていたが、統一派の将校に言わせれば、そのほとんどがまともに本も読めなかった。1908年7月の革命後、統一派はマドラサ卒業生に簡単な識字試験を受けさせる案を示した。アラビア語の識字試験に落第した者を徴兵して教育を受けさせ、帝国の防衛を担わせようというのだ。軍の急速な拡大と再編成を求める青年トルコ人のこうした動きは、アナトリアの兵士、イスラム教指導者、アライルの抵抗を引き出した。アブデュルハミト2世は無言のうちに、抵抗をそそのかしたと思われる。この動きは、統一派が殺し屋を雇って反対陣営の新聞の主筆を殺害したという中傷が流れたことで具体な形をとる。１９０９年に始まった青年トルコ人に対するこの反革命が、いわゆる3月31日事件だ。反革命側は帝国議会の粉砕と青年トルコ人の投獄を叫んで圧力を掛けた。[6]

これを受けて統一派は、反対陣営の新聞の事務所を破壊し、新型の市街地制圧車（車体後部に砲塔を装備した自動車）で街を包囲した。権力を掌握すると、アブデュルハミトをセラーニク（テッサロニキ）に追いやった〔訳注：章タイトルの「行動軍」は、この3月31日事件で反動派を鎮圧した部隊を指す〕。新しいスルタンとしてメフメト5世が即位したが、彼は飾り物にすぎなかった。統一派は新聞紙上でのプロパガンダを強化し、そのなかで軍を国家と国防に直接関わりのあるものとして扱うとともに、何より重要なことだが、軍と市民＝兵士の教育とを結び付けるようになった。[7] やがて教育はマドラサではなく、軍そのものが行うことになる。士官学校の教育計画を設計したドイツの将軍の言葉を借りると、その後トルコは「武装せる国民」になった〔訳注：１８０ページに登場するゴルツ男爵の著書の題名。同書はトルコの将校に影響を与えたと言われる〕。１９０９年以後は統一派の将校が教師も務めるようになり、危機に瀕する国を支えるべく、兵士に工学や数学を教え、ナショナリズム的なプロパガンダを注入した。

パルヴスは社会主義左派の友人を通して、イスタンブールにつてをつくった。若い頃オデーサでしたように、港湾労働者の組織化を進めようとしたのだ。港湾労働者による強力な不買運動が、すでに始まっていた。当初、この運動ではオスマン帝国領を侵食しつつあったオーストリア・ハンガリー帝国を罰することが目指されていた。1910年、これらの運動組織はトルコ・ナショナリズムを掲げ、オーストリア・ハンガリーやギリシャといった敵対国の商品に対する不買運動を拡大した。当該国産の表示が付いた商品の荷降ろしを拒否し、帝国のギリシャ系住民が所有する会社に対する不買運動も行った。パルヴスは港湾労働者との関係を維持して、トルコの港に少なからぬ影響を及ぼすまでになり、昔からの交易網をもつギリシャ人を追放するにいたった。[8]

パルヴスは次に、統一進歩委員会のなかでもとくに極端なナショナリストに接触した。統一派は1910年時点で、言わば政府のなかの政府のようになっており、官僚機構の大半を掌握していた。ところが雑多な野党が対抗して大同団結していたため、統一派は議会では単なる一勢力にすぎなかった。オスマン帝国をずたずたにしかねない分離主義運動に、この国が打ち勝つことが可能だと考える者はほとんどいなかった。そして、ロシア帝国海軍がイスタンブールを自国の西部の港として手に入れようとしていることを、パルヴスは知っていた。[9] すでに1897年の時点でこのように書いている。「ロシアには、まだ時間がある。自分たちが獲物を捕らえるものと、ロシアは確信している。[…] コンスタンティノープルが他の国のものになることはありえず、ここはやがてロシアのものになるはずだ」。[10]

パルヴスは、労働者や兵士にもわかるような平易な言葉で書かれた新聞を通じてかなりの専門知識を統一派と共有した。それから1年もしないうちに、パルヴスのアパートは、大衆イデオロギーを育む、新しい雑誌の本拠地になった。この雑誌は、国民の命運という思いの共有を軸にイスタンブールの労働者と兵士が団結することを可能にするものだった。1900年に国際主義に息を吹き込んだ『イスクラ』とは異なり、『テュルク・ユルドゥ』(母国トルコ)はオスマン帝国の中心を拠点として強力なナショナリズム運動を築くことを目指した。パルヴスはユスキュダルで目にした新しい環境に自らの考えを適応させ、『テュルク・ユルドゥ』に記事を書いた。そのなかで外国による支配や国家の破産、軍事的敗北といったことに対するトルコの人々の不満を、国家再生のための経済戦略という形に整えていった。『テュルク・ユルドゥ』を支える過程で、トルコ革命の新しいイデオロギーを兵士に教え込む活動の中心的存在になった。パルヴスはイスタンブールにおいて、軍隊を使用すれば政治的関心の喚起や思想教化、教育を同時に行うことができると考え始めた。青年トルコ人は3月31日事件後に軍を再編し、部隊内に監督役を設けた。各連隊に若いメクテプリを置いて、アライルをじかに制御させている。軍の規律は保たれたが、若い政治将校には年配の将校の意見を拒否する権利が与えられた。

オスマン帝国はほどなく破局を迎えたため、1910年終盤にパルヴスがやってきたのは偶然とはいえ幸いだった。1911年9月、北アフリカに位置するエジプトの西方、つまり現在のリビアにイタリアが侵攻した。オスマン帝国軍の大部分が北アフリカに移動するや、「バルカン同盟」が結成され、帝国のヨーロッパ地域の土地への侵攻・占領が目指された。こうしてオスマン帝国がゆっくりと崩壊してゆくなか、第1次世界大戦が始まった。[11]

パルヴスは帝国が抱える病気への処方箋を用意していた。『飢えつつあるロシア』のなかで行ったように、1911年に『テュルク・ユルドゥ』に寄稿した一連の記事において、帝国の会計を検証したのだ。帝国による債務契約の状況や金利の設定方法、そして外国の統制下にある機関がどのように支払いを保証してきたのかを掘り下げた。帝国の会計を注意深く考察した結果、オスマン帝国の債務問題はクリミア戦争から始まったという結論に達した。ロシアによる侵略からイスタンブールを救うべく、アブデュルメジト1世が多額の借金をしたのだが、その後継者たちは債務返済のため、帝国でもっとも大きな価値を生んでいた専売権——たとえばタバコの専売権——をヨーロッパ諸国に引き渡した。パルヴスの計算によると、ヨーロッパが統制するオスマン債務管理局(OPDA)は、帝国の債務返済に必要な税金の徴収をおそらくすでに完了しているという。にもかかわらず帝国で徴税を管理し続け、途方もない暴利を得ていることを楽にごまかす手段ももっていた。そして印刷や出版、教育、外交のためのOPDAの組織を拡大し、経費を税金で直接賄うなどの行為に及んでいる。外国の支配するOPDAが内国税のなかでもっとも重要なタバコ税と塩税を徴収し、税収を自分たちのインフラ建設に配分する限り、オスマン帝国は、外国にがんじがらめにされたままとなる。帝国の国内交易に外国が課税するこうした仕組みは、イギリスが海関を使って中国に課したシステムと同じだった。

パルヴスの指摘によれば、1865年以降、アメリカの安価な穀物のために各地の農業帝国が機能不全に陥った。いわく、穀物価格は1860年から90年にかけて半分に下落し、「工業地域」に分類できるドイツやフランス、イギリス、さらにはイタリアに利益をもたらす一方で、「農業地域」とも言うべきロシアやトルコ、中国に打撃を与えた。これこそが、1873年に始まった農業恐慌だ。[12]ヨーロッパの工業国が自国の農民を安価な小麦から保護し、大国としての地位を確立するために関税を設けた1880年代には、農業帝国はアメリカとの競争とヨーロッパ諸国の関税の複合効果によって深刻な苦境に陥った。オスマン帝国の状況を改善する唯一の方法は、奴隷制および農奴制の廃止と、人口および農地の全数調査を行って農業を根本的に改革することだという。

パルヴスは続けてこう述べた。オスマン帝国は、国内では物流の改善、後方および前方連関を強化するための改革を必要としている。イギリスやフランス、ドイツ、イタリア、アメリカが行ったように、遠隔地の有望な農地を通る鉄道を建設せねばならない。労働者を教育して近代的な農業機械を使えるようにせねばならない。トルコの港と穀物生産地を結ぶ鉄道ができれば、帝国内の交通量が増えるだろう。一方、ロシアは自国の農業の可能性について楽観的にすぎる構想をいだき、黄海に向かう鉄道に過剰な投資をしてしまった。アウグストゥスが黄金の里程標を設けた時代と同じように、帝国というものは、都市に食糧を送って農村に帰り荷として製造品を届ける、安価で高速かつ効率的な輸送路を必要とするものだ。スルタンは、山間部で軍隊を移動させるための鉄道に過剰な資金を投じてきた。そのせいでオスマン帝国の補給路は高コストなうえ破綻の恐れを抱えている、と。パルヴスは、この費用を回収することはできないのではないかと考えた。

パルヴスはおなじみの経済ナショナリズムや関税障壁の設定を唱えていたのではない。穀物生産地と都市を結ぶインフラ、私有農地の保護、農民に対する融資の拡大、国際的に交換可能な通貨の創設、そして農地への課税率の引き上げを通じた農業の改良を訴えていたのだ。パルヴスの指摘によると、ブルガリアはかつてオスマン帝国のなかでも貧しい地域だったが、独立後はオスマン帝国期をはるかに上回る量の穀物を輸出するまでになり、納税額が増えた。[13] トルコ語で書かれたパルヴスの論文を正統派マルクス主義者が読んだなら、きっと彼の考えに困惑したに違いない。マルクス主義から示唆を得たパルヴスの開発戦略は、農地の私有に力点を置き、これを官民による産業の管理という考えと組み合わせている。この戦略は、すでに1895年の時点で、ドイツに対する処方箋として彼が示したものでもあった。そして1世紀後には、パルヴスの影響をじかに受けてこそいないものの、この戦略によって中国とヴェトナムが変革を遂げている。[14]

パルヴスが1911年に書いた一連の論文は、1914年に『金融の牢獄にとらわれたトルコ』という本にまとめられた。同書は士官学校の学生の教科書になり、今でも近代トルコ史の講座で使われている。資本主義世界システムによって周辺国家が1次産品の生産を押し付けられているからこそ中核国家は工業製品を生産できる、というその議論の中核は、彼の死後も古びなかった。[15] パルヴスも指摘しているとおり、オスマン帝国にとってもっとも大事な問題は、ロシアの標的になったことでも、頻繁に火災が起きたことでも、莫大な債務でもないということを、青年トルコ人は理解する必要があった。むしろ最大の問題は、穀物の栽培資金の提供、生産、課税、そして穀物が畑を出たあとに帝国各地の港や狭いボスポラス海峡に位置する首都へと送られる際の流通の方法にあったのだ。[16]

パルヴスは青年トルコ人にこのように説く。かつてアメリカの北部人は、現在のオスマン人が直面しているのと同じ危機に突き当たり、穀物を利用して南北戦争で勝利を収めた。ところがアメリカの都市で自国産の穀物を消費する傾向が強まったため、1900年頃には世界の小麦供給にアメリカの占める割合は小さくなった。それゆえ一時的に、重心が東に戻った。40年にわたって続いたアメリカ産穀物の猛攻撃が弱まった今、イスタンブールはかつてのように、ヨーロッパへの食糧供給の中心地になれるかもしれない、と。ボスポラス海峡に位置するこの都市は、間近に迫る第1次世界大戦でロシア、フランス、イギリスを深刻な食糧不足に陥れる力をもっていた。

パルヴスは、アメリカが世界を自国の小麦で満たしたのは食糧の生産と流通に「大資本」を投入したからで、トルコ人の国家はアメリカ人を模倣する必要がある、と書いた。[17] さらに税の抜本的改革を提案している。タバコのような奢侈品に対する大事な税金の徴収権が、ＯＰＤＡを通じてイギリス、フランス、オランダに完全に移譲されていたからだ。また、ボスポラス海峡に到着した穀物を管理下に置き課税するというのは数世紀にわたって当たり前のように行われてきたことだが、帝国はこれをやめる必要がある、とも述べた。イスタンブールの製粉業者は安価な穀物を手に入れていた。オスマン領からイスタンブールの穀物倉庫を経て、小麦粉業者のギルドや製パン業者のギルドに届く小麦粉は安く販売されていた。また、供給が減っていく穀物への課税は無意味である、とパルヴスは言う。トルコ政府には鉄道を敷き、農業を補助金で支え、輸送に課税することにより、未利用の土地への定住を後押しする必要があった。これをアメリカの場合に置き換えたものが、ホームステッド法と大陸横断鉄道だ〔訳注：ホームステッド法の内容は、アメリカ市民に公有地を貸与し、５年以上定住し開墾すれば、160エーカーの土地を無償で譲渡するというもの〕。だがオスマンでは輸入穀物へのあらゆる制約を最小限に抑える必要があった。というのも奴隷や農奴が解放されて工場労働者になったときに、安価なパンをその食糧にするだろうからだ。

　１９１０年の3月31日事件ののち、青年トルコ人は敵対勢力に勝利を収め、より直接的に権力を行使することが可能になった。かれらはトルコを救う方法についてパルヴスが行った抜本的な提案を、おおむね受け入れた。パルヴスがオスマン帝国軍のために速射砲を購入したのは、まさにこの時期だ。[18] トルコ軍の請負業者になったパルヴスは、黒海上でトルコのいっさいの穀物輸送を取り仕切るだけの力を手にし、都市への穀物の輸送の近代化も進めたようだ。パルヴスはまた、欧米で生産された穀物をトルコに輸入させ、穀物取引の状況を改善した。トルコはバルカン戦争（１９１２〜13年）のおかげで、帝国のヨーロッパ地域で生産される穀物をブルガリアやギリシャ、セルビアに奪われていたのだ。パルヴスは、古い穀物倉庫をアメリカ型の大規模穀物倉庫に置き換えてもいる（古い倉庫は古代ローマ期やビザンティン期のホレウムとほぼ同じ形で、今もその１つがユスキュダルに建つ）。なお、トルコでは穀物の生産者に融資を行う必要があると考えたのは、パルヴスが最初ではない。アブデュルハミト2世の統治下では、農業銀行（Ziraat Bankasi）が小麦の生産者に現金を前払いしていた。しかし、この銀行はただでさえ重い負担を強いられていたのに、穀物税の納付の肩代わりもしていた。そのうえ、政府から戦費の提供を強要されることがあった。[19]

　パルヴスはまた、イスタンブールのために国際市場で穀物を購入した。その一部は彼の故郷オデーサから届いたものだ（彼は穀物を商う家族と連絡を取り合っていた）。アメリカからも、大量の穀物が届けられた。１９１２年には、パルヴスはボスポラス海峡の両岸に大規模穀物倉庫を設けている。そしてイスタンブールの沖合、マルマラ海に浮かぶクズル諸島の1つに大規模穀物倉庫と銀行、宮殿のような私邸を建てた。パルヴスを敵視するロシア人は、彼の取引ネットワークを「マフィア」と表現し、こんなことをほのめかした。穀物取引を行う家族と結託しつつ軍の請負業者をするパルヴスは、地の利のあるイスタンブールを利用して、1911年から14年にかけ、黒海地域の穀物に対する独占体制を打ち立てたのだ、と。[20]

パルヴスはのちに、「トルコの宣戦布告〔1914年10月〕の前に、アナトリアや他の場所からコンスタンティノープルに食糧を届け」、かなりの財産を築いたと書いている。[21]だが、バルカン戦争の頃にオスマン帝国と、（一説によると）その敵国のブルガリアに銃を密輸出していたことには触れていない。バルカン戦争末期の1913年7月には、パルヴスは億万長者になっていた――当時はボリシェヴィキのひとりだったのだが。[22]

第13章 パンをめぐる世界戦争

1914年〜1917年

1914年から18年まで続いた第1次世界大戦についての語りは、ドイツによる侵略の説明から始まることが多い。だが戦争の原因は、毎年春から夏にかけて海路で届き、ヨーロッパの労働者階級を養ってきた安価な穀物にもあった。トルコとドイツの同盟はヨーロッパの食道都市を脅かした。同盟は、穀物の集中するボスポラス海峡（ロシア産穀物の流れをせき止める恐れがある）と船舶を撃沈するドイツのUボート（アルゼンチンとオーストラリア、アメリカからの穀物の流れをせき止める恐れがある）が組み合わさることを意味したからだ。トルコとドイツが手を組めば、ヨーロッパに深刻な食糧不足をもたらすことも不可能ではなかった。

第1次世界大戦のほとんどの段階で、穀物は大事な要素だった。自国の穀物輸出が滞るのを恐れたロシア帝国は、この世界戦争勃発の一因をつくった。イギリスは戦争中、オスマン帝国の脅威を過小評価し、自国の対処能力を過大評価した。そして安価なパンの不足に悩まされたドイツは、戦争が長引くうちに、なんとも独特な方法でロシアの豊富な収穫物を手に入れることを考え付いた。1917年から18年晩秋にかけてドイツの勝敗を左右する力を握っていたのは、連携相手としておよそ考えられない人間だった。ある思惑を心に秘めた、共産主義者の穀物商だ。

第1次世界大戦はドイツの侵略によって始まった「大国間の」紛争である、と言われてきた。あるセルビア人がオーストリア・ハンガリー帝国の皇位継承者フランツ・フェルディナント大公を暗殺したことがきっかけで、帝国はセルビアに宣戦布告するにいたった。ロシアはセルビアを支援すべく、軍を動員してオーストリア・ハンガリー帝国との国境近くに部隊を配備した。かたやドイツはオーストリア・ハンガリー帝国を支持し、ロシアに動員解除を求めた。ロシアがこれを拒むや、虎視眈々と戦争の機会を狙っていたドイツはベルギーに侵攻、ロシアの同盟国であり財政的支援国でもあったフランスを攻撃した。またドイツはその月のうちにタンネンベルク付近でロシアを攻撃し、ロシアの第1軍と第2軍を一掃した。ドイツがベルギーに侵攻すると、イギリスはフランスとロシアの連合国に加わった。そして数か月経ってから、オスマンがオーストリアとドイツの中央同盟国に加わった。[1]

第1次世界大戦については、こうしたことがよく語られるが、世界を走る穀物の道を研究する者から見れば、この戦争の起点は時期的には少しさかのぼり、地理的にはずっと東に移動する。1911年、イタリアが現在のリビアに当たる地域に侵攻し、その後オスマンからこれを奪った。

すると、ギリシャ、ブルガリア、セルビア、モンテネグロがこの機を逃すまいとオスマンに侵攻した。重要なのは、オスマンがその後ボスポラス海峡とダーダネルス海峡から商船を締め出し、ロシアが穀物と石油をいっさい輸出できなくなったことだ。ブルガリアやギリシャがイスタンブールを占領することを恐れたロシアは、自国の陸軍と黒海艦隊に警戒を発令した。1914年には、大臣会議で圧倒的な力をもっていた土地利用・農業総局長のアレクサンドル・クリヴォシェインが、世界規模の戦争に備えて大臣会議を再編した。大臣会議から見れば、きたるべきこの戦争はエカチェリーナ大帝の治世以来7回目の対トルコ戦争で、同時にロシアにとって大事な穀物輸出を守るべき機会の再来でもあった。

クリヴォシェインは、オスマンが国家存亡に関わる脅威になると考えた。ドイツがオスマン軍の増強を支援して、この国を衛星国に変えつつあると思ったのだ。妄想にとらわれたロシアの大臣たちは、ドイツとオスマンの同盟の兆候をいたるところに見た。ドイツの将校は1883年以来オスマン軍の訓練に携わっており、パルヴスが購入した大砲をイスタンブールとエディルネの要塞に配備させていた。何よりの懸念の種は、1914年7月に、オスマンに最初のドレッドノート級戦艦が納入されることだった。イギリスのヴィッカーズ社が建造したこの高価な最先端の戦艦とともに、他の船も発注されていた。このドレッドノート級戦艦は前世代の戦艦を大幅に改良したもので、他の船よりも多くの主砲を搭載していた。ロシアは日露戦争での敗北が繰り返されることを恐れていた。ドレッドノート1隻と護衛に当たる水雷艇だけの小規模な船団があるだけでも、オスマンは黒海にいるロシアの海軍を一掃できるかもしれない。そうした一方的な戦闘は珍しくなくなった。

1898年の米西戦争ではアメリカがスペインに対し、1911年にはイタリアが北アフリカで、1912年のバルカン戦争ではギリシャがオスマンに対してそのような勝利を収めている。トルコのドレッドノートがダーダネルス海峡を通過したならば、「トルコ人が黒海を掌握することは間違いないだろう」とロシアの海軍相は書いている。[2]

ロシア史家のショーン・マクミーキンたちが唱える説では、ロシアを第1次世界大戦の主要な侵略国と見なしている。トルコがボスポラス海峡における軍事力を迅速に増強することを懸念して、ロシアがトルコと可能な限り早く戦争を始めようとしていた、というのだ。トルコが港湾の防衛を刷新し、ドレッドノートを取り入れた場合に、自国が黒海を通過できなくなり、貿易を脅かされることをロシアは恐れていた。フランツ・フェルディナントの暗殺は、すでに戦争の準備を整えていたロシアが国境に部隊を集めるのに格好の口実だった。ロシアはセルビアの防衛にほとんど関心をもっていなかったが、国境に部隊を集結させればドイツとオーストリア・ハンガリー帝国の宣戦布告をまずは引き出せることをわかっていた。そしてトルコにドレッドノートが到着する前に戦争が宣言されたなら、ロシアの船はイスタンブールをあっさり掌握できるかもしれなかった。ドイツの性急な攻撃がイギリスを刺激することをロシアは望んでいた。ただ、トルコへの攻撃を急ぎすぎると、ロシアの包み隠していたものが露呈する危険があった。そう、イスタンブールを占領したいという深い願望だ。[3]

トルコの成長の中心にパルヴスが立っていたのは言うまでもない。与信の利用機会を増やし、穀物を入手しやすくし、軍事力を増強するうえで中心的な役割を果たした。パルヴスがイスタンブールでヴィッカーズ社とフリードリヒ・クルップ社の代理人も務め、信用手続きを行っていたことを示す資料は多々ある。[4] 彼はイスタンブールを難攻不落にするうえで一役買った。

第1次世界大戦について、ロシアに照準を合わせたこの見方では、ドイツとイギリスは遅れて合流したことになる。フランスは早くから、ロシアの行動にならうという合図をロシアに送っていた。ロシアとフランス、イギリスは、トルコにドイツが影響力を及ぼすようになってヨーロッパが深刻な食糧不足に陥ることを恐れていた。さらに、トルコと中東を結ぶドイツの鉄道の完成は、ロシアやフランスからアラビア半島にいたる輸送路に対する脅威だった。この見方によれば、第1次世界大戦はヨーロッパの中東支配をめぐる争いとして始まった戦争で、最初に脅威を感じ取ったロシア帝国が、戦争を開始すべく兵力を動員したことになる。[5]

政治家たちが見ていたのは、地図上で色分けされた図形の配置だった。かたやパルヴスが見ていたのは、小麦の移動する線だった。50年にわたって増大していたアメリカの穀物輸出は、1910年にはすでに縮小していた。景気づいたアメリカの都市が消費する穀物が増えたためだ。オスマン帝国は、穀物を生産するロシアと火薬や軍需品を製造する西の食道都市との、大事な接続点に位置していた。ルーマニアの穀物も、ボスポラス海峡を通らなければフランスに届けることができなかった。この海峡が世界を転換させる場所であることを、パルヴスは知っていた。イスタンブールをしかるべく防御すれば、フランスとイギリスを養うことが可能な黒海地域産の小麦を滞留させることができる。この2国が1794年以来、ロシアの穀物を原料に小麦粉を製造していることを、パルヴスは知っていた〔訳注：1794年はオデーサが建設された年〕。また、イスタンブールの海峡を封鎖すれば、大事な軍事物資のロシアへの到着を妨げ、ロシアの兵力動員を阻むことも可能だった。

だが、ドイツの食糧供給はイギリスと同じくらい頼りない状態だった。[6] たしかに、ドイツは潤沢な軍需品をもち、連絡線システムという見事な国営鉄道の輸送路を備えていた。それでも、ドイツの西部地域は大西洋経由で届く食糧――おもにアントワープとロッテルダムを通じて持ち込まれる食糧――に依存していた。ドイツが完全に包囲されたなら、穀物供給は危険にさらされる。ドイツの統制する鉄道はポーランドを貫通してはいなかったので、ロシアとイギリスがバルト海沿岸港での貿易を阻むようなことがあれば、バルト海経由の穀物の流れは減速あるいは停止するかもしれなかった。ハンザ同盟の時代からこのかた、ドイツ東部にくる穀物はバルト海を通っていた。ドイツの課した関税はその穀物の流れを止めることはなく、むしろロシア産穀物の多くが水路でドイツに輸送される結果を招いただけだった。ドイツは過去30年間に10億マルクを費やし、ドイツ領ポーランドにいたる輸送路を改良しようとしたが、ほとんど効果はなかった。連絡線システムは戦闘の迅速化につながりはしたが、長期にわたる戦闘には向いていなかった。

だから動員解除を求めるドイツの最後通牒にロシアからの回答はなく、宣戦の布告がなされたのだった。わたしたちはふつう、第1次世界大戦をヨーロッパでの塹壕と結び付けて考えるが、パルヴスにはこの戦争が穀物をめぐる争いであることがわかっていた。どの国であれ、黒海を制し、黒海と地中海とをつなぐ海峡を制すれば勝利を収めることになる、と考えた。

イギリスは当初、北海で哨戒活動を行いつつ水雷をまき、ドイツの動きを封じるという単純な海軍戦略を柱にしていた。ドイツがフランスに向かう途中でベルギーに侵攻する可能性はあったにしても、アントワープを短期間のうちに占領して管理下に置ける可能性は低かった。アントワープとロッテルダムがなければ、ドイツ西部は深刻な食糧不足に陥るかもしれなかった。イギリスは、エイブラハム・リンカーンの用いた封鎖戦略を露骨な形で応用し、ドイツに送られる可能性のある商品、とくに食料品の流れを止めようとした。イギリスはベルギーとオランダの商人に対し、ドイツへの穀物販売を阻むため、両国で買い入れた穀物をドイツに転売しないよう保証する法外な担保を要求した。さて、穀物の海に依存するようになってから60年が経ったヨーロッパで先に深刻な食糧不足に見舞われたのは、どちらの軍事同盟だったろうか。

パルヴスは1914年の8月から10月にかけて、トルコの統一派の経済顧問および糧食業者という立場で、機微に触れる交渉に直接関わったことだろう。その結果、オスマン帝国はドイツと同盟を結ぶ方向に押されていった。10月以降にドイツが作成した通信文からは、パルヴスがドイツの立場を強く支持していたことがうかがえる。だがほかの共産主義者は、どちらの側も支持しないことを明らかにしていた。かれらは革命を望んでおり、戦場で戦うのは地図上で色分けされた図形ではないと受け止めていた。ナショナリズムは幻想にすぎず、この帝国主義戦争で労働者は砲弾の餌食にされると考えていたのだ。

パルヴスの考えは違った。ロシアでは、日露戦争中とその後の生活難ゆえにロシアの兵士や労働者、農民がツアーリを拒絶したということをパルヴスはわかっていた。実際、ツアーリが国会の開設を約束する10月宣言への署名を余儀なくされたのは、ロシアの兵士が戦闘を忌避したためだ。パルヴスはロシア軍自体が火薬樽であると認識していた。貴族将校と庶民兵のあいだの緊張は、

1904年には満州の半島で、1905年にはモスクワ、そしてオデーサで爆発した。とくによく知られているのが戦艦ポチョムキンでの反乱だ。[7] 地主貴族が支配するきわめて階層的な軍はロシアの最大の弱点だった。というのもフリードリヒ・エンゲルスが述べたように、小銃と歩兵で戦う近代戦によって、労働者は自分たちがさまざまなものを剝奪されていることを素早く学び取り、自己能力感を身に付けたからだ。パルヴスもそう確信し、この論点について書く際には必ずと言っていいほどエンゲルスの言葉を引用した。イスタンブールでの経験から、ロシアの下級将校が（青年トルコ人がそうしたように）組織の内部にしかるべく浸透すれば、ロシア軍を揺さぶることもありうると彼は考えた。[8]

共産主義者としてのパルヴスの戦争認識を、穀物商・武器商としてのパルヴスの経済的利益から切り離して考えるのは難しかったのかもしれない。かつての友人はきっとそうだったはずだ。1915年にパルヴスが発行したドイツ語の新聞『鐘』（おそらくドイツから資金の提供を受けている）は、ドイツの戦争行為を熱烈に支持した。ロシアを支援することはツァーリズムを支えることにつながるから、労働者階級にとってはドイツの勝利にまさるものはないというのだ。パルヴスがこうしたドイツ支持の立場をとったことを受け、レフ・トロツキーは「生ける友人のための墓碑銘」と題する追悼文を発表した。この文章はパルヴスを名指しして、その愛国主義を非難した。かつての同志クララ・ツェトキンは、「帝国主義の使い走り」と呼んだ。[9] ローザ・ルクセンブルクやウラジーミル・レーニンをはじめとする他の共産主義者も口をそろえてパルヴスを非難し、その後いっさい彼と関わりをもつことはなかった。だが、パルヴスは穀物がどこに向かって流れるのかを知っていた。彼がなすべきことをするのに必要なのは、時間と人々の飢えだけだった。

イギリスは、ドレッドノートが黒海経由で届く穀物の供給を危うくしうることを認識していた。オスマン帝国が宣戦布告を行ってもいない頃、ウィンストン・チャーチルはトルコの発注したヴィッカーズ社製のドレッドノートがイスタンブールに到着する前に、これをイギリス海軍のものにしてしまい、オスマンの中立を侵した。チャーチルはのちに、船を奪取した理由について嘘を述べている。イギリスに報復すべく、ドイツの駆逐艦2隻がイスタンブールに避難し、その直後にオスマン帝国側へと引き渡されることになった。イギリス海軍に脅された将校と兵士は数日後にトルコ海軍の制服に身を包んで黒海へと移動し、オデーサを砲撃した。[10] ロシアの穀物倉庫への砲撃によって、トルコがオーストリアとドイツの側に立って参戦したことがはっきりした。

オスマン帝国についてのイギリスの過小評価は致命的なまでにひどかった。イギリスはオスマンの陸軍も海軍も弱小だと決め付け、たいして時間もかけずに水陸両用遠征作戦を立て、黒海上の穀物と英仏の食道都市とを結ぶ重要な輸送路の詰まりを解消しようとした。イギリスはまた、オスマンが海峡を掌握した場合に、ロシアのバクーで採掘される石油が手に入らなくなることを懸念した。ロシア、フランス、イギリスの三国協商国は、駆逐艦隊と水陸両用部隊によってトルコ軍を手早く片付けることは可能だと考えていた。1916年、協商国は終戦後にイスタンブールをロシアに引き渡すことで合意している。

だが協商国（連合国）は、この都市がコンスタンティノープルあるいはイスタンブールになる前の太古に、ビザンティウムの建設者ビザスがすでに得ていた教訓を学ぶはめになる。しかもその教訓は、駆逐艦や潜水艦、機関銃、大砲をもってしても、少しも変えることができなかった。パルヴスも十代の頃から知っていたことだが、この世界貿易の要衝は難攻不落の要塞で相応の防御がなされているので、何十年もかけて慎重に計画を立てなければ、攻略は不可能なのだ。協商国は、イスタンブールの南西にあるガリポリに部隊を上陸させようとした。イギリス、オーストラリア、ニュージーランドの部隊が波のように次々と海岸に押し寄せたが、部隊の前には、高地を掌握して十分な補給を受けているトルコ軍が立ちはだかった。戦闘は1915年2月から16年1月までと約1年続いたが、連合国軍はこの都市を占領できず、ロシアへの海路を開くことはなかった。フランスとイギリスはアメリカ産穀物への依存を深めていった。ヨーロッパの穀物価格は、1915年に2倍になっている。

ところが大西洋と北海を航行するドイツの新しい潜水艦のせいで、イギリスとフランスはたちまち食糧不足に直面した。第1次世界大戦期の潜水艦は水雷で船を破壊することは可能だったものの、浮上した場合は銃撃されただけで沈没する恐れがあった。つまり、Uボートは犠牲を伴わずに戦艦を攻撃することができないという大きな欠点を抱えていたのだ。だからこの潜水艦は食糧などの物資を損壊することしかできなかったのだが、アメリカの補給船を攻撃したために、同国を戦争に巻き込む危険を冒してしまった。

ドイツも早々と食糧不足に陥った。1914年、ベルギー経由で電撃的な行軍をし、タンネンベルクでロシア軍を急襲したドイツは、決定的な軍事力を見せつけた。ところが南北戦争におけるピーターズバーグ包囲戦と同じように、戦いは塹壕戦になった。１９１６年には連合国が連携をとり、ドイツの東西から絶え間なく攻撃を加えるようになった。これにより、ドイツは二正面作戦を強いられた。他方、ロシアはオスマンへの攻撃により、１９１６年前半までにエルズルムとトラブゾン、そして南部のムシュとビトリスを占領下に置いた。ドイツに対するロシアの攻撃は3月に惨めな失敗に終わったが、6月の大規模なブルシーロフ攻勢はより大きな成果を上げた。ドイツの「カブラの冬」が始まったのは１９１６年のことだ。飢餓に加えて士気の低下が広がり、食糧を求める蜂起が発生した。[11]

短期的に見れば、ブルシーロフ攻勢で最大の悪影響を受けたのはドイツだ。だが犠牲の多い戦闘が続いたことで、将来ロシアで生産されるはずだった穀物が完全に消滅した可能性がある。というのは、おそらく１００万人もの農民出身兵が死亡しているからだ。経済学者のニコライ・コンドラチェフによれば、この兵士たちは、もともとウクライナの「刈り手」だった。「所有された農地」で何十年にもわたって穀物を収穫してきた人々がそのまま連れてこられたという[12]〔訳注：「所有された農地」については１１４ページを参照〕。フランスの塹壕では、何十万人もの労働者や農家の息子が命を落とし、フランスとイギリスを疲弊させた。だがドイツも食糧の損失に苦しんだ。

パルヴスは、ドイツが焦っていること、そして穀物を必要としていることを理解していた。日付は特定できないものの１９１５年1月以前に、パルヴスはドイツ外務省内で活動する極秘組織「対敵事業および扇動」(Unternehmungen und Aufwiegelungen gegen unsere Feinde) に接近した。この組織については十分に解明されていないが、アイルランド、ロシア、アメリカ、中東などの連合国側の地域に革命をもたらすことを目的としていた。どの帝国にも、国内の政治的支持者に賄賂を贈ったり、国外勢力の分断を助長したりするために使える裏金（ドイツでは「爬虫類資金」と呼ばれた）があった〔訳注：爬虫類資金（Reptilienfonds）はビスマルクが考案した言葉。はじめビルマルクは政府に批判的な勢力を爬虫類と呼んだが、のちにはなぜか協力的な勢力についてこの表現を使った〕。戦争が始まると、ドイツ外務省は敵国で革命を引き起こすことを狙い、数千万マルクの非常に潤沢な資金を用意した。その計画のいくつかは、ドイツの中東作戦のように、投じられた金額に比べて滑稽なほど実績が貧弱だった。[13] かたやパルヴスが革命家とのあいだに築いたネットワークはそれよりもずっと広く、彼の手に渡った資金はもっと有効に使われた。数十万マルク以上が必要になった1915年1月には、アルトゥール・ツィンマーマン外務次官がゴットリープ・フォン・ヤゴー外相にパルヴスとの直接会談を求めている。ツィンマーマンは紹介状のなかで、「有名なロシアの社会主義者で政治評論家のヘルファント博士は、先のロシア革命における主要な指導者のひとりだった」と外相に伝えたうえで、ドイツと革命家の利害はほぼ一致すると述べた。つまり「ツァーリズムを完全に破壊し、ロシアを小さな国々に分割すること」が両者の利害にかなうというのだ。そしてツィンマーマンは、パルヴスの意見としてこう続けた。「ロシア帝国がいくつかの小国に分裂していなければ」ドイツは戦後も脆弱であり続ける、と。[14]

1915年1月から3月にかけて、パルヴスは「ロシアにおける政治的大衆ストライキの準備」という20ページのメモを作成した。ここには、鉄道橋と油田を爆破し、鉄道労働者と兵士によるストを組織し、軍をサンクトペテルブルクとモスクワに撤退させること以外に、ロシアで何が起こるかについて詳細はほとんど書かれていなかった。また、さらに大雑把な言い方で、ウクライナとフィンランドの分離主義者はロシアに対して立ち上がる用意ができており、ドイツはこの地域でのプロパガンダ戦争に資金を提供しさえすればよい、と請け合った。またこんなことも書かれていた。革命家たちとパルヴス、そしてドイツ外務省とがうまく連絡をとるには、無線電信が必要になる。そして何より重要なのは、自分たち急進派の出版物を中立国スイスで印刷して密送し、ロシア兵に渡すことができれば、ロシアの反戦的社会主義者が軍のなかに不和の種をまき、ロシアの軍事力を破壊できるということだ。ロシアで革命が起きれば東部戦線に混乱が生まれ、それによってドイツは部隊を西部に集中させ、アメリカの参戦前に戦争を終わらせることができるだろう、と。外務省からこの支出について最後に知らされた財務相は1915年12月に、ウクライナおよびフィンランドでの独立運動と、ロシア軍内での宣伝に関するパルヴスの計画を支えるために100万ルーブルを追加することを承認したが、「彼の計画には幻想が多々含まれている」と不満を漏らした。1916年2月に革命を起こすというパルヴスの最初の試みは失敗に終わった。[15]

だがパルヴスの計画は幻想ではなかった。信じられないかもしれないが、ロシアの穀物は、その後消えてしまうのだ。

第14章 権力の源泉としての穀物

1916年～1924年

戦争中、アレクサンドル・クリヴォシェイン率いる土地利用・農業総局は穀物供給インフラの改変を目指したが、彼はロシアの黒い道に手出しをして穀物価格を押し上げるだけに終わった。クリヴォシェインは穀物市場を国家の管理下に置こうとしたのだが、そのせいでロシアの諸都市への穀物輸送は阻害され、社会は不安定化して革命へと押し流された。2月革命後には、新しい臨時政府、鉄道労働者の組織、穀物運搬人の三者が、黒い道の乱れを正そうと悪戦苦闘した。だが穀物輸送の改善に向けた臨時政府と労働者委員会によるそれぞれの取り組みをボリシェヴィキが破綻させた。収穫期の混乱は、ボリシェヴィキによる権力掌握以後も続く。

第1次世界大戦が始まったとき、クリヴォシェインの率いる役所は、陸海軍への食糧の供給こそ帝国の最優先事項であると判断した。クリヴォシェインは請負業者との協力を望まず、穀物の生産量がとくに多い黒海沿岸地域を糧食の供給地に定めた。穀物倉庫にあるものを民間業者が販売することは許可したが、先に政府の需要が満たされていること、という条件つきだった。土地利用・農業総局が倉庫にある穀物の軍需調達と価格を決めるや否や、残った民需用穀物の価格は急上昇した。これは民間業者が、陸海軍の糧食だからと人為的に低い価格を押し付けられたことの埋め合わせをしようとしたからだった。1915年10月には、ロシアの659都市のうち500超が食糧不足を報告している。軍を支えるためにクリヴォシェインが考えた穀物供給計画は、都市を飢えさせてしまった。[1]

ロシアの各県では、それまで都市への食糧供給の機能を果たしていた穀物取引や信用のネットワークに取って代わるべく、さまざまな文民機関が互いに競っていた。ゼムストヴォ連合という行政組織は、食糧の供給と価格を設定するための部門として供給部と備蓄委員会、倉庫委員会、輸送委員会を同時に設けたが、それぞれの役割には重複があった。その結果、これらは延々と同士討ちを続けることになった。[2]

1916年後半、ゼムストヴォ連合は穀物の独占体制を築こうとした。すると工業製品の独占価格が存在しないのに穀物の独占価格は存在するという事態になり、穀物生産地域である南部・西部と穀物消費地域である北部・東部との緊張が悪化した。穀物を消費するモスクワとサンクトペテルブルクの両都市では、蜂起発生の瀬戸際までいった。[3]

1916年には、ロシアの穀物価格は世界の穀物市場価格よりも急激に上昇した。かつては穀物がきわめて安く、戦前には穀物の半分しか輸出していた国にこのような変化が訪れたのは驚くべきことだ。穀物価格の急上昇に反応して、穀物の闇市場が現れた。そこで県知事たちは穀物を県外へと持ち出す者に課税し、ついには搬出を禁じた。それからほどなく県知事や皇帝派の民兵は、穀物輸送車が都市に向かわないよう、これをこぞって妨害した。1916年春から17年春にかけて、穀物の収穫が豊かなアメリカなどの国々でも穀物価格が2倍になったが、ロシアではパンの価格が10倍超になっている。[4]

そして1917年3月8日(ロシア暦2月23日)、サンクトペテルブルクで起きた食糧配給への抗議が蜂起につながった。このときは1905年と同じように軍が騒動を抑えることはなく、兵士は将校に刃向かい、数日後に皇帝ニコライ2世が退位した。20ページのメモのなかでこの事態の大半を予測していたパルヴスは、突然ドイツの陸軍省から強い関心を向けられた。だがパルヴスはドイツ陸軍省に対し、ロシアで実権を握った臨時政府と取引しようとしたり、ロシアを分裂させたりすることのないよう忠告した。どちらにしてもロシアの反対派を刺激し、戦争を長引かせることにつながるからだ。[5] パルヴスはまた、こうした行動がナショナリストや自由主義者、製造業者の権力を強めてしまうことをわかっていた。パリ・コミューンの結末や、1905年にロシア政府に処刑された友人の共産主義者のことを覚えている彼にとって、そんな事態は受け入れられるものではなかった。

そしてパルヴスはこう述べた。むしろドイツ政府は、ボリシェヴィキとメンシェヴィキを乗せた封印列車をサンクトペテルブルク郊外のフィンランド駅に送る費用として、追加でおそらく

5000万マルクを提供する必要がある。その後も拳銃やダイナマイト、薬の提供という形で力を貸さねばならないだろう。自分にはロシアのバルト海沿岸地域にある倉庫からドイツに穀物を輸送させることができる。中立国デンマークにいる代理人が、無線電信でサンクトペテルブルクやバルト海沿岸の代理人に連絡してくれる。自分はデンマークやスウェーデンの旗を掲げた中立船を使える立場にある、と。[6]

ボリシェヴィキと多くのメンシェヴィキは、敗戦を受け入れるはずだとパルヴスは請け合った。ロシアの社会主義者のなかには戦争を支持する者もいた。こうした社会愛国主義者、つまり戦争でロシア側を支持するロシアの社会主義者は、対抗プロパガンダで打ちのめす必要があるとパルヴスは言った。さらに、ボリシェヴィキとメンシェヴィキはウクライナとフィンランドの独立を容認し、東部戦線で降伏するに違いないと述べた。[7] また、コペンハーゲンとバルト海の港にいる自分の新しい貿易代理人は、社会主義を支持する造船労働者の力を借りられるだろうし、バルト海で貿易に携わる許可も得られるだろう、そしてロシアの穀物をドイツの軍需品や薬と交換することが可能になる、と伝えた。[8] これは、バルカン戦争中にパルヴスが黒海地域で手掛けた仕事をほぼそのまま再現したようなものだった。この方法により、ドイツ軍には勝敗を左右するパンがもたらされ、ロシアには革命がもたらされるという。

1917年に5000万~2億マルクがドイツからボリシェヴィキに流れた。パルヴスは密輸活動を効率的に行い、この活動への援助額を増やした。かなりの額が新聞の配布に費やされている。同年半ばにはボリシェヴィキは機関銃と火砲を利用できるようになり、1909年に青年トルコ人がスルタンによる反革命行動から身を守ったように、臨時政府やラーヴル・コルニーロフ将軍の率いる反革命行動から自衛できるだけの軍事力を手にした。１９１７年半ば、臨時政府がウラジーミル・レーニンやレフ・トロツキーらをドイツのスパイとして裁判にかけようとした。検察は新聞紙上で、レーニンとパルヴスが第三者を介して交わした少なからぬ量の電信を証拠として持っていると発表した。それはドイツの金がボリシェヴィキに渡った経路を示していたという。だが10月革命によって裁判は阻止され、文書は消えた。[9]

ボリシェヴィキの成功は、機関銃を得られたこととはあまり関係なかった。ボリシェヴィキは「平和、土地、パン」というスローガンを掲げていたし、ことの成否を大いに左右したのはむしろパンであり、ロシア国内で新たな穀物の道を管理できるかどうかだった。ロシアの穀物がバルト海沿岸の港からドイツ軍のもとに流出していた１９１７年、革命に変化が訪れた。

ふんだんに配布される廉価な新聞は、ロシアが抱える問題についてボリシェヴィキが自分たちの主張を伝えるための大事な手段になった。１９１７年の2月革命で皇帝ニコライ2世が退位すると、臨時政府がロシアの正式な統治機関となる。とはいえ、臨時政府はボリシェヴィキとメンシェヴィキが後押しする労働者の評議会（ソヴィエト）と権力を分かち合った。都市においては、ソヴィエトは臨時政府に比べて多くの権限をもち（警察権も有していた）、その報道機関の活動もはるかに活発だった。

新聞はボリシェヴィキの権威を示すうえできわめて重要なものだった。たとえばレーニンは４月に封印列車でロシアに到着すると、「4月テーゼ」を新聞紙上で発表している。政府はブルジョア的であり、すべての権力をソヴィエトへ移すべしと宣言する文書だ。そのなかでレーニンは「革命的祖国敗北主義」を呼び掛け、ロシアにとっては勝利で得るものよりも敗北で得るもののほうが多いと述べた。またロシアのすべての銀行の国有化と陸海軍の廃止を訴えた。6月、ドイツの外務大臣アルトゥール・ツィンマーマンは、ボリシェヴィキの機関紙『プラウダ』の発行部数が30万部に達したことは間違いないとスイスの大臣に伝えている。[10] パルヴスはストックホルムに所有していた印刷機でレーニンの書いた記事の複製をつくった。そしてドイツ政府が第三者を通じて秘密裏に、レーニンの4月テーゼの複製を密送し、前線のロシア兵に届けた。[11]「7月蜂起」が起きると、兵士や船員、労働者が臨時政府に対する武装デモに加わり、臨時政府とソヴィエトのあいだに存在していた不安定な勢力均衡を崩した。のちにドイツのリヒャルト・フォン・キュールマン外相は、外務省連絡官に向かってこんなことを誇らしげに語っている。「ボリシェヴィキ運動は、われわれの継続的な支援なしには今日ほどの規模や影響力を獲得することはできなかったろう。運動が今後も成長し続けることを示す兆しは十分すぎるほどある」[12]。

しかし穀物もまた、ボリシェヴィキ勝利の物語で大事な役を演じていた。ロシア国内での穀物輸送は2月に入る前にすでに失速しており、労働者協同組合や都市組織は南部・西部の草原地域に人を送り始めていた。現金や銀、さらには製造品を運んで、製粉所が動いている地方の町の小麦粉と交換しようとしたのだ。送り込まれたメショーチニキ（袋屋、担ぎ屋）は、小麦粉の入った袋を列車で持ち帰った。[13] この担ぎ屋はある意味で、20世紀のチュマキだった。というのも小麦粉という精製された形のものであれ、パンの材料を運んでいたからだ。ただ、メショーチニキは鉄道を使っていたので、動きはずっと速かった。だがメショーチニキがたどった経路は、その始祖に当たるチュマキが700年間以上も歩いていた黒い道だった（最初にその道を移動し、国をひとつにまとめたのがチュマキだ）。メショーチニキは強盗や民兵から身を守るため、槍の代わりにピストルを携えて移動した。こうした都市の担ぎ屋は労働者協同組合に食糧を供給し、臨時政府に対抗していたソヴィエトの権力と自律性の強化を助けるとともに、臨時政府に自国民を養う能力がないことを示した。都市に穀物を届けた鉄道は、国家そのものだった（ピーター・ワトソンはそのように認識していたし、セルゲイ・ヴィッテはそうなるように計画していた）。だから帝国をまとめる国営鉄道網は、ボリシェヴィキとメンシェヴィキと臨時政府が権威をめぐって争う重要な戦場の1つになった。

1917年3月から7月にかけて、保守派と自由主義者とメンシェヴィキは、ロシアの南部・西部（今日のウクライナにほぼ相当する地域）の穀物生産地域と北部・東部の穀物消費地域との接続を改善しようとした。その主力となったのは、鉄道委員会と呼ばれるいくつもの革命的な組織だ。鉄道委員会は1917年3月以降、ロシアの鉄道労働者のあいだで次々と結成されていった。ソヴィエトと臨時政府を支持しており、所属する操車場労働者や修理工は、皇帝の退位後に職場を放棄していた役人から鉄道の管理業務を少しずつ引き継いだ。委員会は、前年に線路障害を意図的に起こした皇帝派民兵の粉砕を目指した。また、部品を交換してエンジンの修理を進め、おおむね成果を上げた。[14]

ところが5月になると、ボリシェヴィキは鉄道委員会を政治権力の中枢に収まろうとする危険な競合相手と見なし、弱体化させる動きを強める。主な標的になったのが、指導的なメンシェヴィキにしてロシア・マルクス主義の父と呼ばれるゲオルギー・プレハーノフだ。彼は鉄道委員会を束ねる立場にあった。レーニンよりもマルクスを深く理解していたプレハーノフは、レーニンの4月テーゼに強く反対するとともに、(具体的な証拠はないながら)レーニンらのボリシェヴィキがパルヴスを通じてドイツから資金提供を受けているという説を公にした。プレハーノフの率いる鉄道委員会は司法相のアレクサンドル・ケレンスキー(かつて皇帝派要人の暗殺を支持していた社会革命党の革命家)および臨時政府大臣会議議長のゲオルギー・リヴォフ公爵(自由主義者)と緊密な協力関係にあり、ここにボリシェヴィキは、自分たちが強く反対する超党派の団結を読み取っていた。

鉄道委員会の力を挫き、委員会が国家権力として取って代わる事態を防ぐべく、ボリシェヴィキは鉄道員の仲間内に走る亀裂を利用した。操車場労働者や修理工よりも地位が一段低い線路整備士の組合をつくって、鉄道委員会は全鉄道労働者の代表を気取る傲慢かつ利己的な操車場労働者や修理工の集まりだと批判を浴びせたのだ。ボリシェヴィキは、鉄道業界の階層で鉄道委員会のメンバーよりも上にいた尊大な機関士や制動手、機関助士の「リボン組合」に個別に働き掛け、鉄道委員会の労働者は熟練度の高い者を差し置いて自分たちだけが潤うような昇給を求めているのだと吹き込んだ〔訳注:「リボン組合」は鉄道労働者の職種別組合のこと。なぜそのように呼ばれていたのかは不明〕。鉄道委員会に打撃を与えるためのストが7月に始まり、10月まで続いた。こうした行動は全国の鉄道の輸送能力を大幅に押し下げ、都市への穀物の到着を遅らせた。自由主義者、社会革命党員、メンシェヴィキ、ボリシェヴィキの諸党派の反目は、解決不能だったかもしれない。そんななか、ボリシェヴィキは全国の鉄道を使って臨時政府を弱体化させ、ひいては国家権力の源泉になりかねない鉄道自体の弱体化をも狙っていたように見える。ロシアの鉄道が混乱を深めるに従い、穀物供給の問題を軍事的に解決するというボリシェヴィキの主張は訴求力を強めていった。[15]

社会主義者、自由主義者、ボリシェヴィキ、メンシェヴィキの協力のたまものとも言える2月革命は10月革命によって覆され、その結果ボリシェヴィキが権力の座に就いた。2月革命後に生まれた他の問題も、やはり解決不能だったかもしれない。経済学者のニコライ・コンドラチェフが指摘したことだが、戦争でロシア兵が死亡したために、数百万人の都市労働者を農村に連れて行かない限り、ロシアで穀物の収穫を行うことは確実に不可能になった。どんな穀物流通システムをもってしても、ロシアに食べ物を供給することはできなかったかもしれない。だがそうだったとしても、10月革命はただでさえ悪い状況にあった穀物の流通システムを、さらにひどい状況にした。

ボリシェヴィキの「土地に関する布告」は、すべての土地を国有地に変え、のちに再分配することを告げた。土地の再分配によって土地なし農民の数は減ったが、同時にロシアの主要な穀物供給源だった「辺境の農地」が分割された。だがさまざまな理由から、小麦は500~1000エーカーの土地で栽培するのがもっとも効率的だったように思われる。これには多くの理由があるが、草原で穀物を栽培するには広い地所が必要だったかもしれないのだ。まず、起伏も平坦な場所もある平原で耕起や穀物の収穫を効率的に行うには、重機が欠かせなかった。また乾燥した平原では、長距離用水路を系統的に整えなければならなかった。さらに、ここでは長年にわたり四圃制が行われていて、季節ごとに多くの農地を休耕地にせねばならなかった。[16]

革命はまた、小規模農民の耕地を土台に食糧増産を図ることに伴う別の問題をも明るみに出したようだ。ロシアの農業経済学者アレクサンドル・チャヤーノフは、革命直後にそうした農民の生産性を注意深く測定した。そして綿密な研究に基づき、小規模農民は市場に対し、一般に考えられているような反応を示すことはないと指摘した。チャヤーノフはデイヴィッド・リカードと意見を異にし、このような農民にとって土地と労働と資本は等価で交換することが可能な数量などではないと述べている。小規模農民が雇っていたのは自分たち自身なので、単調な重労働に対する抵抗は指数関数的だった。家族でこなせる仕事量のピークに近づくにつれて、その単調な重労働に対する抵抗は強さを増した。そのような状況では、1918～19年のように穀物価格が上昇しても、農民が資本や土地を得るために労働力の投入を高め、作物の生産量を増大させようとすることはないかもしれない。むしろ価格が上昇したときには、農民の生産する穀物の量が減る可能性がある。というのも、資本や土地を増やして得られるものが、重労働をしないことから得られる満足に見合わないからだ。チャヤーノフはまた、農民は子どもが幼いときにもっとも熱心に働き、子どもが成長するにつれて農場での総労働時間を徐々に減らしている、ということを突き止めた。つまり家族の振る舞いを左右するのは価格ではなく、ライフサイクルなのだ。かたや「辺境の農地」は、穀物価格が高いときに農場主が土地や労働力、資本を購入することがありうるという点で、資本主義的農場に似ていた。チャヤーノフによる農民経済の評価はクラークを支持しているように見えたうえ、小規模農民農業でロシアを救うことはできないと暗に述べていたため、ボリシェヴィキはこの評価を退けた。チャヤーノフは1930年に根拠のない容疑で逮捕され、カザフスタンに追放された。そして1937年に再逮捕され、その日のうちに銃殺されている。[17]

10月革命の1か月後、パルヴスとドイツ政府はたもとを分かった。フランス・ドイツの塹壕地帯で起きた蜂起から、両国でも労働者の革命が出現しつつあるという考えに、パルヴスはいたったのかもしれない。パルヴスは1917年9月にスイスで開催された第3回ツィンマーヴァルト会議に期待を寄せていた。この会議によってヨーロッパの社会民主主義者が団結し、社会主義者の主導による単独講和がなされることを望んでいたのだ。だが、それからほどなくボリシェヴィキとメンシェヴィキのあいだに深い亀裂が走り、社会主義者の団結は崩れた。ドイツでパルヴスは、スパルタクス団（塹壕地帯やドイツの主要都市でゼネストを起こそうとした革命的共産主義者）ではなくドイツ社会民主党（留保付きで祖国防衛戦争に賛成）を支持した。スパルタクス団を押さえ付けたい社会民主党は、軍および極右ドイツ義勇軍と手を組んでしまった。ドイツ義勇軍はローザ・ルクセンブルクやカール・リープクネヒトを筆頭に、何百人というスパルタクス団員を根こそぎ捕らえ、殺害した。パルヴスは2人の居場所を知っていたが、口を割ることはなかったと言われる。ただ事実はどうあれ、ドイツ義勇軍は2人を見つけて殺め、遺体を運河に投げ込んだ〔訳注：リープクネヒトの遺体は死体安置場に放置されたという説もある〕。

ボリシェヴィキは10月革命によってロシアで権力を握ると、戦争を終結に持ち込もうとしたが、メンシェヴィキや他国の社会民主党員と共同戦線を張ることができなかった。1917年12月から18年3月にかけて、鉄道ハブのブレスト・リトフスクで行われたドイツ（中央同盟国）とロシアとの和平交渉は、ボリシェヴィキにとって痛恨の失敗だった。ドイツ人は、フィンランドとウクライナからのロシア軍の撤退を求めただけでなく、「ヴァリャーグの道」、つまりケーニヒスベルクからオデーサにいたる穀物輸送路もそっくり管理下に置こうとしたのだ。ここはロシアの穀物の大半を生産する地域で、ピーテル・ヘンリー・シュトロウスベルクが途中まで建設し、セルゲイ・ヴィッテが完成させたロシア帝国の新しい「背骨」も含んでいた。革命家たちが要求できたのは、ヴォルガ川沿いの古い食糧輸送路に対する権利にすぎない。ドイツ軍がファウストシュラーク作戦でロシア軍の要地に向かって進軍した際にも、創設されたばかりの赤軍はこれを押し戻すことができなかった。トロツキーは平和条約への署名を余儀なくされた。ブレスト・リトフスクでのトロツキーの任務は失敗に終わった。

ポーランドとウクライナのロシアからの分離は、すでにブレスト・リトフスク条約の締結前に始まっていた。ウクライナ人民共和国は単独で、中央同盟国に食糧を売ることを約束する「パンの講和」に署名した。ドイツ軍はこれを軍事侵攻の許可と見なしてウクライナに進軍し、キーウとオデーサに加え、他の多くの主要都市を占領した。[18] ウクライナとポーランドの分離は、ロシアでもっとも生産性の高かった穀物生産地を中央同盟国以外のどこも利用できなくなるという厳然たる事実を意味した。これで、穀物生産を通じて辺境を拡大していくというエカチェリーナ大帝の重農主義戦略がロシアにとって命取りだったことがはっきりした。ロシアの富はすべて西部や南部の辺境で生み出されていたので、ドイツにその地域を奪われたことで、ロシアの人々を養うことは格段に難しくなった。

トロツキーはロシアの新しい首都モスクワに戻った。そして50万人の兵士を募集する計画を胸に、赤軍のコミッサール（人民委員）になった。各地のソヴィエトや元兵士の武装グループによる列車の奪取に対処し、「担ぎ屋」を妨害すべく、兵士や船員、失業者からなる「緊急派遣隊」を編成した。[19] その後、ロシアに新しく設立された人民食糧委員会が食糧非常事態を宣言し、農村で目につく余剰農産物を徴発しようとした。[20]

赤軍の編成においては、1911年から13年にかけてトルコでパルヴスの学んだことが発想源になった。トロツキーは指揮権を手にした1918年、青年トルコ人が考えたようなハイブリッドの軍事教育組織を軍に取り入れた。それにより、帝国軍の上級将校は、コミッサールと呼ばれる若い政治将校の手綱のもとに置かれるようになった〔訳注：コミッサールという言葉はさまざまな組織で使われた〕。トロツキーは3年超の月日を移動中の列車で過ごし、そのあいだに赤軍自体がロシア軍人を急進化および政治化する役割を担うにいたった。列車には印刷機と電信装置に加え、おびただしい数のロシア語の初歩読本やカレンダー、マルクス主義に関するパンフレット、フランス革命に関する歴史書、ロシア革命の進展にボリシェヴィキの観点から分析を加えた文書が積み込まれていた。1905年にはトロツキーとパルヴスの発行した廉価な新聞がプロパガンダを広め急進化を後押ししたが、1918年には、新聞と教育を通してのプロパガンダは――オスマン帝国軍の場合と同じように――軍の組織そのものと融合した。

そしてオスマン帝国軍と同じように、ロシア帝国軍の年かさで経験豊富な将校は数万人単位でボリシェヴィキ軍に編入され、若い政治コミッサールの監督を受けることになった。戦場での命令が党の原則に違反する場合、コミッサールはこれを撤回させることができた。新しいロシア国家の公式見解は、これに少し先立つトルコ国家の公式見解と同じく、食糧や燃料、軍需品とともに、黒い道に沿って伝達されるようになる。そしてロシアの将兵は、マルクス主義思想に従って高度に組織化されたカリキュラムを吸収していく。共産主義に基づくカリキュラムに沿った教育が軍組織において重視されていたことは、ロシア史家にはよく知られている。[21] このモデルが青年トルコ人革命に多く依拠していることを当時わかっていたのは、パルヴスと近しい間柄にあったトロツキーだけだったろう。

1918年から22年にかけては、飢餓と内戦と混乱の月日だった。ソヴィエト連邦の人口は1920年に7000万人、21年に1100万人、22年には1300万人減少した。外国に逃れたのはわずか200万人で、餓死者だけで500万人に達した。ほとんどの死因は赤痢やコレラのような飢饉に伴う病気で、1840年代にヨーロッパで起きた飢饉や1891年にロシアで起きた飢饉の場合と同じだった。ただいずれの飢饉も、ロシアで1918年から5年間続いたこの飢饉に比べれば、人口への影響は小さかった。[22]

内戦期のロシアほど、黒い道と国家権力の源泉との結び付きが鮮明だった場所はない。当時はヨーロッパのあらゆる大国がソ連と戦争をしていた。強力な軍隊の標的になった穀物輸送路は、分割されて短い連絡線の寄せ集めになってしまいかねなかった。アレクサンドル・コルチャークの白軍は、ボリシェヴィキと戦ったチェコスロヴァキア軍団と同様に、シベリア鉄道を拠点にしていた〔訳

注：チェコスロヴァキア軍団はシベリア鉄道の一部区間を占拠した」。鉄道を自らの統制のもとに置けば、その区間に国家をつくることも不可能ではなかった。東清鉄道沿線にいた反革命派のロシア人は独自の国家のような機能を果たし、ボリシェヴィキと対立する諸派閥のなかで最長の体制を維持している。[23]

第1次世界大戦のあとにロシアで起きた変革の過程で、革命と反革命、分離と統合が織りなす、きわめて大きく複雑な物語が生まれた。そして、皇帝や地主貴族やクヌート（地主貴族が納屋に保管していた革製の鞭）のない未来について、それぞれに異なる構想をもつ党派のあいだに複雑な対立関係が生じた。ところが何年かすると、革命家たちがこの物語を単純なドラマとして語るようになる。ボリシェヴィキは歴史をかいつまんで、1917年10月に冬宮殿を襲撃した労働者についての魅力的な物語に仕上げた。[24] だが大富豪のパルヴスは、誰もが忘れていた教訓を学んでいた。小麦畑はロシアとアメリカがもつ最大の資産であること。農奴解放とアメリカの南北戦争とのあいだには関連があるかもしれないこと。銀行預金はロシア帝国にとっての最大の弱点であること。国際的な穀物流通の要衝を支配することが第1次世界大戦のゆくえを左右するということ。そして革命の資金を、失うものが何もないドイツ帝国から搾り取れるであろうこと。

だがソヴィエトによる権力掌握のロードマップを一度ならず二度も書いたパルヴスは、物語から巧妙に消された。1905年のペテルブルク労働代表者ソヴィエトの議長はパルヴスだったのに、トロツキーがその役職にあったとされた。レーニンは自分とパルヴスのあいだには何もないと公言してパルヴスの入国を拒否したが、ボリシェヴィキのために現金が必要になった際には内密に電信で連絡した。[25] パルヴスは1924年に死去しているが、それはまさにトロツキーがソ連で失脚しつつある時期だった。トロツキーが犯したとされる重大な罪は、パルヴスと関わったことだ。革命に先立つ数年のあいだ党内にみなぎっていた緊張についてトロツキー自身が覚えていたことが——パルヴスの話をすることを彼は注意深く避けていたが——政敵にはやがて脅威と見なされるようになった。政敵はロシアの社会民主主義に関するトロツキーの体験談を、レーニン主義の真の原理からの逸脱、つまり「トロツキズム」の証拠であると指摘して、彼に非難を浴びせた。[26] ソ連を追放されたトロツキーはトルコに行き、イスタンブールにほど近いクズル諸島の1つにあるパルヴスの旧宅に住み着いた。小麦やその輸送、また鉄道や銀行、さらに帝国軍将校のボリシェヴィキへの転向にまつわる重要な話は、脚注に入れる価値さえないものになってしまった。

わたしの見るところ、パルヴスは重要な役割を演じたわけではなかったが、世界についての彼の認識は、食糧の生産や保存や輸送の方法、先史時代の長距離輸送路、そして長距離交易を可能にした金融手段をめぐる奥深い歴史を理解するための手掛かりになる。現代の生産者と消費者は1万年前の人々と同じように、世界共有の生態系で結ばれている。ウイルスや帝国や国家は、まるで広大な海の、目に見えない海溝の上に浮かぶ泡沫(うたかた)のように、その体系のなかを漂っている。パルヴスには、わたしたちをひとつに結び合わせる線、帝国内部に走る亀裂、そしてその究極の弱点が見えていた。

おわりに

酵母はコロニーを形成し、穀物を養分にする。人々は穀物を植えて収穫し、採取した一部の種子に酵母を作用させて食べ物にする。帝国は人々を掌握し、交易路を取り込み、軍事侵攻のために食糧供給地（エンポリオン）を設け、臣民に税を課して帝国拡大の資源を手に入れる。太古の昔から、微生物は帝国をつなぐ交易路のなかに自らの生息できる環境を見つけてきた。こうした微生物が増殖すると、帝国は適応を迫られ、食糧生産＝交易＝課税のサイクルには新しい負担が加わった。腺ペストは帝国に交易の停止や減速を余儀なくさせ、ジャガイモ飢饉は交易の再開を迫った。帝国を共生生物と見なすべきか寄生生物と見なすべきかは、人の視点によって変わってくる。わたしの見方では、帝国はどちらかと言えば寄生生物に近いが、こんな議論を立てることも可能だろう。帝国の資金で運営され、食糧生産＝交易＝課税のサイクルを分析する大学は、帝国内の「成長」を後押しするようにサイクルを変更することで飢餓を防止しようとしている。物理学も生物学も化学も、また経済学も歴史学も、臣民であるわたしたちを生かし、支配の座にとどまることを望む帝国のためのデータ処理システムなのだ、と。

アメリカはロシアのような帝国だったのだろうか。1890年代まで部分的にそうだったにすぎない、というのがわたしの考えだ。アメリカの入植地拡大が、ある場所を準州に指定して入植者を送り込み、食糧作物を植えることであり、その過程で元から住んでいた人々が追放され、殺害され、一定の場所に囲い込まれたりしたのは間違いない。ただ、アメリカの入植地には帝国の伝統とは異なる点があった。それは、十分な人口を擁する準州には州になるための申請を行うことが可能で、それが受け入れられれば、帝国に直接代議員を送ることができた点だ。清は辺境の民を獲得すると同化させ、他の地域の臣民と対等な民にしようとしていた点で、アメリカ帝国にもっとも近いかもしれない。オスマン帝国とロシア帝国は、どちらもビザンティンとローマをモデルにしており、本国と植民地のあいだにもっと明確な線を引いていた。イェニチェリやコロニスティ（入植者）は将軍や提督や知事になることができたのに対し、帝国を養う植民地人に与えられる権利は少なかった。当然ながら、これらの帝国によって追放されたり囲い込まれたりした先住民には、アメリカ国民に与えられる主権に匹敵するようなものは適用されなかった。アメリカ先住民についても同様だった。他国の植民地人のことを知ったアメリカ先住民がいたなら、その大半は、どの国の状況もたいして変わらない、と思ったことだろう。

オスマン帝国や清帝国、ロシア帝国では、国内各地の代表者がいたが、ほぼ無視されており、中央の政府はかなり強大な権威を築いた。重要なのは、オスマン帝国や清帝国、ロシア帝国で課税権限のほとんどが中央に集中していたことだ。19世紀半ばに入ると、ヨーロッパの支配する新しい機関がこの課税権限を奪い取り、税を直接課して徴収するようになった。中国海関（1854〜1950年）、オスマン債務管理局（OPDA、1881〜1914年）、ロシア財務省鉄道局（1889〜1917年）がそれだ。最初の2つはおおむね外国の管理下にあり、3つ目は一種の主権共有者だった。鉄道局は債券に認証を与え、帝国の債務を直接、段階的に返済していった。こうした新しい財政中枢機関は皇帝に名目上の忠誠を捧げる一方で、国内外の債権者には具体的な形での忠誠を誓っていた。帝国による報告書は刊行が義務化されており、貸し手はこれを精査した。中国海関とOPDAの報告書は、帝国の主権事項がほとんど筒抜けであることを物語っていた。報告書についてもっともらしい否定的評価がなされれば、帝国の借入金利が急激に上がり、帝国の建設や拡大が妨げられる恐れもあった。新しい財政機関は、帝国の内国税と関税の大部分を設定する権限をもっていた。これらの機関は、帝国になり代わったと言っていい。食糧の流通という大切な問題に関しては、とくにこのことが言える。

アメリカは奴隷制や南部の不平等をめぐる試練のなかで、世界経済におけるその立場をがらりと変えた。穀物生産については、オデーサと正面から競合するようになった。穀物貿易の管理については、アメリカの役人は「共和党」モデルを使い始めた。それは先物市場と、株主が所有し沿岸部まで続く民間の州間鉄道からなるモデルだ。いわゆる『ザ・フェデラリスト・ペーパーズ』の執筆者の1人、ジェイムズ・マディソンは1787年に、その第10編のなかでこう述べている。多くの派閥の競争は単一の派閥による権力掌握を防ぐことにつながるため、多くの派閥がある大きな共和国のほうが小さな共和国よりも安全であるかもしれない、と。陸軍省の計画は、ある意味で鉄道における「ザ・フェデラリスト第10編」のようなものだった。1社による鉄道の独占は有害だが、シカゴと沿岸部を結ぶ、並行する4路線による寡占は問題ないかもしれない。少数の穀物商が戦争でもうけるのは受け入れられないが、数百人の穀物商が利益を得る可能性があるなら差し支えないだろう。また、ダイナマイトや大西洋横断電信ケーブルなどの技術は、アメリカ帝国からヨーロッパの帝国に穀物を届けるためのコストを押し下げた。1865年頃から、アメリカはロシアとともに、ヨーロッパおよび世界中の帝国や共和国やさまざまな国を養うようになった。

南北戦争中から戦後にかけて、アメリカは典型的な帝国に一段と近づいていった。まず、北軍は離脱州に入ると、軍政長官と忠誠の誓いを組み合わせた古代ローマの占領システムを取り入れた。そして1866年、連邦議会はこのシステムの管理権限を政府からあっさり奪い去ると、修正第14条によって生得市民権を導入した〔訳注：修正第14条は、アメリカに生まれたすべての者をアメリカ市民と認める内容で、その市民権実現のための立法権限を連邦議会に与えるものでもあった。1866年に提案、68年に批准〕。ところが南部諸州における白人支配のための戦いをクー・クラックス・クランが主導したことで「贖罪」がもたらされ、一党支配の州政府はアフリカ系アメリカ人市民から公民権を奪ってしまった。1877年以降、アメリカは他の多くの帝国と同様に、市民と非支配民を抱えることになる〔訳注：1868~77年は Redemption の時代とも呼ばれ、この言葉は贖罪／救済と訳されたり、南部の復興／復権と意訳されたりする」。たとえば解放奴隷はローマの奴隷と同じように、陪審員を務めることができず、法による保護を受けにくくなった。1877年からほどなく、この国は拡大するにつれて、「帝国に反対する」という国制上の約束ごとを破り続けた。連邦議会に代表を送れない領土としてプエルトリコ、キューバ、フィリピン、東サモアなどを併合し、帝国になったのだ。

世界を養ったのはアメリカとロシアだけではなかった。1890年代には、アルゼンチンやオーストラリア、インドも世界に食糧を供給していた。新たに鉄道を敷いて草原地帯を食糧供給地とつなぐというのは、主として大英帝国が目指していたことで、その狙いは外国産食糧への依存を相殺し、資本逃避を防ぎ、イギリス・ポンドを安定させることにあった。国庫を管理する権限を失っていたオスマン帝国と清帝国には、国内で安価な食糧を確保することが難しかった。ただ帝国内に鉄道が敷設されるや、帝国の資金によって国内植民地にされたバルカン半島や満州は都市に食糧を供給した。そして重税を課されたこれらの地域の穀物生産者が武装し、立ち上がった。それがバルカン半島での蜂起であり、義和団の乱であった。

これに対し、セルゲイ・ヴィッテによって中央集権化され、その管理下に置かれたロシアの財政機関は、ウクライナの東と西、ウラル山脈の東、そして満州の草原地帯に穀物栽培地を拡大するという野心的な計画に乗り出した。満州沿岸部に深水港を獲得することを目指す10億ルーブルの鉄道建設事業は、日露戦争(1904~05年)で壊滅的な失敗に終わった。1905年以降、3つの農業帝国の前に立ちはだかる脅威は次第に大きくなっていった。それは外国産食糧への依存に始まり、資本逃避、財政の不安定化と続いて、革命に終わる。あらゆる帝国が直面する脅威だ。日露戦争での敗戦後、ロシアでは1905年に革命が始まったが、失敗した。

ヨーロッパでは、安価なアメリカ産穀物が都市や農村の労働者階級を養っていた。アメリカやロシアの平原でとれた穀物と労働者とのあいだに残された最後の1マイルが深水港のおかげで短縮されると、労働者の生活は改善され、それにつれて都市と国家の関係は変わっていった。リカードのパラドックスに従えば、食糧価格が低下すると農業地域の地主は地代の下落に直面し、安い労働力を失うことになる。何百万人もの農業労働者が、穀物を運び込んだのと同じ船でアメリカに向かった。他方ロシアはアメリカの信用制度（ライン制度）を独裁体制流に複製したが、そこには多くの弱点があったために、ルイ・ドレフュス社のような競合企業に辺境地帯での活動を許すはめになった。帝国の拡大という目的のためにフランスの債券購入者に頼ろうというヴィッテの試みは、彼が思っていたよりも危険なことだった。日本が旅順・大連からロシアを締め出すと、輸出に使える深水の不凍港をもたないこの帝国は、債務を返済する実際的な方法を失った。駐日ロシア公使ロマン・ロマノヴィッチ・ローゼン男爵は、旅順・大連の喪失はまさにロシア帝国の終焉を意味する、と述べている。債券が償還されることはなかった。

第1次世界大戦を外国の穀物に依存するヨーロッパ諸国間の戦いとして捉えると、穀物を動力源とする大国があまり長くはもちこたえなかった、ということがわかる。連合国がイスタンブールの封鎖を破ることができなかったために戦争は長引き、ベルギーでは飢餓が起き、フランスでは惨憺たる状況が長期にわたって続いた。ドイツは、バルト海経由で穀物を手に入れるため秘密交渉を行ったこともあり、これらの国よりは長く耐え忍んだ。ただ、この交渉については不明な点がまだ多い。ドイツがその資金についてパルヴスや(間接的に)ボリシェヴィキとのあいだで交わした取り決めによって、どれだけの穀物を手に入れたかという問いに答えることができるのはパルヴスだけだろう。

オスマン、清、ロシアの諸帝国では、それぞれ1908年、11年、17年に革命が起きた。第1次世界大戦は、食糧生産=交易=課税の輪の掌握を狙って世界の大半の帝国が戦った、盟主不在の期間だった。すでに1917年には、ボリシェヴィキの革命家は巨大なロシア帝国を打倒する方法について、青年トルコ人革命から洞察を得ていた。ボリシェヴィキは1917年に、草原地帯の農民に土地を再分配した。これは成功を収めるうえで不可欠ではあったが、革命プログラムの内容とは矛盾していた。だが権威はパンの管理を通じて獲得できるものであり、臨時政府や鉄道委員会、さらには担ぎ屋が穀物を供給できないようにすることが権力掌握のために重要であることを、ボリシェヴィキは学び取っていたのだ。アンノーナが催された時代の古代ローマ人と同じように、ソ連はそれから久しく、パンを独占的に所有し流通させる存在であることを自ら任じた。

ソヴィエトという実験は、ソ連のウクライナ併呑によって、ふたたび可能になった。現在(2021年)、大国としてのロシアが相対的に弱いのは、結局のところウクライナと別れたためだろう。ロシアの国内総生産(GDP)は、今やイタリアと同じ規模だ。エカチェリーナ大帝にはよくわかっていたことだが、ウクライナはいつの時代もこのうえなく貴重な存在なのだ。1930年代にはヨシフ・スターリンがウクライナについて新しい物語をつくり上げ、大規模自営農のクラークが穀物の豊富なこの場所を自分たちの所有物にしたのだと断じた。ウクライナの農場を集団化し、輸送と交易の線を引き直そうとするスターリンの残忍な試みは、１９３２年にウクライナでの人為的な飢饉につながり、何百万人もの人々から命を奪った。これはホロドモール（飢餓殺人）と呼ばれている。

それからほどなく、ナチは第１次世界大戦中にパルヴスの果たした役割を歪曲した。いわく、パルヴスはドイツ軍に対する糧食供給への貢献や、東部戦線での戦争終結によってドイツ軍を救ったわけではない。それどころか、ドイツを敗北に導いたユダヤ人による組織的攻撃の中心人物だという。また共産党は、ドイツ軍に潜入して不和をまき散らし、ドイツ国内で第５列〔訳注：外部の敵勢力を支持するグループ〕として活動し、第１次世界大戦でドイツを敗北させ、１世代にわたってこの国を貧しくした侵略者として描かれた。

パルヴスが他界してからまもなく、ヨーゼフ・ゲッベルスが彼の家を購入して居を移した。ゲッベルスはこの家で、新しい帝国のプロパガンダを編み出していった。彼は世界経済の解釈にプロパガンダを活用するスタイルや俗語の使用、また将来予測において、パルヴスから多くを借りている。第３帝国は空想上のアーリア人が住む生存圏なるもののために、ウクライナの草原を必ず取り戻すとゲッベルスは誓った。黒海地域に広がる肥沃な平原を領有するという構想は、空前でも絶後でもない。ナチはこの新しい連絡線構想の妨げになる数十万人のポーランド人とウクライナ人、そして数百万人のユダヤ人を殺害した。構想は成功の手前まで行った。

パルヴスの長男エフゲーニー・グネージンは１８９８年にドレスデンで生まれ、その後オデーサで育った。母に連れられてオデーサに行ったのは１９０２年で、パルヴスが女優と関係をもち、別の息子が生まれたあとのことだった。[1] エフゲーニーは１９２０年代にはジャーナリストをしていたが、39年時点では、駐ベルリン・ソ連大使館の報道官になっていた。かたやレフ・トロツキーにちなんで名付けられたパルヴスの次男レフ・ヘルファントは、外交の仕事に就いている。１９２４年の仏ソ友好関係樹立に貢献し、マクシム・リトヴィノフ外務人民委員（アメリカの国務長官に相当）の右腕になった。１９３０年代には、レフは駐ローマ・ソ連大使館にいたが、スターリンがアドルフ・ヒトラーのドイツと手を結ぶことを決めた39年5月、ソ連政府で働いていたすべてのユダヤ人高官が駆り集められた。エフゲーニーは捕らえられて拷問を受けた末、シベリアに追放された。レフはなんとかアメリカに逃れた。

　レフはリオン・ムーアと名乗ることにした。ジャーナリストのドロシー・トンプソンのために翻訳をし、戦略情報局（ＯＳＳ、中央情報局の前身）にソ連の内幕に関する重要な情報を提供した。アメリカがヒトラーに対抗すべくソ連と同盟を結ぶ道を探していたとき、リオンは黒海が鍵になるという考えを示した。ナチが黒海を掌握した場合、ソ連は艦隊の解体を余儀なくされ、英米仏と同盟を結んで第2戦線を開くことはできなくなる、というのだ。リオンはスターリンのことをよくわかっており、彼は虚栄心が強く、権威のある人物から支援を懇願されでもしない限り、アメリカの提案に反応することはあるまいと語った。リオンは、ヘンリー・ウォレスとウェンデル・ウィルキーほどの地位の人物なら「スターリンのような独裁者の虚栄心をくすぐり」、同盟と第2戦線の開始に同意させることは可能だと見ていた〔訳注：ウォレスは１９４１年から45年まで米副大統領を務めた。ウイルキーは1940年の大統領候補〕。ソ連からの最高位の亡命者だったリオン・ムーアは、米ソ同盟の構築にとって重要な人材だった。彼は戦中から戦後にかけて、OSSのためにソヴィエトの教義を分析し続けた。[2]

私生活では、リオンは国際的穀物商になり、軍需品を扱って富を築いた。またニューヨーク・インターコンチネンタル取引所という商品先物取引会社を経営し、そののち妻と娘にこの会社を継がせた。リオンと一緒にアメリカに逃れた妻と娘は、スタニスラフスキー・メソッド演技の伝道者として世界的に名を馳せている。[3]リオンの兄エフゲーニーはスターリン死後の1955年に社会復帰を果たし、ソ連でジャーナリズムの世界に戻り、60年代には反体制派として広く知られるようになった。その娘のタチアーナ・グネージナは、ソ連で屈指の有名SF作家になったが、英語に翻訳されている作品は皆無に等しい。[4]

タチアーナ・グネージナの『トゥゴトロン最後の日』は、魔法の自転車を持っている少年の話だ。少年はその自転車で、巨大ロボットが小さな人間を支配し労働させている世界に行く。そこには統制役のロボットが1体いて、ほかのロボットには統制役の命令に人間を従わせるための銃口が付いている。ロボットは穀物が人間の食糧になることを理解していないし、気にもかけていない。だから収穫された小麦の袋を海に放り投げ、労働者を飢えさせている。袋を手に取った少年は口ひもを解いてなかに穀物を見つけ、人間たちに、袋の口を開けて食べればいいと教える。そして、いたるところに結び目をつくるように説く。なぜならロボットには結び目を解けないということがわかったからだ。少年は次に、詩を使ってロボットのプログラムを書き換える。するとロボットは支離滅裂な言葉をしゃべり出して壊れてしまう。そして、おしまいには穀物が放出される。労働者はみんなでドーナツを食べ、ロボット君主の滅亡を祝う。[5]

この小説は、技術者の支配する退廃的な西側世界を労働者と知識人が倒す物語として読むことができる。そして彼女は、ソ連の出版社にそう説明したに違いない。この小説はまた、黒海をおびただしい量の穀物で満たしてヨーロッパを養った皇帝の官僚機構の物語として読むこともできるし、帝国の輸送インフラに結び目をつくって障害を引き起こすすべを学んだボリシェヴィキがそのシステムを打倒する話として読むこともできるだろう。スターリンの死後には、その解釈も受け入れられたかもしれない。そしてもちろん、この作品は反全体主義の小説として解釈することもできるし、1964年にこれを読んだ何百万というソ連の子どもたちもそのように読んだはずだ。そう、生産管理を誤り、指導層に情報を公開させず、臣民を飢えさせ、人間の創意工夫と地下出版（サミズダート）の文学によって倒される機械のような警察国家の物語として。

小麦はこの物語に緊張感を与える1つの大事な要素だ。飢えた人はたやすく統制できる。だが暴君と農村とを結び付けている縄をもつれさせる方法を知識人が革命家に示せば、革命が始まることもある。タチアーナ・グネージナの祖父パルヴスは、孫娘が自分を覚えていたことを知ったなら、きっと誇らしく思うだろう。

補　遺

米国産の小麦・小麦粉の輸出額と小麦粉の占める割合

年	小麦・小麦粉の輸出額（千ドル）	小麦粉の占める割合
1800	6,557	100%
1801	14,572	98%
1802	10,687	97%
1803	9,310	99%
1804	7,100	88%
1805	8,325	100%
1806	6,867	85%
1807	10,753	96%
1808	1,936	82%
1809	5,944	100%
1810	6,846	96%
1811	14,662	100%
1812	13,687	100%
1813	13,591	100%
1814	1,734	100%
1815	7,209	100%
1816	7,712	70%
1817	17,968	100%
1818	11,971	99%
1819	6,109	98%
1820	5,297	100%
1821	4,319	100%
1822	5,106	100%
1823	4,968	100%
1824	5,780	100%

年	小麦・小麦粉の輸出額 （千ドル）	小麦粉の占める割合
1825	4,231	100%
1826	4,160	99%
1827	4,435	100%
1828	4,284	100%
1829	5,800	100%
1830	6,132	99%
1831	10,462	95%
1832	4,974	98%
1833	5,643	99%
1834	4,560	99%
1835	4,446	99%
1836	3,575	100%
1837	3,014	99%
1838	3,611	100%
1839	6,940	100%
1840	11,779	86%
1841	8,583	90%
1842	8,292	89%
1843	4,027	93%
1844	7,260	93%
1845	5,735	94%
1846	13,351	87%
1847	32,183	81%
1848	15,863	83%
1849	13,037	87%

年	小麦・小麦粉の輸出額（千ドル）	小麦粉の占める割合
1850	7,742	92%
1851	11,550	91%
1852	14,424	82%
1853	19,138	77%
1854	40,122	69%
1855	12,226	89%
1856	44,391	66%
1857	48,123	54%
1858	28,390	68%
1859	17,283	84%
1860	19,525	79%
1861	62,959	39%
1862	70,108	39%
1863	75,120	38%
1864	57,020	45%
1865	46,905	59%
1866	26,239	70%
1867	20,626	62%
1868	51,135	41%
1869	43,197	44%
1870	68,341	31%
1871	69,237	35%
1872	56,871	32%
1873	70,834	27%
1874	130,680	22%

年	小麦・小麦粉の輸出額（千ドル）	小麦粉の占める割合
1875	83,320	28%
1876	92,816	26%
1877	68,800	31%
1878	121,968	21%
1879	160,269	18%
1880	225,880	16%
1881	212,746	21%
1882	149,305	24%
1883	174,704	31%
1884	126,166	41%
1885	125,079	42%
1886	88,706	43%
1887	142,667	36%
1888	111,019	49%

出所：輸出額は以下より。Timothy Pitkin, *A Statistical View of the Commerce of the United States* (New Haven: Durrie & Peck, 1835), 96–97, and Louis P. McCarty, *Annual Statistician and Economist* (San Francisco: L. P. McCarty, 1889), 200. 1800年から1820年にかけて、アメリカ財務省は小麦と小麦粉の輸出額ではなく輸出量のみを記録していた。この期間の小麦粉の輸出額については、バレル数に小麦粉1バレルの平均輸出価格を掛けた。John H. Klippart, *The Wheat Plant: Its Origin, Culture...* (New York, A.O. Moore & Co., 1860), 328–329. 1800年から1820年にかけて輸出された少量の小麦については、平均価格（1バレルあたり1ドル。1820年代から1840年代まで）を適用している。ピトキンによると、1820年以前の穀物輸出については、密輸される量が多かったために概算値しか算出できない。上記の計算方法を用いたのは、*Historical Statistics of the United States* に掲載されている数値が不正確または不完全であるためだ。ダグラス・アーウィンによれば、2021年時点で、版元のケンブリッジ大学出版局では *Historical Statistics of the United States* の更新を予定していない。歴史家が南北戦争以前のアメリカの輸出における綿花の役割を過大評価し、小麦の役割を過小評価しているのは小麦輸出が十分に可視化されていないからだ。その現状を考えると、これは遺憾なことだ。

謝辞

ここにいたるまでに、わたしは並々ならぬ恩恵にあずかることができた。限られた範囲で失礼かもしれないが、感謝の言葉を述べさせていただきたい。息子のレン・ハハモヴィッチとイーライ・ハハモヴィッチは大人になるまで、穀物の話をどこの子どもよりも多く聞かされてきたはずだ。出版企画書についてレンがくれたコメントは実に役立ち、ロシアとアメリカの歴史を対照させながら追ったレンの学位論文には、父親として誇りを感じている。また、イーライが自分のトカゲを持ってわたしの研究室に通ってくれたことで、大いに元気づけられた。ジェイミー・クレイナーとスーザン・マターン、アリー・ラヴィーンは、古代と中世に関する章を読んで修正を加えてくれた。とくにアリーのおかげで、広い視野で中世について考えることができた。物流の専門家であるローワン・カーステンとオメル・ベクデミルからボスポラス海峡で2時間にわたり、イスタンブールや国際物流、メフメト2世の要塞（「喉を切るもの」）についての考え方を披露してもらったのは望外の喜びだった。ロブ・ファーガソンはロシア帝国に関するわたしの文章を読んで、間違いを指摘してくれた。南北戦争に関する章についてスティーヴン・クルーグとアネル・ブランソンが出してくれたコメントはいろいろと役立った。ビル・ケルソンからは清代後期の商業についての備忘録や記事、論評文を見せてもらっている。カリーナ・フリヴィンスカは、わたしには解読不能なロシア語文献やウクライナ語文献のくすんだスキャン・データの文字起こしだけでなく、チュマキの歌の翻訳も担ってくれた。

このテーマにわたしを最初に導いたのは、ジェイムズ・スコットが所長を務め、ケイ・マンスフィールドが運営するイェール大学農村社会研究所での経験だった。ジムからは、世界についてや研究者の立ち位置についての考え方だけでなく、食と生活、紛争、社会のあいだにつながりを見るという点において多大な影響を受けている。ジムの研究から受けた大きな影響は本書のあちこちに認められると思うが、とくに古代や近代以降における小麦についてのわたしの考えに何より強い影響を及ぼしているのは、彼の著書『反穀物の人類史』だ。ガストン・ゴルディージョ、ローハン・デスーザ、ジャネット・キースをはじめとする多くの人たちには、１９９９年に、まだ何者でもなかったわたしを弟のように迎え入れていただいた。また２０１３年には全米人文科学センターの研究員のみなさんが、読書会に受け入れてくださった。ダイナマイトと革命について発表を行った際に、以下の方々から多くを学んだことはとくに印象に残っている。ルイス・E・カルカモ＝オチャンテ、クリスチャン・ドピー、リン・メアリー・フェスタ、ジュリー・グリーン、ヘザー・ハイド・マイナー、アンドルー・ジュエット、マーサ・ジョーンズ、エリザベス・クラウス、アナ・クルィロワ、マリーシャ・ラッソ、マイケル・ルーリー、ジェイムズ・マフィー、ティム・マー、チャーリー・マクガヴァン、アナ・クリスティーナ・リベイロ、ジェイン・アシュトン・シャープ、ノエル・キミコ・スギムラ、そしてマーティン・A・サマーズ。さらに、２０１９年という絶好のタイミングでグッゲンハイム奨励金の交付を受けたおかげで、本書の第1稿を仕上げることができた。

今まで出会った誰よりも多くの時間を割いて、債券についての話を聞かせてくれたニコラ・バレールの名前を挙げないわけにはいかないだろう。彼は魅力的な笑顔をたたえながら、権威に寄りかかった議論に疑問を呈する得がたい研究者だ。パリの社会科学高等研究院（ＥＨＳＳ）に彼が招いてくれたことは、わたしの人生における大事な転機になった。というのも、世界についてアメリカの歴史家とはまったく異なる考えをもつロシア学者やアメリカ学者、経済学者、社会学者に出会うことができたからだ。フランスの歴史家が歴史学を科学と捉え、科学としての歴史学を守ろうとする姿勢には、頭の下がる思いがする。本書には、ニコラからの問い掛けのおかげでよくなった文章が数えきれないほどある。この本の何稿目かについて、彼は幾ページ分にものぼる大小さまざまな問題点を指摘してくれた。彼の助言のすべてを受け入れることはなかったが、それはまったくわたしの無知や負けず嫌いのいたすところだ。また、交通男爵の構成する商人支配体制についてＥＨＳＳでわたしが講義を行った際に、とくに以下の歴史研究者から難しい質問を受けたことは記憶に刻まれている。エリック・モネ、ジル・ポステル＝ヴィネ、ジェローム・ブルデュー、キャム・ウォーカー、そしてピエール＝シリル・オークール。経済学者のフランソワーズ・ドーセ、アラン・ブルム、マルク・エリー、ジュリエット・カディオ、トマ・ピケティの投げ掛けた質問は鋭く、おかげでアメリカの経済学者が「アメリカの侵略」という限定的な言葉で呼んでいる事象の広がりについて、わたしが考えていることにはそれなりに意味があると思えるようになった。ロシアの飢饉について広い視野で考えることを促してくれたロシア学者のなかでも、トマ・グリヨ、ヤン・フィリップ、ロマン・ユレ、エマニュエル・ファルギエールにはとくに感謝している。ノーム・マゴールと昼食を取りながら産業化について延々と話し合ったことは、自分がアメリカ経済における食糧の意味を鉄鋼や銅などよりも重視する理由についてじっくり考える助けになった。いずれ彼を納得させたいと思う。

スタンフォード大学の「資本主義へのアプローチ」ワークショップで本書の初期稿について話をする機会ができたのは、リチャード・ホワイトとブランデン・アダムズのおかげだ。そのときにリチャードとブランデン、それからチャールズ・ポステルをはじめとする方々から寄せられた意見はきわめて有益だった。ジョージア大学（UGA）で行われている農業・環境・資本主義についての「どろんこ史」ワークショップでは、ニトログリセリンに関する章について話すことができた。リヴァプール大学のリチャード・スミスは、ニトログリセリンの爆発性について修正すべき点を教えてくれた。ブライアント・バーンズ、ビル・ケルソン、マット・オニール、J・P・シュミット、パブロ・ラペーニャ、ダン・ルード、ジェイミー・クレイナーによる非常に有益な批評は、頭に焼きついている。J・P・シュミットと交わした長い会話は、環境の変化と政治の変化との関係について考える助けになった。また、ナンシー・マンリーの招きのおかげで、UGAの遺伝学水曜連続講座で初期稿の第1章から第3章までについて話をすることができた。そして、菌類学の専門家で環境学者のサラ・コーヴァートは「ジャガイモ疫病菌（P. infestans）」に関する記述についてさまざまな修正を加えてくれただけでなく、「infestans」という表記を使うことを許してくれた（生物学者としての矜持がある人ならそんな言い方をしないだろう）。

改訂作業が山場を迎えたとき、アンディ・ジマーマンとフレッド・コーニーはわたしの知らないところで原稿全体に目を通し、不適切な記述や史実についての間違いをたくさん指摘してくれた。

100回分の感謝の言葉を贈りたい。2人には——ざっくばらんに言おう——ベルギー・ビールとフライドポテトでお礼をしなければならない。

ブライアン・ディステルバーグのような編集者と仕事をしたのは初めてだった。ブライアンは草稿——今にして思えば雑感の寄せ集めだった——を読むと、自分の言いたいことについてもっと率直になるようにとわたしに強く言った。彼が最初にくれたコメントは42ページ分にものぼった。本のページ数を増やしたいと言われたときには、わたしは二の足を踏んでしまった。全体の構成を組み直すという彼の提案は素晴らしかったが、ストーリーテラーとしてのわたしの欠点に関する意見の多くには赤面する思いがした。本書の構成は彼の提案の上に成り立っている。すべきことはやり遂げたと思った矢先、マイケル・ケイラーから500件のコメントがついたWordのデータが届いた。マイケルは意味のわかりにくい箇所や文のつながりがおかしい箇所、読者の前提知識に含まれない情報や読者の関心外の情報を洗い出してくれた。わたしの原稿が狭い専門に凝り固まった学者の雑文集でなく、きちんとした本の形になったのはブライアンとマイケルのおかげだ。編集実務担当のジェニファー・ケランドは最終稿について適切な厳しい指摘をしてくれた。彼女にも感謝の言葉を伝えたい。エージェントのディアドラ・マレインはこれまでの20年、志を高くもつよう、つねにわたしの背中を押してきた。また、わたしが脱線したり、回り道をしたり、細部に入り込んだりするのは性格上の欠点などではなく、自分自身の声で語り、本の内容を組み立てるのに必要なプロセスであることを教えてくれた。詩人のような彼女の言語感覚には驚嘆するほかない。ディアドラにも、いろいろありがとうと言いたい。

シンディ・ハハモヴィッチは、まだ人間に読ませる水準に達していない初期稿を読んでくれた。シンディのサポートやコメント、修正や助言はこの本に刻み込まれ、それはいちいち感謝の言葉を述べることができないほど広範囲にわたる。その箇所を具体的に示すとなれば、注の量を2倍に増やさねばならないだろう。彼女のおかげで考えを明確にし、よりよい文章に推敲できたことは幾度となくあった。この本は彼女の根気強さと、わたしの彼女に対する愛から生まれた。わたしには特別な本を書くことができると彼女は信じてくれ、そして大きな変化が起きたのだ。

訳者あとがき

穀物やその輸送路が与えた影響という角度から光を当てると、歴史の見え方はずいぶん変わるものだ——翻訳の依頼を受けてこの本を最初に読んだとき、そんな感想をもった。本書は穀物および輸送路と、地中海地方やユーラシア、アメリカに生まれた帝国の歴史との関係を描いている（ここで言う穀物とはおもに小麦のことだ）。

帝国は穀物輸送路の上にでき、帝国の帰趨は輸送路に左右される、と著者は言う。この視点そのものがわたしには新鮮だったし、古代から20世紀までの帝国に共通する要素を抜き出そうという試みにも興味を覚えた。もちろん、穀物と輸送路に着目するだけで帝国を説明し尽くすことができると著者は述べているわけではないが、本書を読むと、それらが重要な要素であることがわかる。

著者によれば、穀物の取引が行われるようになって輸送路ができると、輸送の要衝に徴税者が現れて大きな街が形成され、その街や輸送路から帝国の版図が広がってゆく。19世紀までは、時に病原菌が輸送路を壊し、帝国に大きな打撃を与えてきた。また造船や土木などの運輸に関わる技術、あるいは電信ケーブルなどの通信に関わる技術の進歩が輸送路のあり方に変化をもたらし、一部の帝国を拡大させたり、他の帝国を縮小させたりした。他方、輸送路を拡張する活動が戦争の一因になることもあり、穀物輸送の要衝は戦争の獲得目標になってきた。

穀物は金融の進化にも影響を与えたという。古代帝国の巨大な穀物倉庫は銀行の原型であるし、中世ヴェネツィアの穀物局はヨーロッパで最初の中央銀行とも言うべきものだ。18世紀ロシアが小麦栽培地を獲得するために起こした戦争では兵士の糧食を購入する手段として独特な手形が考案され、アメリカの南北戦争でもやはり糧食を得る手段を探すなかで近代的な先物取引が生まれた。アメリカではまた、穀物輸送を担っていた鉄道会社が他の機関と結び付いて独特な金融制度をつくり出し、穀物輸出を後押しした。こうした金融の進化も、帝国の興亡に影響を与えてきた。

著者はこうした論を展開するなかで、時おりパルヴスという思想家の理論を引いている。それはマルクスの理論に欠けている部分を補い、ウォーラーステインの理論に影響を与えたという。それほどの貢献をした人物であるにもかかわらず、パルヴスの名は、あまり知られていないと思う。これにはきっと、彼が後半生の一時期に武器商人となったことや、自らに関する記録を捨てたことも関係しているだろう。本書はパルヴスの評伝的な記述も織り交ぜており、その数奇な人生の一端を見せてもくれる。

本訳書のもとになった Scott R. Nelson, *Oceans of Grain: How American Wheat Remade the World* (Basic Books, 2022) は、ロシアによるウクライナ侵略以前に書かれた。そんなことから、原文ではウクライナの地名の表記がロシア式の発音に従ったものになっているが、この日本語版では、ウクライナ式の発音に近い表記に修正した。また、翻訳作業中に年号や固有名詞、事実関係などの誤りに気付いた場合は改めた。もちろん、著者による評価や判断にはいっさい変更を加えていない。

2023年8月

訳者

21. Mark Von Hagen, *School of the Revolution: Bolsheviks and Peasants in the Red Army, 1918–1928,* vols. 1 and 2 (PhD diss., Stanford University, 1984).
22. Stephen Anthony Smith, *Russia in Revolution: An Empire in Crisis, 1890 to 1928* (New York: Oxford University Press, 2016), chap. 4.
23. G. V. Melikhov, *Man'chzhuriya, dalekaya i blizkaya* (Moscow: Nauka, 1991).
24. Frederick C. Corney, *Telling October: Memory and the Making of the Bolshevik Revolution* (Ithaca, NY: Cornell University Press, 2004).
25. Dmitri Volkogonov, *Lenin: A New Biography* (New York: The Free Press, 1994), chap. 3.
26. Frederick C. Corney, *Trotsky's Challenge: The "Literary Discussion" of 1924 and the Fight for the Bolshevik Revolution* (Boston: Brill, 2015).

おわりに

1. 母はタチアーナ・ベルマンという名だったが、エフゲーニーはグネージン姓を名乗った。ポール・レイモンドは以下の文献のなかで、エフゲーニーがこの姓を選んだのは1920年だと述べている。Paul Raymond, "Witness and Chronicler of Nazi-Soviet Relations: The Testimony of Evgeny Gnedin (Parvus)," *Russian Review* 44, no. 4 (1985): 379–395,.
2. Central Intelligence Agency, Electronic Reading Room, "OSS—Soviet Defector L. Borisovitch Gelfand/Comments on Stalin and the Course of the War, Aug. 12, 1942," file citation CIA-RDP13X00001R000100210002-9; Central Intelligence Agency, Electronic Reading Room, Breve Biographie De Leon Moore (Precedement Leon Helfand), file citation DOC_0001165778; US House of Representatives, 81st Cong., 1st Sess., Report No. 1283, "Report on the Bill to accompany S. 627 for the Relief of Leon Moore"; Office of Strategic Services, "Leon Borisovitch HELFAND: American. A Soviet Diplomat in the 1920s and 1930s," catalogue reference KV 2/2681, National Archives, Kew, Richmond, Surrey, United Kingdom.
3. *Dun & Bradstreet Middle Market Directory,* 1971, 608; "Sonia Moore, 92, Stanislavsky Expert," *New York Times,* May 24, 1995.
4. Raymond, "Witness and Chronicler of Nazi-Soviet Relations," 379–395; Pryanikov Pavel, "Put' marksista Yevgeniy Gnedin glazami docheri," *Russkaya Zhizn',* September 28, 2007.
5. Tatyana Gnedina, *Posledniy den' Tugotronov: povesti-skazki* (Moscow: Molodaya Gvardiya, 1964).

University Press, 1958), 24–35.

6. Catherine Merridale, *Lenin on the Train* (New York: Metropolitan Books, 2017), 62–68.
7. Parvus, "Die Plan für die russische Revolution," appendix to Elisabeth Heresch, *Geheimakte Parvus: die gekaufte Revolution* (München: Herbig, 2013).
8. Merridale, *Lenin,* 62–68, 251–261; Heresch, *Geheimakte Parvus,* 153ff; Michael Futrell, *Northern Underground: Episodes of Russian Revolutionary Transport and Communications Through Scandinavia and Finland, 1863–1917* (New York: Faber & Faber, 1963), chap. 7.
9. William Henry Chamberlain, *The Russian Revolution, 1917–1921* (New York: Macmillan, 1935), vol. 1, chap. 8.
10. ツィンマーマン外務大臣からスイスの大臣あての文書。1917年6月3日。以下に収録。Zeman, *Germany and the Revolution in Russia,* 61.
11. Zeman, *Germany and the Revolution in Russia,* 68.
12. キュールマン外務大臣から総司令部の外務省連絡官あての文書。1917年9月29日。以下に収録。Zeman, *Germany and the Revolution in Russia,* 70.
13. Lih, *Bread and Authority in Russia,* 76–77.
14. 続く3段落はほぼ全面的に、以下の文献に依拠している。William G. Rosenberg, "The Democratization of Russia's Railroads in 1917," *American Historical Review* 86, no. 5 (December 1981): 983–1008.
15. Rosenberg, "The Democratization of Russia's Railroads."
16. ウラジーミル・P・ティモシェンコは、1917年時点でウクライナの農地の21〜30%が休耕地であったと以下の文献のなかで述べている。Vladimir P. Timoshenko, *Agricultural Russia and the Wheat Problem* (Stanford, CA: Food Research Institute, 1932), 44–46. デイヴィッド・ムーンによると、ウクライナは移動耕作ではなく三圃制と四圃制を行っていたが、多くの休耕地を生み出したようだ。以下参照。David Moon, *The Plough That Broke the Steppes: Agriculture and Environment on Russia's Grasslands, 1700–1914* (New York: Oxford University Press, 2013).
17. Daniel Thorner et al., eds., *A. V. Chayanov on the Theory of Peasant Economy* (Homewood, IL: American Economic Association, 1966).
18. Robert Louis Koehl, "A Prelude to Hitler's Greater Germany," *American Historical Review* 59, no. 1 (October 1953): 59; Holger Herwig, "Tunes of Glory at the Twilight Stage: The Bad Homburg Crown Council and the Evolution of German Statecraft, 1917/1918," *German Studies Review* 6, no. 3 (October 1983): 475–494; Judah Leon Magnes, *Russia and Germany at Brest-Litovsk: A Documentary History of the Peace Negotiations* (New York: Rand School of Social Science, 1919), 181.
19. Lih, *Bread and Authority in Russia,* 131.
20. Robert Conquest, *The Harvest of Sorrow: Soviet Collectivization and the Terror-Famine* (New York: Oxford University Press, 1986), 46〔白石治朗訳『悲しみの収穫』恵雅堂出版、2007年〕.

Intellectual Life," *Middle Eastern Studies* 40, no. 6 (2004): 158.

5. Sean McMeekin, *The Berlin-Baghdad Express: The Ottoman Empire and Germany's Bid for World Power* (Cambridge, MA: Harvard University Press, 2010).
6. Avner Offer, *The First World War: An Agrarian Interpretation* (New York: Oxford University Press, 1989).
7. Zbyněk Anthony Bohuslav Zeman, ed., *Germany and the Revolution in Russia, 1915–1918: Documents from the Archives of the German Foreign Ministry* (Oxford: Oxford University Press, 1958), 140–149.
8. Friedrich Engels, *Die Preußische Militärfrage und die deutsche Arbeiterpartei* (Hamburg: O. Meissner, 1865)〔「プロイセンの軍事問題とドイツ労働者党」大内兵衛/細川嘉六監訳『マルクス=エンゲルス全集　16』大月書店、1966年〕. フランスとイギリスをロシア産穀物から切り離すと、両国の消費者に影響が及び、戦争はすぐに終わるとパルヴスが考えた可能性はある。両国がロシアの穀物に依存しきっていることは、1853年にクリミア戦争が示しているからだ。
9. Boris Chavkin, "Alexander Parvus: Financier der Weltrevolution," *Forum für Osteuropäische Ideen-und Zeitgeschichte* 11, no. 2 (2007): 31–58.
10. McMeekin, *The Russian Origins of the First World War.*
11. Offer, *The First World War.*
12. Nikolai D. Kondratieff, *Rynok khlebov i ego regulirovanie vo vremia voiny i revoliutsii* (1922; repr. Moscow: Nauka, 1991).
13. McMeekin, *The Berlin-Baghdad Express.*
14. Zeman, *Germany and the Revolution in Russia,* 1–2.
15. Zeman, *Germany and the Revolution in Russia.*

第14章　権力の源泉としての穀物

1. Lars T. Lih, *Bread and Authority in Russia, 1914–1921* (Berkeley: University of California Press, 1990); Arup Banerji, *Merchants and Markets in Revolutionary Russia, 1917–30* (New York: Springer, 1997), 9.
2. Thomas Fallows, "Politics and the War Effort in Russia: The Union of Zemstvos and the Organization of the Food Supply, 1914–1916," *Slavic Review* 37, no. 1 (1978): 70–90; Thomas Porter and William Gleason, "The Zemstvo and Public Initiative in Late Imperial Russia," *Russian History* 21, nos. 1–4 (1994): 419–437.
3. Lih, *Bread and Authority in Russia.*
4. Nikolai D. Kondratieff, *Rynok khlebov i ego regulirovanie vo vremia voiny i revoliutsii* (1922; repr. Moscow: Nauka, 1991); Lih, *Bread and Authority in Russia*; Banerji, *Merchants and Markets,* chap. 1; Peter Holquist, *Making War, Forging Revolution: Russia's Continuum of Crisis, 1914–1921* (Cambridge, MA: Harvard University Press, 2002).
5. Zbyněk Anthony Bohuslav Zeman, ed., *Germany and the Revolution in Russia, 1915–1918: Documents from the Archives of the German Foreign Ministry* (Oxford: Oxford

的農業理論に反論した1895年に、この戦略を初めて説明している。以下参照。"Zur Diskussion über den Agrarprogrammentwurf," *Leipziger Volkszeitung* (summer 1895). ヴォルフラム・クラインのウェブサイト「Sozialistische Klassiker 2.0」にはこの論文が再録されている。これを参考にさせていただいた。https://sites.google.com/site/sozialistischeklassiker2punkt0/parvus/parvus-zur-diskussion-ueber-den-agrarprogrammentwurf (2020年6月26日にアクセス).

15. 2016年9月にアイフェル・カラカヤ=スタンプ（Ayfer Karakaya-Stump）から個人的に教示を受けた。Feroz Ahmad, "Vanguard of a Nascent Bourgeoisie: The Social and Economic Policy of the Young Turks, 1908–1918," in *From Empire to Republic: Essays on the Late Ottoman Empire and Modern Turkey* (Istanbul: Istanbul Bilgi University Press, 2008), 40.
16. Parvus, *Türkiye'nin malî tutsaklığı.*
17. Parvus, Türkiye'nin malî tutsaklığı.
18. これは大砲ではなく、マキシム機関銃であったかもしれない。ハンブルクから発送された439箱の「高速で飛ぶ火の玉」について記載した貨物明細書がある。以下の文献の脚注より。Yiğit, "Aleksander Israel Helphand (Parvus)," 8.
19. オスマン帝国の農業銀行については以下を参照。Donald Quataert, "Ottoman Reform and Agriculture in Anatolia, 1876–1908" (PhD diss., University of California, Los Angeles, 1973).
20. Ioanna Pepelasis Minoglou and Helen Louri, "Diaspora Entrepreneurial Networks in the Black Sea and Greece, 1870–1917," *Journal of European Economic History* 26, no. 1 (1997): 69–104.
21. パルヴスが食糧の供給に果たした役割については以下を参照。Parvus, "Meine Entfernung aus der Schweiz," *Die Glocke,* February 21, 1920, 1482–1489. 次も参照。Mineglou and Louri, "Diaspora International Networks in the Black Sea and Greece," 84.
22. Elisabeth Heresch, *Geheimakte Parvus: die gekaufte Revolution* (München: Herbig, 2013), chap. 1.

第13章　パンをめぐる世界戦争

1. 以下の文献では、この点が非常に重視されている。Fritz Fischer, *Griff nach der Weltmacht: Die Kriegszielpolitik des kaiserlichen Deutschland 1914/18,* 3 vols. (Düsseldorf: Droste Verlag, 1964). 同書の英語版は次のとおり。*Germany's Aims in the First World War* (New York: W. W. Norton, 1967)〔村瀬興雄監訳『世界強国への道　I-II』岩波書店、2014年〕.
2. Sean McMeekin, *The Russian Origins of the First World War* (Cambridge, MA: Harvard University Press, 2011), 37.
3. McMeekin, *The Russian Origins of the First World War.*
4. Elisabeth Heresch, *Geheimakte Parvus: die gekaufte Revolution* (München: Herbig, 2013); M. Asim Karaömerlioglu, "Helphand-Parvus and His Impact on Turkish

Oxford University Press, 1965).

3. Nikolai Yakovlevich Danilevsky, *Rossiya y Evropa* (St. Petersburg: brat. Panteleevykh,1895); Cyrus Hamlin, "The Dream of Russia," *The Atlantic* 58 (December 1886); Mose L. Harvey, "The Development of Russian Commerce on the Black Sea and Its Significance" (PhD diss., University of California, Berkeley, 1938).
4. ドイツとの連携は一筋縄ではいかないことだった。ドイツ皇帝がかつてアブデュルハミト2世を支持したこと、またトルコの分割を目論むドイツの友邦オーストリア・ハンガリー帝国に背を向けてトルコを支援することについて、ドイツ皇帝が曖昧な態度をとっていたためだ。M. Şükrü Hanioğlu, *A Brief History of Late Ottoman Empire* (Princeton, NJ: Princeton University Press, 2008), chap. 6.
5. 1820年代に生まれた炭焼き党型の組織については以下を参照。Eric Hobsbawm, *The Age of Revolution* (New York: Vintage Books, 1962), 114–116. 統一派の兵士のあいだにユダヤ人とフリーメーソンが浸透していたなどと、数々の荒唐無稽なことがこれまで書かれてきた。統一派は、他の国の炭焼き党員と同様、統一派であることが知れると暗殺の憂き目にあうことを理解していたので、ナショナリズムの色合いを帯びた儀式を行ってそうした事態を防ごうとした。
6. Mehmed Naim Turfan, *Rise of the Young Turks: Politics, the Military and Ottoman Collapse* (London: I. B. Tauris, 1999), chap. 3; Ayşe Hür, "31 Mart 'ihtilal-i askeriyesi'," *Taraf,* April 6, 2008, https://web.archive.org/web/20160214154016/http://arsiv.taraf.com.tr/yazilar/ayse-hur/31-mart-ihtilal-i-askeriyesi/375 (2020年6月29日にアクセス).
7. Erol A. F. Baykal, *The Ottoman Press (1908–1923)* (Leiden: Brill, 2019), chap. 6.
8. Y. Doğan Çetinkaya, *The Young Turks and the Boycott Movement: Nationalism, Protest and the Working Classes in the Formation of Modern Turkey* (London: I. B. Tauris, 2014); Yunus Yiğit, "Aleksander Israel Helphand (Parvus)'in Osmanli Malî Ve Sosyal Hayatina Daİr Değerlendİrmelerİ" (unpublished master's thesis, Istanbul University, 2010), 5.
9. Hanioğlu, *A Brief History of Late Ottoman Empire.*
10. Parvus, "Die Integrität der Turkei," *Sächsische Arbeiter-Zeitung,* March 11, 1897.
11. Christopher M. Clark, *The Sleepwalkers: How Europe Went to War in 1914* (New York: Harper, 2013), chap. 1〔小原淳訳『夢遊病者たち　1』みすず書房、2017年〕.
12. "Sanayi ülkeleri için yararlı olan bu düşüş, tarım ülkelerine çok büyük zarar vermektedir." Parvus, *Türkiye'nin malî tutsaklığı,* trans. Muammer Sencer (İstanbul: May Yayınları, 1977).
13. Parvus, *Türkiye'nin malî tutsaklığı.*
14. 以下の文献は、1990年代の中国が農地の私有や国有企業と民間企業の共存に重点を置きつつ、インフラベースの漸進的な開発戦略によってロシアを追い抜いた過程を説き明かしている。Justin Yifu Lin, *Demystifying the Chinese Economy* (Cambridge: Cambridge University Press, 2012)〔劉徳強訳『北京大学中国経済講義』東洋経済新報社、2012年〕. パルヴスは、エドゥアルト・ベルンシュタインによるマルクス主義計画について述べており、上記の数字は第1期および第2期拡張の際に追加された軍艦の数〕.

67. 「日本国民と戦争」『萬朝報』(1904年2月28日)。以下に引用あり。Naoko Shimazu, "'Love Thy Enemy': Japanese Perceptions of Russia," in *The Russo-Japanese War in Global Perspective: World War Zero,* ed. John W. Steinberg et al. (Boston: Brill, 2005), 1:366〔訳注：本文では、引用に当たり旧字を新字に、カタカナをひらがなに換えている〕.
68. John Bushnell, "The Specter of Mutinous Reserves," in *The Russo-Japanese War in Global Perspective: World War Zero,* ed. John W. Steinberg et al. (Boston: Brill, 2005), 1:335, 339.
69. Baron Roman Romanovich Rosen, *Forty Years of Diplomacy* (New York: Knopf, 1922), chap. 17–23.
70. John L. H. Keep, *The Rise of Social Democracy in Russia* (London: Oxford University Press, 1963), 152–158.
71. Leopold H. Haimson, ed., *The Making of Three Russian Revolutionaries: Voices from the Menshevik Past* (New York: Cambridge University Press, 1987), 484; Jonathan Edwards Sanders, "The Union of Unions: Political, Economic, Civil, and Human Rights Organizations in the 1905 Russian Revolution" (PhD diss., Columbia University, 1985); Zbyněk Anthony Bohuslav Zeman and Winfried B. Scharlau, *The Merchant of Revolution: The Life of Alexander Israel Helphand (Parvus), 1867–1924* (New York: Oxford University Press, 1965), 81–82.
72. Zeman and Scharlau, *Merchant of Revolution,* 79–83.
73. Theodore Weeks, "Managing Empire: Tsarist National Policies," in *The Cambridge History of Russia,* vol. 2: *Imperial Russia, 1689–1917,* ed. Dominic Lieven (Cambridge: Cambridge University Press, 2006), 2:42.
74. Bushnell, "Specter of Mutinous Reserves," 345.
75. George Garvy, "The Financial Manifesto of the St. Petersburg Soviet, 1905," *International Review of Social History* 20, no. 1 (1975): 16–32.
76. Leo Deutsch, *Viermal Entflohen* (Stuttgart: Dietz, 1907), 170–198; *Hamburger Anzeiger,* October 17, 1906. 1905年革命におけるパルヴスの役割を概観したものとして以下を参照。Anne Dorazio Morgan, "The St. Petersburg Soviet of Workers' Deputies: A Study of Labor Organization in the 1905 Russian Revolution" (PhD diss., Indiana University, 1979).

第12章　オリエント急行、行動軍

1. 不安定なロシア帝国の現状についてパルヴスがどのように感じていたかについては以下を参照。Parvus, "Eine Neue Äera [sic] in Rußland," *Sächsische Arbeiter-Zeitung,* July 9, 1896.
2. Zbyněk Anthony Bohuslav Zeman and Winfried B. Scharlau, *The Merchant of Revolution: The Life of Alexander Israel Helphand (Parvus), 1867–1924* (New York:

197ff.

52. Nettl, *Rosa Luxemburg,* 109–110, 156–158.

53. "Starving Russia," *New York Times,* July 21, 1901, 30.

54. デイヴィッド・ウルフによれば、合意が成立したのは1896年のことだった。日本による遼東半島の獲得を防ぐには、この半島のロシアによる支配を代償にしなければならないことを、中国はこの頃に悟った。David Wolff, *To the Harbin Station: The Liberal Alternative in Russian Manchuria, 1898–1914* (Stanford, CA: Stanford University Press, 1999), 5〔半谷史郎訳『ハルビン駅へ』講談社、2014年〕.

55. C. Walter Young, "The Russian Advance into Manchuria," *Chinese Students' Monthly* 20, no. 7 (May 1925): 19.

56. ヘンリー・ラブーシェアによる英庶民院での演説。June 10, 1898, House of Commons, 1371–1372.

57. David Schimmelpenninck van der Oye, "The Immediate Origins of the War," in *The Russo-Japanese War in Global Perspective: World War Zero,* ed. John W. Steinberg et al. (Boston: Brill, 2005), 1:36.

58. Sarah C. M. Paine, "The Chinese Eastern Railway from the First Sino-Japanese War Until the Russo-Japanese War," in *Manchurian Railways and the Opening of China: An International History,* ed. Bruce A. Elleman and Stephen Kotkin (Armonk, NY: M. E. Sharpe, 2010), 13–36.

59. Young, "The Russian Advance into Manchuria," 18–20.

60. 義和団の起源については以下を参照。Joseph W. Esherick, *The Origins of the Boxer Uprising* (Berkeley: University of California Press, 1987). ロシアでどのようなことが起きたかに関しては次を参照。G. V. Melikhov, *Man'chzhuriya dalekaya i blizkaya* (Moscow: Nauka, 1991), 108–109.

61. Schimmelpenninck van der Oye, "Immediate Origins of the War," 34–36.

62. Andrew Higgins, "On Russia-China Border, Selective Memory of Massacre Works for Both Sides," *New York Times,* March 26, 2020.

63. [Tokuji Hoshino], *Economic History of Manchuria* (Seoul: Bank of Chosen, 1920), 41〔訳注：日本語版はない模様。著者は星野徳治〕; Chinese Eastern Railway, *Ocherk kommercheskoy deyatel'nosti kitayskoy vostochnoy zheleznoy* ... (St. Petersburg: A. Smolinsky, 1912).

64. ローザ・ルクセンブルクからレオ・ヨギヘスあての書簡。1899年12月12日。*The Letters of Rosa Luxemburg,* ed. George Adler et al. (Brooklyn, NY: Verso Press, 2011), 96–100.

65. Vladimir Lenin, "The Serf Owners at Work," in *Collected Works* (Moscow: Foreign Languages Publishing House, 1961), 5:95–100.

66. この艦隊には、戦艦16隻、駆逐艦23隻、水雷艇63隻が含まれ、総費用は2億1300万円であった。J. Charles Schencking, *Making Waves: Politics, Propaganda, and the Emergence of the Imperial Japanese Navy, 1868–1922* (Stanford: Stanford University Press, 2005), 84–85〔訳注：この文献では、厳密には1896年に始まった海軍の拡張

インが誠実に考えた結果、そうしたハイブリッドな議論に行き着いたことは疑う余地がないものの、ドッブやスウィージー、ブローデルは少なくとも、自分たちの述べていることとパルヴスやルクセンブルク、トロツキーによって確立された古い伝統との深い関係を理解していた。しかし「正統派」マルクス主義者のドッブとスウィージーは、トロツキーやトロツキーの先達の論考をわざわざ引用しようとはしなかった。ブローデルはマルクス主義の理論を知ってはいたが、『物質文明・経済・資本主義』の注でそれについて論じることはめったになかった。世界システム論には次のような多くの欠点がある。中核がイタリアからオランダ、ロンドン、アメリカに移動した過程を説明していないこと。また(それに関連することだが)アメリカのような半周辺が中核になりうる理由を説明できないこと。そして、1980年代後半における「アジアの虎」と1990年代以降の中国の産業化を説明するのに難儀していることである。こうした欠点を補うべく、世界システム論を修正する多くの貴重な取り組みがなされた。たとえばハリエット・フリードマン、ジョヴァンニ・アリギ、デイヴィッド・ハーヴェイ、ジェイソン・W・ムーアの素晴らしい仕事がそうである。わたしはこの理論的枠組みをリセットしてはどうかと思う。そして黒い道や、食糧に対するマルサスの影響、食道都市の台頭、帝国における穀物の組織化、交換の役割、ニュースの役割に関するパルヴスの分析を、世界システム論やその修正版のなかにふたたび組み込むのだ。世界システム論者は、河川の硝化や海外輸送の汚染コストといった環境上の理由から、安価な食品を嫌う傾向がある。たしかにそうした問題はあるが、安い食べ物は労働者や他の貧しい人々に利益をもたらす。パルヴスや19世紀のマルクス主義者はそのことをよく理解し、歓迎していた。だからマルクス主義者は自由貿易を支持したのだ。本書はある意味で、その恩恵を評価するものだ。ここで説明したような変化が訪れる前、わたしたちの祖父母のそのまた祖父母の多くは空腹で、かれらにとって安い食べ物はありがたいものだったのだ。

41. Parvus, "Eine Neue Äera."
42. Parvus, "Zur Diskussion über den Agrarprogrammentwurf," *Leipziger Volkszeitung* (summer 1895).
43. Parvus, "Die Orientfrage, 2. Ein geschichtlicher Rüdblid [sic]," *Sächsische Arbeiter-Zeitung,* March 13, 1897.
44. Parvus, "Die Orientfrage."
45. Parvus, "Eine Neue Äera."
46. Parvus, "Eine Neue Äera."
47. Parvus, "Türkische Wirren," *Sächsische Arbeiter-Zeitung,* September 10, 1896.
48. ローザ・ルクセンブルクによると、党の新聞委員会は「新聞の不快かつ下品な文体に浴びせられる批判」のせいでパルヴスに憤慨していたという。John Peter Nettl, *Rosa Luxemburg* (London: Oxford University Press, 1966), 1:160.
49. Vladimir Lenin, *Collected Works* (Moscow: Progress Publishers, 1977), 4:65–66.
50. Elisabeth Heresch, *Geheimakte Parvus: die gekaufte Revolution* (München: Herbig, 2013), 50.
51. Parvus, "Der Weltmarkt Und die Agrarkrisis," *Die Neue Zeit* 14 (November 1895):

Personal Narrative of Journey Through the Famine Districts of Russia (London: T. Fisher Unwin, 1892), 4. 飢饉に関するトルストイの論文のうち、出版されたものは厳しい検閲を受けたが、彼は「飢餓者に対する救済問題」のなかでゼムストヴォによる国勢調査の問題点を突いているほか、ゼムスキー・ナチャーリニク（地方牧民官）による検閲の問題を指摘している。以下参照。Tolstoy, *Essays, Letters, Miscellanies*〔この論文の日本語訳は以下に収められている。木村毅訳『トルストイ全集　43』トルストイ全集刊行会、1927年〕. デイヴィッド・ムーンは以下の論考のなかで地質学者・土壌科学者のヴァシーリー・ドクチャーエフを継承しつつ、過剰耕作がもたらしたのは森林破壊ではなく干ばつだと述べている。David Moon, "The Environmental History of the Russian Steppes: Vasilii Dokuchaev and the Harvest Failure of 1891," *Transactions of the Royal Historical Society* (2005): 149–174.

33. Stepanov, "I. A. Vyshnegradskii and S. Iu. Witte."
34. Scott Reynolds Nelson, *Iron Confederacies: Southern Railways, Klan Violence, and Reconstruction* (Chapel Hill: University of North Carolina Press, 1999); Richard H. White, *Railroaded: The Transcontinentals and the Making of Modern America* (New York: Norton & Company, 2011).
35. Elie de Cyon, *Les finances russes et l'épargne française* (Paris: Chamerot et Renouard, 1895). 西部で行われた贈収賄についてはWhite, *Railroaded*を、南部で行われた贈収賄についてはNelson, *Iron Confederacies*を参照。
36. Karl Bücher, *Industrial Evolution* (London: G. Bell & Sons), chap. 6〔権田保之助訳『国民経済の成立』栗田書店、1942年〕.
37. Zygmunt Bauman, *Legislators and Interpreters: On Modernity, Post-modernity, and Intellectuals* (Ithaca, NY: Cornell University Press, 1987)〔向山恭一ほか訳『立法者と解釈者』昭和堂、1995年〕.
38. Parvus, "Eine Neue Äera [sic] in Rußland," *Sächsische Arbeiter-Zeitung,* July 9, 1896.
39. Parvus, "Eine Neue Äera."
40. 「世界システム」という用語を考え出したイマニュエル・ウォーラーステインの論からは、以下の4つが彼の発想源になったことがうかがえる。1つ目はヨーロッパの社会科学から生まれた経済成長の段階説。2つ目は、ラテンアメリカの経済発展は安価な1次産品と高価な工業製品の不等価交換を通じて低開発を生み出したという趣旨のラウル・プレビッシュとハンス・シンガーによる説。3つ目は、封建制から資本主義への移行が内生的なものか外生的なものかをめぐるモーリス・ドッブとポール・スウィージーの論争。4つ目は政治的変化をもたらす深い経済的要因を強調する、フェルナン・ブローデルのアナール派である。以下参照。Immanuel Wallerstein, *World-Systems Analysis: An Introduction* (Durham, NC: Duke University Press, 2004)〔山下範久訳『入門・世界システム分析』藤原書店、2006年〕. 不均等発展が国際的に生み出される過程に関するウォーラーステインの認識は、1891年から1930年にかけてパルヴスやトロツキー、ローザ・ルクセンブルクが提示した議論の軌跡をたどっているが、ウォーラーステインは世界システム論について、1950年代に自分がさまざまな論を交ぜ合わせて編み出したものだと述べている。ウォーラーステ

22. リバウの港も1888年に拡張され、着岸できる船が1879年の3倍になった。Nikolai Andreevich Kislinskim and A. N. Kulomzin, *Nasha zheleznodorozhnaya Politika po Dokumentam Arkhiva Komiteta Ministrov, Istoricheskiy Ocherk* (St. Petersburg: Kantselyarii Komiteta Ministrov, 1902), 102.
23. Valerii L. Stepanov, "I. A. Vyshnegradskii and S. Iu. Witte: Partners and Competitors," *Russian Studies in History* 54, no. 3 (July 3, 2015): 210–237.
24. Skalkovsky, *Les ministres des finances de la Russie,* 168–170.
25. 1870年以降、ロシアは鉄道を売却したが、のちに買い戻した。以下参照。Mikhail I Voronin and M. M. Voronina, *Pavel Melnikov and the Creation of the Railway System in Russia* (Danville, PA: Languages of Montour Press, 1995), chap. 9.
26. 関税と収入については以下を参照。Skalkovsky, *Les ministres des finances de la Russie,* 275–289. 契約の終了に関しては次を参照。I. M. Rubinow, *Russian Wheat and Wheat Flour in European Markets,* Bulletin no. 66 (Washington, DC: US Department of Agriculture, Bureau of Statistics, 1908), 40.
27. Richard Tilly, "International Factors in the Formation of Banking Systems," in *International Banking, 1870–1914,* ed. Rondo Cameron and V. I. Bovykin (New York: Oxford University Press, 1991), 104–106; Jennifer L. Siegel, *For Peace and Money: French and British Finance in the Service of Tsars and Commissars* (New York: Oxford University Press, 2014), chap. 1.
28. Arcadius Kahan, "Natural Calamities and Their Effect upon the Food Supply in Russia (an Introduction to a Catalogue)," *Jahrbücher für Geschichte Osteuropas* 3 (1968): 353–377; Moon, *The Plough That Broke the Steppes,* 65–68.
29. Carl Lehmann and Parvus, *Das Hungernde Russland: Reiseeindrücke, Beobachtungen und Untersuchungen* (Stuttgart: J. H. W. Dietz Nachf., 1900), 170–191; Richard G. Robbins, *Famine in Russia, 1891–1892: The Imperial Government Responds to a Crisis* (New York: Columbia University Press, 1975), 24ff. 以下の論考は、1891年のロシアの純輸出が実際には1889年よりも多かったことを指摘している。Stephen G. Wheatcroft, "The 1891–92 Famine in Russia: Towards a More Detailed Analysis of Its Scale and Demographic Significance," in *Economy and Society in Russia and the Soviet Union, 1860–1930,* ed. Linda Edmonson and Peter Waldron (London: Macmillan, 1992), 45–46.
30. Wheatcroft, "The 1891–92 Famine in Russia," 44–64.
31. Lehmann and Parvus, *Das Hungernde Russland,* 170–191; Leo Tolstoy, *The Novels and Other Works of Lyof N. Tolstoi,* vol. 20: *Essays, Letters, Miscellanies* (New York: Charles Scribner's Sons, 1900), 271–275; James Y. Simms Jr., "The Crop Failure of 1891: Soil Exhaustion, Technological Backwardness, and Russia's 'Agrarian Crisis,'" *Slavic Review* 41, no. 2 (summer 1982): 236–250.
32. 森林破壊については以下を参照。Lehmann and Parvus, *Das Hungernde Russland,* 170–180. 鉄道に原因があるという、トルストイが内密に述べた意見については次を参照。Edward Arthur Brayley Hodgetts, *In the Track of the Russian Famine: The*

Murray, *The Russians of To-day* (London: Smith, Elder, 1878), 80–89; Jollos, "Der Getreidehandel in Russland" (1892), 872–878. インセンティブに関しては次を参照。M. E. Falkus, "Russia and the International Wheat Trade, 1861–1914," *Economica* 33, no. 132 (1966): 416–429. ロシアの倉荷証券については次を参照。Thomas C. Owen, *Corporation Under Russian Law* (New York: Cambridge University Press, 1991), 107. 穀物の水上輸送のための荷造包装に関しては以下を参照。Stuart Ross Thompstone, "The Organisation and Financing of Russian Foreign Trade Before 1914" (PhD diss., University of London, 1991), chap. 3. 1861年頃を境にユダヤ人が穀物取引において金融仲介業を行うようになったことについては以下を参照。Ilya Grigorovich Orshansky, *Evrei v Rossii: Ocherki ekonomicheskogo i obshchestvennogo byta russkikh evreev* (St. Petersburg: O. I. Baksta, 1877), 32–34.

12. 1872年から73年にかけてのロシアにおける危機については以下を参照。Konstantin Skalkovsky, *Les ministres des finances de la Russie: 1802–1890* (Paris: Guillaumin, 1891), 147–170. ルーブルの下落が穀物に及ぼした影響に関しては次を参照。Carl Johannes Fuchs, *Der englische Getreidehandel und seine Organisation* (Jena: Gustav Fischer, 1890), 20–25.
13. Skalkovsky, *Les ministres des finances de la Russie,* 147–170.
14. V. L. Stepanov, "Ivan Alekseevich Vyshnegradskii," *Russian Studies in History* 35, no. 2 (1996): 73–103.
15. Sergei Witte, *The Memoirs of Count Witte* (Garden City, NY: Doubleday, 1921), 15–21〔大竹博吉監訳『ウイッテ伯回想記　上・中・下』原書房、2004年〕; Francis W. Wcislo, *Tales of Imperial Russia: The Life and Times of Sergei Witte, 1849–1915* (New York: Oxford University Press, 2011), chap. 3.
16. Simon M. Dubnow, *History of the Jews in Russia and Poland from the Earliest Times Until the Present Day* (Philadelphia: Jewish Publication Society of America, 1918), chap. 26.
17. Mose L. Harvey, "The Development of Russian Commerce on the Black Sea and Its Significance" (PhD diss., University of California, Berkeley, 1938), 134.
18. Jollos, "Der Getreidehandel in Russland" (1892), 872–878; Gregor Jollos, "Der Getreidehandel in Russland," in *Handwörterbuch der Staatswissenschaften* (Jena: Gustav Fischer, 1900), 4:297–304; Rubinow, *Russia's Wheat Surplus,* 12–13.
19. Valerii L. Stepanov, "Laying the Groundwork for Sergei Witte's Monetary Reform: The Policy of Finance Minister I. A. Vyshnegradskii (1887–1892)," *Russian Studies in History* 47, no. 3 (December 2008): 38–70.
20. Robert V. Allen, *Russia Looks to America: The View to 1917* (Washington, DC: Library of Congress, 1988), 140.
21. Marika Mägi, *In Austrvegr: The Role of the Eastern Baltic in Viking Age Communication Across the Baltic Sea* (Boston: Brill, 2018), 94–104. ルイ・ドレフュスがオデーサで行ったことについては次を参照。Dan Morgan, *Merchants of Grain* (New York: Viking, 1979), 31–34.

World of Public Debt: A Political History, ed. Nicolas Barreyre and Nicolas Delalande (Cham, Switzerland: Palgrave Macmillan, 2020), 135–154. 以下の文献では、中国海関について厳しい見方が示されている。Dong Yan, "The Domestic Effects of Foreign Capital: Public Debt and Regional Inequalities in Late Qing China," in Barreyre and Delalande, *A World of Public Debt.*

47. Olga Crisp, "The Russo-Chinese Bank: An Episode in Franco-Russian Relations," *Slavonic and East European Review* 52, no. 127 (April 1974): 197–212.

第11章 「ロシアはヨーロッパの恥」

1. Worthington Chauncey Ford, "The Commercial Policy of Europe," *Publications of the American Economic Association* 3, no. 1 (1902):119.
2. Thomas Piketty, *Capital and Ideology* (Cambridge, MA: Harvard University Press, 2020), chap. 7〔山形浩生ほか訳『資本とイデオロギー』みすず書房、2023年〕. 数字は図7.9より。外国資産は負債を控除している。
3. National Monetary Commission, *Banking in Italy, Russia, Austro-Hungary, and Japan* (Washington, DC: Government Printing Office, 1911).
4. Gregor Jollos, "Der Getreidehandel in Russland," in *Handwörterbuch der Staatswissenschaften* (Jena: Gustav Fischer, 1892), 3:872–878; George Garvy, "Banking Under the Tsars and the Soviets," *Journal of Economic History* 32, no. 4 (1972): 869; I. M. Rubinow, *Russia's Wheat Surplus: Conditions Under Which It Is Produced,* Bulletin no. 42 (Washington, DC: US Department of Agriculture, Bureau of Statistics, 1906). 以下の文献は、生態学的な危険性とそれへの関心の高まりについて説明している。David Moon, *The Plough That Broke the Steppes: Agriculture and Environment on Russia's Grasslands, 1700–1914* (Oxford: Oxford University Press, 2013).
5. Martin Gilbert, *The Routledge Atlas of Russian History* (New York: Routledge, 2007), 58.
6. Leon Trotsky, *My Life: An Attempt at an Autobiography* (New York: Charles Scribner's Sons, 1930), chap. 1.
7. Trotsky, *My Life*; Leon Trotsky, *1905* (New York: Random House, 1971), 26〔対馬忠行／榊原彰治訳『1905年革命・結果と展望』現代思潮社、1980年。引用部分は山岡訳〕.
8. Rubinow, *Russia's Wheat Surplus,* 99.
9. Max Winters, *Zur Organisation des Südrussischen Getreide-Exporthandels* (Leipzig: Duncker & Humblot, 1905). 南ロシアに毎年移動してくる労働者については以下を参照。Trotsky, *My Life,* 24–25. 南部での単純農作業と北部での農業労働にロシアの移動小作人が果たした役割については次を参照。Trotsky, *1905,* 22–29.
10. Trotsky, *My Life,* 25.
11. 取引所の仕組みについては以下を参照。 Winters, *Zur Organisation des Südrussischen Getreide-Exporthandels,* 7–19. 交渉については次を参照。Eustace Clare Grenville

Confront Globalization, 1860–1900," *Social Science History* 34, no. 2 (summer 2010): 229–255.

40. Avner Offer, "Ricardo's Paradox and the Movement of Rents in England, c. 1870–1910," *Economic History Review* 33, no. 2 (1980): 236–252; Wilhelm Abel, *Agricultural Fluctuations in Europe from the Thirteenth to the Twentieth Centuries* (New York: St. Martin's Press, 1980), chap. 11〔寺尾誠訳『農業恐慌と景気循環』未來社、1986年〕.

41. ハンガリーの製粉方法では、外国政府の指定する製粉方法よりも効率的に小麦粉を生産できたので、毎年数百万ポンドの穀物が免税扱いでヨーロッパの港に運ばれてきた。オーストリア・ハンガリーが輸出する小麦粉の1ポンドごとに0.5ポンドが免税になるようなものだった。商人たちはこれを間接的な補助金による過剰生産と呼んだ。イタリアのパスタについては以下を参照。Mack H. Davis, *Flour and Wheat Trade in European Countries and the Levant* (Washington, DC: Government Printing Office, 1909), 115–117. この問題についてドイツで持ち上がった苦情に関しては次を参照。Davis, *Flour and Wheat Trade,* 118–123. 関税払い戻しが過剰生産の一因になったことについては以下を参照。Report by Mr. Scott on the Present Condition of Trade and Industry in Germany, in United Kingdom, Parliament, Royal Committee to Inquire into Depression of Trade and Industry, Second Report, C. 4715 (1886), Appendix II, 162.

42. 関税をめぐるドイツとロシアの関係についてきわめて優れた議論をしているのが以下の文献である。Louis Domeratzky, *Tariff Relations Between German and Russia (1890–1914),* Tariff Series No. 38, Department of Commerce (Washington, DC: US Government Printing Office, 1918). ドイツはオランダへの小麦粉の輸出を後押しする補助金制度を導入している。これはアムステルダムで製粉される安価なアメリカ産穀物の流入を抑止することを目指していた。Davis, *Flour and Wheat Trade,* 118–123.

43. John A. Hobson, *Imperialism: A Study* (London: George, Allen & Unwin, 1902), 35–38〔矢内原忠雄訳『帝国主義論　上』岩波文庫、1951年。引用部分は山岡訳〕.

44. Daniel Meissner, "Bridging the Pacific: California and the China Flour Trade," *California History* 76, no. 4 (1997): 82–93. 南北戦争後、アメリカ産小麦粉の香港経由での対中輸出が急拡大したことが、以下で説明されている。A. H. Cathcart, "Pacific Mail—Under the American Flag Around the World," *Pacific Marine Review* (July 1920): 53–58.

45. Parvus, *Türkiye'nin malî tutsaklığı.*

46. Murat Birdal, *The Political Economy of Ottoman Public Debt: Insolvency and European Financial Control in the Late Nineteenth Century* (New York: I. B. Tauris, 2010); Hans Van de Ven, *Breaking with the Past: The Maritime Customs Service and the Global Origins of Modernity in China* (New York: Columbia University Press, 2014). 以下の文献では、OPDAについての従来の解釈に修正を加えている。Ali Coşkun Tunçer, "Leveraging Foreign Control: Reform in the Ottoman Empire," in *A*

for State Railroad Ownership" (ドイツ語の文を英訳したもの。原文は見つからず), *Railroad Gazette,* 1880.

31. 帝国は関税から、邦国は土地税から（地価が下がるにつれて減少したが）収入を得ていた; Dawson, *Bismarck and State Socialism,* chap. 5.

32. Hermann Schumacher, "Germany's International Economic Position," in *Modern Germany in Relation to the Great War,* ed. and trans. William Wallace Whitelock (New York: Mitchell Kennerley, 1916), 94–99.

33. Schumacher, "Germany's International Economic Position," 99.

34. Vaclav Smil, *Enriching the Earth: Fritz Haber, Carl Bosch, and the Transformation of World Food Production* (Cambridge, MA: MIT Press, 2004). ドイツの土壌で小麦を栽培することにまつわる問題については以下を参照。Naum Jasny, "Wheat Problems and Policies in Germany," *Wheat Studies of the Food Research Institute* 13, no. 3 (November 1936): 65–140.

35. Parvus, *Die Kolonialpolitik und der Zusammenbruch* (Leipzig: Verlag der Leipziger Buchdruckerei Aktiengesellschaft, 1907), 85.

36. 穀物はアドリア海沿岸のフィウメとバルト海沿岸のリバウ（現在のリエパーヤ）に運ばれるようになった。"The Returns of the German Railways for December," *[London] Guardian,* January 19, 1881. 1880年代以降、デュースブルク、マンハイム、バーゼルで穀物交易が急速に発展したことについては以下を参照。Edwin J. Clapp, *The Navigable Rhine* (Boston: Houghton Mifflin, 1911). ドイツのインスターベルク、ケーニヒスブルク、ティルジットで持ち上がった苦情に関しては次を参照〔訳注：この3都市はいずれも現在はロシア領で別の名前に変わっている〕。Worthington Chauncey Ford, "The Commercial Policy of Europe," *Publications of the American Economic Association* 3, no. 1 (1902): 126–127.

37. James C. Hunt, "Peasants, Grain Tariffs, and Meat Quotas: Imperial German Protectionism Reexamined," *Central European History* 7, no. 4 (1974): 311–331.

38. John Nye, "The Myth of Free-Trade Britain and Fortress France: Tariffs and Trade in the Nineteenth Century," *Journal of Economic History* 51, no. 1 (1991): 23–46.

39. ポール・ベロックによると、フランスでは歳入に占める関税の割合が1878年の7%から92年の13%へとほぼ倍増した。ドイツでは42%から36%になったが、この比較方法では実態をつかむことができない。ドイツ各州は土地に課税し、サービスを提供しているのだが、ドイツの統計にあるのは連邦政府の歳出のみだ。フランスの国家予算には、各県の収入（土地税からの）と支出（地方自治体の建物への）が含まれているからだ。こうした昔ながらの地方の機能を考えると、フランスの中央政府の場合、穀物をはじめとする輸入品への関税がかなりの歳入源になっていることがわかる。Paul Bairoch, "European Trade Policy, 1815–1914," chap. 8 in *The Cambridge Economic History of Europe,* vol. 8 (New York: Cambridge University Press, 1989); Theodore Zeldin, *France, 1848–1945,* vol. 1: *Ambition, Love, and Politics* (Oxford: Oxford University Press, 1973), 570–604; Robert M. Schwartz, "Rail Transport, Agrarian Crisis, and the Restructuring of Agriculture: France and Great Britain

ュラーから教示を受けた。農業恐慌への対応としてのプロイセンの関税については以下を参照。Cornelius Torp, "The 'Coalition of "Rye and Iron"' under the Pressure of Globalization: A Reinterpretation of Germany's Political Economy Before 1914," *Central European History* 43, no. 3 (September 2010): 401–427.

23. Rainer Fremdling, "Freight Rates and State Budget: The Role of the National Prussian Railways, 1880–1913," *Journal of European Economic History* 9, no. 1 (1980): 21–39.

24. Andrew Zimmerman, *Alabama in Africa: Booker T. Washington, the German Empire, and the Globalization of the New South* (Princeton, NJ: Princeton University Press, 2010), chap. 2. 当時この政党の名称はドイツ社会主義労働者党だった。1879年にはドイツ工業家中央連盟（Centralverband Deutscher Industrieller）と農民たちの租税・経済改革者協会（Agrarischen Vereinigung der Steuer- und Wirtschaftsreformer）が正式に連合した。後者はドイツ保守党所属の著名な連邦参議院議員ユリウス・ミルバッハが率いていた。F. Stephan, *Die 25jährige thätigkeit der Vereinigung der Steur- und Wirtschafts-Reformer (1876–1900)* (Berlin: Verlag des Bureau der Vereinigung der Steur- und Wirtschafts-Reformer, 1900), 42. 保守党は、2回にわたるウィルヘルム1世の暗殺未遂について社会民主党に非難を浴びせた。

25. ビスマルクが1878年に連邦参議院の関税委員会に送った指示は、以下の文献の第5章に記されている。William Harbutt Dawson, *Bismarck and State Socialism: An Exposition of the Social and Economic Legislation of Germany Since 1870* (London: S. Sonnenschein & Co., 1891).

26. ドイツにおける代替税制としての鉄道の役割については以下を参照。Fremdling, "Freight Rates and State Budget"; Jeffrey Fear and Christopher Kobrak, "Origins of German Corporate Governance and Accounting, 1870–1914: Making Capitalism Respectable" (paper presented at International Economic History Congress, Helsinki, Finland, August 2006).

27. 以下に引用あり。R. H. Best, "Our Fiscal System," *National Union Gleanings* 27 (July–December 1906): 277.

28. Zimmerman, *Alabama in Africa;* Robert L. Nelson, ed., *Germans, Poland, and Colonial Expansion to the East* (New York: Palgrave, 2009); Robert L. Nelson, "From Manitoba to the Memel: Max Sering, Inner Colonization and the German East," *Social History* 35, no. 4 (2010): 439–457. 以下の文献では9億5500万マルクとなっている。 Nelson, *Germans, Poland, and Colonial Expansion,* 56. ネルソンの数字には、東部から西部に穀物を送る際の鉄道運賃への補助は含まれていないが、この金額はかなり大きかった。Fremdling, "Freight Rates and State Budget."

29. Otto Julius Eltzbacher, "The Fiscal Policy of Germany," *Nineteenth Century and After 317* (August 1903): 188; Heinrich von Treitschke, *Politics,* 2 vols. (New York: Macmillan Company, 1916), 1:408, 300–301〔浮田和民訳『軍國主義政治學』早稲田大學出版部、1918年。引用部分は山岡訳〕.

30. Prussia, Ministerium für Handel, Gewerbe und öffentliche Arbeiten, "The Argument

15. Kevin H. O'Rourke, "The European Grain Invasion, 1870–1913," *Journal of Economic History* 57, no. 4 (December 1997).
16. Henry C. Morris, "Consular Report, Ghent," in *The World's Market for American Produce,* ed. US Department of Agriculture (Washington, DC: US Government Printing Office, 1895), 57–59.
17. Susan P. Mattern, *Rome and the Enemy: Imperial Strategy in the Principate* (Berkeley: University of California Press, 1999).
18. 19世紀に帝国の研究をしていた人類学者や地理学者、歴史家は、古代帝国を資源が集中する結節点と見なしていた。そしてどの古代帝国の中心地も、穀物を手に入れるための平野、さまざまなものを製造するための森、交易を行うための航行可能な川の近くにあることを指摘した。半島にあるローマは海との往来がほぼ無制限にできるという点で、古代の帝国中心地のなかでも特異であると思われ、分業が可能で文化が混じり合う結節点となっていた。古代ローマではテヴェレ川が非常に重要であったという議論については以下を参照。Pliny [the Elder], *Natural History* (Cambridge, MA: Harvard University Press, 1942), book III, vol. 56, 42〔中野定雄／中野里美／中野美代訳『プリニウスの博物誌 1　第1巻-第6巻』雄山閣、2021年〕. 半島を拠点とする帝国としてのローマの特異性に関しては次を参照。Carl Ritter, *Die Erdkunde im Verhältniss zur Natur und zur Geschichte des Menschen,* 2 vols. (Berlin: G. Reimer, 1817–1818). 海洋への接続が文明化にとって決定的な転換点になることについては以下を参照。Ernst Kapp, *Philosophische oder vergleichende allgemeine Erdkunde als wissenschaftliche Darstellung der Erdverhältnisse und des Menschenlebens* (Braunschweig: G. Westerman, 1845). リッターの教え子であるカップは1845年に、人類の3つの「時代」という考えを打ち出した。1つ目は「河川に立脚した東洋世界」の時代で、中国とインドが圧倒的地位にあった。2つ目が中世の「海洋世界」の時代で、ヨーロッパをはじめとする地域が東洋に発見した土地を呑み込んでいった。3つ目が「大海洋世界」の時代で、スペインやフランス、イギリスが大西洋を横断するようになった1500年以降を指す。
19. アントワープのような港湾都市が抱える難題についてプロイセン海軍本部が考えた解決策は、ここを併合することだったのかもしれない。もちろん、そんなことをすれば、新しい里程標と、おそらく2番目の首都が必要になったろう。だがイギリスが宣言を発すると、ベルギー侵攻が世界大戦の引き金になってしまうということをプロイセンは理解した。
20. Parvus, "Türkische Wirren."
21. 1884～85年のベルリン西アフリカ会議（おそらくアフリカ争奪戦の引き金になった）で河川の自由航行権が果たした役割については以下を参照。Matthew Craven, "Between Law and History: The Berlin Conference of 1884–1885 and the Logic of Free Trade," *London Review of International Law* 3, no. 1 (March 1, 2015): 31–59.
22. Lothar de Maiziere, "Pioneerarbeit," chap. 4 in *Ich will dass Meine Kinder Nicht Mehr Lügen Müssen: Meine Geschichte der Deutschen Einheit* (Freiburg im Breisgau: Verlag Herder, 2010). この話に関しては、セントアンドルーズ大学のフランク・ミ

3. Parvus, "Türkische Wirren," *Sächsische Arbeiter-Zeitung,* September 10, 1896.
4. Klement Judit, *Gőzmalmok a Duna partján: a budapesti malomipar a 19–20. században* (Budapest: Holnap, 2010).
5. Victor Heller, *Getreidehandel und seine technik in Wien* (Tubingen: J. C. B. Mohr, 1901); J. M. Lachlan, General Manager, United States and Brazil Mail Steamship Company, "United States and Brazil Mail Steamship Companies," in *Trade and Transportation Between the United States and Latin America,* 51st Cong., 1st Sess., Senate Exec. Doc 54 (Washington, DC: Government Printing Office, 1890), 207–208.
6. Parvus, "The Eastern Question," *Sächsische Arbeiter-Zeitung,* March 13, 1897.
7. Heller, *Getreidehandel.*
8. "Hungary: Hon. Robert H. Baker Tells What He Saw," *Racine [Wisconsin] Journal,* June 12, 1878.
9. Eugene Smalley, "The Flour Mills of Minneapolis," *Century Magazine* 32, no. 1 (May 1886): 37–47; John Storck and Walter Dorwin Teague, *Flour for Man's Bread* (New York: Oxford University Press, 1952), chap. 14〔木下敬三訳・監修『小麦粉とパンの1万年史』旭屋出版、2022年〕. 石炭を使う蒸気機関と小麦粉粉塵の組み合わせは爆発の危険がダイナマイトよりも大きかったため、製粉業者はハンガリー式の工場で蒸気動力ではなく水力を使用した。
10. UK Parliament, "First Report of the Royal Commission Appointed to Inquire into the Depression of Trade and Industry," C. 4621 (1885); House, *Broomhall's Corn Trade Yearbook* (Liverpool: Northern Publishing Co., 1904), 7; Jennifer Tann and R. Glyn Jones, "Technology and Transformation: The Diffusion of the Roller Mill in the British Flour Milling Industry, 1870–1907," *Technology and Culture* 37, no. 1 (1996): 36–69.
11. "Hungarian Milling Depression," *Chanute [Kansas] Times,* December 22, 1905.
12. Sevket Pamuk, "The Evolution of Financial Institutions in the Ottoman Empire, 1600–1914," *Financial History Review* 11, no. 1 (2004): 7–32; Seven Ağir, "The Evolution of Grain Policy: The Ottoman Experience," *Journal of Interdisciplinary History* 43, no. 4 (2013): 571–598. オスマン帝国で固定穀物価格制が維持されたことについては以下を参照。Margaret Stevens Hoell, "The Ticaret Odasi: Origins, Functions, and Activities of the Chamber of Commerce of Istanbul, 1885–1899" (unpublished PhD diss., Ohio State University, 1973).
13. Hoell, "The Ticaret Odasi."
14. Virginia Aksan, *Ottoman Wars, 1700–1870: An Empire Besieged* (New York: Routledge, 2007), 13, 388; Orlando Figes, *The Crimean War: A History* (New York: Metropolitan Books, 2011), chap. 2〔染谷徹訳『クリミア戦争　上』白水社、2015年〕; Jeffrey G. Williamson, *Trade and Poverty: When the Third World Fell Behind* (Cambridge, MA: MIT Press, 2011), 103. パルヴスは以下の文献において、このモデルについて述べている。Parvus, T*ürkiye'nin malî tutsaklığı,* trans. Muammer Sencer (Istanbul: May Yayınları, 1977).

York: Cambridge University Press, 1988), 196–204. エドゥアルト・ベルンシュタインとの論争では、最大規模の地主やユンカーを追い落とす必要はあるが、農民に20ヘクタール未満の土地を与えても、かれらは農機具や肥料を購入できないとパルヴスは主張した。農業の将来を予測することは拒んだが、20ヘクタールから100ヘクタールを耕す大規模農家（Grossbauerntum）は生産的で、ナショナリストにあおられない限りは政治的に受動的であるため、ヨーロッパ社会においてごく小さな集団になると述べている。

41. Heresch, *Geheimakte Parvus.*
42. John Peter Nettl, *Rosa Luxemburg,* vol. 1 (London: Oxford University Press, 1966)〔諫山正ほか訳『ローザ・ルクセンブルク　上』河出書房新社、1974年〕; Zeman and Scharlau, *Merchant of Revolution;* パルヴスからアレクサンドル・ポトレソフあての書簡。1904年4月15日。以下に収録されている。Aleksandr Nikolaevich Potresov and Boris Ivanovich Nicolaevsky, comp., *Sotsial-Demokraticheskoye Dvizheniye v Rossii: Materialy* (1928; repr. The Hague: Europe Printing, 1967).
43. アウグスト・ベーベルからカール・カウツキーあての書簡。1901年9月4日。以下に引用あり。Nettl, *Rosa Luxemburg,* 186.
44. Vladimir Lenin, "Review: Parvus, The World Market and the Agricultural Crisis," in *Collected Works,* vol. 4: 1898–April 1901 (Moscow: Progress Publishers, 1977), 65–66〔マルクス=レーニン主義研究所訳「書評 パルヴス著 世界市場と農業恐慌」『レーニン全集 4』大月書店、1954年。引用部分は山岡訳〕.
45. "Foreign Correspondence, from Our Paris Correspondent," *The Economist,* December 30, 1848; *Oxford English Dictionary,* 3rd ed., 2000, s.v. "imperialism, n."
46. Andrew Zimmerman, *Alabama in Africa: Booker T. Washington, the German Empire, and the Globalization of the New South* (Princeton, NJ: Princeton University Press, 2012).
47. Zeman and Scharlau, *Merchant of Revolution,* 57; Isaac Deutscher, *The Prophet Armed, Trotsky: 1879–1921* (New York: Oxford University Press, 1954); Leon Trotsky, *My Life: An Attempt at an Autobiography* (New York: Charles Scribner's Sons, 1930)〔森田成也訳『わが生涯　上・下』岩波書店、2000-2001年。引用部分は山岡訳〕.
48. Parvus, "Die Orientfrage, 2. Ein geschichtlicher Rüdblid [sic]," *Sächsische Arbeiter-Zeitung,* March 13, 1897; Parvus, "Die Orientfrage, Bismarck's Borschubdienste an Russland," *Sächsische Arbeiter-Zeitung,* March 16, 1897.

第10章　ヨーロッパの穀物大国

1. Charles Tilly, *Coercion, Capital, and European States, 990–1990* (Cambridge, MA: Blackwell, 1990), 178–179.
2. チャールズ・キンドルバーガーはほかの研究者とのあいだで安価な穀物について論争した。わたしはプロイセンが資本主義に向かって歩んでいたとは見ておらず、本書での議論はかれらの議論とは多くの点で異なる。

25. Simon M. Dubnow, *History of the Jews in Russia and Poland from the Earliest Times Until the Present Day* (Philadelphia: Jewish Publication Society of America, 1918), 2:191–192.
26. Leopold H. Haimson, *The Russian Marxists and the Origins of Bolshevism* (Boston: Beacon Press, 1971), chap. 2.
27. 以下の文献には、パルヴスの教育に関する第1案と第2案の写しが掲載されている。Elisabeth Heresch, *Geheimakte Parvus: die gekaufte Revolution* (München: Herbig, 2013), 38. パルヴスは5月法が制定された1882年に5年生で学校を去った。ウィンフリード・シャルラウとズビニェク・ゼーマンは、パルヴスの父が錠前師などの機械職人だったと書いているが、反共主義の作家ミハイル・コンスタンチノヴィッチ・ペルヴキンは、パルヴスの親族はオデーサで穀物と豚脂の投機を行っていたとする。以下を参照。Zbyněk Anthony Bohuslav Zeman and Winfried B. Scharlau, *The Merchant of Revolution: The Life of Alexander Israel Helphand (Parvus), 1867–1924* (New York: Oxford University Press, 1965); Mikhail Konstantinovich Pervukhin, *I Bolsceviki* (Bologna: N. Zanichelli, 1918), 99.
28. パルヴスは、1880年代初頭にロシアからスイスに逃れたヴェーラ・ザスーリチやパーヴェル・アクセリロードといった「黒い再分割」のメンバーにきわめて近かった。
29. ヤーコフ・ロストフツェフ准将が死去するとヴィクトル・パニン伯爵が彼に取って代わり、農奴の請け戻し金を増やす一方、割り当てる土地を減らした。農奴に付与する土地は、ハリコフ、カザン、シンビルスクの各県で30%縮小した〔訳注：ロストフツェフは農奴解放令制定において重要な役割を担った〕。Alexander Polunov, *Russia in the Nineteenth Century: Autocracy, Reform, and Social Change, 1814–1914* (Armonk, NY: M. E. Sharpe, 2005), 104–107.
30. Zeman and Scharlau, *Merchant of Revolution,* 9–10.
31. 「ヘルファントの一族は、ロシアの小麦と豚脂の投機を専門としていた」。Pervukhin, *I Bolsceviki,* 98.
32. Parvus, *Im Kampf Um Die Warheit* (Berlin: Verlag fur Sozialwissenschaft GMBH, 1918), 7.
33. Carl Lehmann and Parvus, *Das Hungernde Russland: Reiseeindrücke, Beobachtungen und Untersuchungen* (Stuttgart: J. H. W. Dietz Nachf., 1900), 189.
34. Parvus, *Im Kampf.*
35. Parvus, *Im Kampf.*
36. Israel Helphand, *Technische Organisation der Arbeit ("Cooperation" und "Arbeitsheilung"): Eine Kritische Studie* (Basel: University of Basel, 1891), 30–34.
37. Helphand, *Technische Organisation der Arbeit,* 30–49.
38. Helphand, *Technische Organisation der Arbeit,* 95n1.
39. Helphand, *Technische Organisation der Arbeit,* 55–65.
40. とはいえ、最終的には政治団体が農地を管理すべきであるとパルヴスは考えていた。Parvus, "The Peasantry and the Social Revolution," in *Marxism and Social Democracy: The Revisionist Debate, 1896–1898,* ed. H. Tudor and J. M. Tudor (New

2006); Richard White, *The Republic for Which It Stands: The United States During Reconstruction and the Gilded Age, 1865–1896* (New York: Oxford University Press, 2017), chap. 7; E. Ray McCartney, "Crisis of 1873," 94.

12. バジョットはこのように書いている。「財務省が発行する手形は、形式と流通方法において可能な限り為替手形に似せる必要がある」。James Grant, *Bagehot: The Life and Times of the Greatest Victorian* (New York: W. W. Norton & Company, 2019), chap. 17.
13. チャールズ・マニアックの証言。以下に収録されている。"Effect of the Suez Canal (1870–1874) on the Shipping Trade, and on the Commerce Between India and England and India and the Rest of Europe," *The Economist,* March 11, 1876, 48.
14. 数字は以下に記載されている。"Money Market and City Intelligence," *[London] Times,* January 3 and 4, 1876.
15. 以下の文献では、この変化の定量化を試みている。Luigi Pascali, "The Wind of Change: Maritime Technology, Trade and Economic Development" (Warwick Economics Research Paper Series, University of Warwick, Department of Economics, 2014).
16. Karel Veraghtert, "Antwerp Grain Trade, 1850–1914," in *Maritime Food Transport,* ed. Klaus Friedland (Cologne: Böhlau Verlag, 1994), 82–84.
17. 1913年のドルで換算。以下参照。Matthew Simon and David E. Novack, "Some Dimensions of the American Commercial Invasion of Europe, 1871–1914: An Introductory Essay," *Journal of Economic History* 24, no. 4 (December 1964): 591–605. 統計は599ページに掲載されている。経済学者は輸送コストに多くの紙幅を割いているが、トンネル掘削による距離の短縮は考慮に入れていない。
18. "The Grain Trade," *Massachusetts Ploughman and New England Journal of Agriculture,* January 15, 1876.
19. Simon and Novack, "American Commercial Invasion of Europe, 1871–1914"; Antoni Estevadeordal, Brian Frantz, and Alan M. Taylor, "The Rise and Fall of World Trade, 1870–1939," *Quarterly Journal of Economics* 118, no. 2 (2003): 359–407; David S. Jacks, "What Drove 19th Century Commodity Market Integration?," *Explorations in Economic History* 43, no. 3 (2006): 383–412.
20. Robert Cedric Binkley, *Realism and Nationalism, 1852–1871* (New York: Harper & Brothers, 1935), 77.
21. Scott Reynolds Nelson, *A Nation of Deadbeats: An Uncommon History of America's Financial Disasters* (New York: Knopf, 2012).
22. 以下の文献では、ライン・カンパニーについて実体験に基づく説明がなされている。Charles T. Peavy, *Grain* (Chicago: Charles T. Peavy, 1928).
23. Ignatieff, "Russisch-Jüdische Arbeiter uber die Judenfrage," *Neue Zeit* 6 (October 1892): 175–179.
24. Stuart Ross Thompstone, "The Organisation and Financing of Russian Foreign Trade Before 1914" (PhD diss., University of London, 1991), 145–146.

2. オデーサ商工委員会の覚書、1873年。以下に英訳あり。UK Parliament, Reports from H. M. Consuls on Manufactures and Commerce of Their Consular Districts, BPP-C.1427 (1876), 438–439.
3. "Papers Relative to Complaints Against Grenville-Murray as H.M. Consul-General at Odessa, and His Dismissal from Service," BPP-C.4163 (1869): 12–13.
4. オデーサ商工委員会の覚書, 437–450.
5. Yrjö Kaukiainen, "Journey Costs, Terminal Costs and Ocean Tramp Freights: How the Price of Distance Declined from the 1870s to 2000," *International Journal of Maritime History* 18, no. 2 (2006): 17–64.
6. I. M. Rubinow, *Russia's Wheat Surplus: Conditions Under Which It Is Produced,* Bulletin no. 42 (Washington, DC: US Department of Agriculture, Bureau of Statistics, 1906), 60.
7. Henry Vizetelly, *Berlin Under the New Empire: Its Institutions, Inhabitants, Industry, Monuments, Museums, Social Life, Manners, and Amusements* (London: Tinsley Brothers, 1879), 2:195.
8. Kevin H. O'Rourke, "The European Grain Invasion, 1870–1913," *Journal of Economic History* 57, no. 4 (December 1997): 775–801; Vizetelly, *Berlin Under the New Empire,* 2: 193–221; Avner Offer, "Ricardo's Paradox and the Movement of Rents in England, c. 1870–1910," *Economic History Review* 33, no. 2 (1980): 236–252.
9. これは「融通市場」(accommodation market) と呼ばれることが多かった。"Continental Finance," *[Dundee, Scotland] Courier and Argus,* December 18, 1872; O'Rourke, "The European Grain Invasion," 775–801; Vizetelly, *Berlin Under the New Empire,* 2:193–221. 1970年代、経済学者はおもに工業生産高、実質価格、運賃に注目し、1873年の不況などなかった、と論じていた。たとえば銀行の破綻、農場の破綻、総失業率といった要素は、この知的演習にはなんの影響も及ぼしていない。その一例として以下を参照。Samuel Berrick Saul, *The Myth of the Great Depression, 1873–1896* (London: MacMillan & Co., 1969).
10. フィスク・アンド・ハッチ社のような再販業者による短期借り入れについては以下を参照。McCartney, "Crisis of 1873" (PhD diss., University of Nebraska, 1935). 同じような活動をしていたドイツ企業の破綻に関しては次を参照。Vitzelley, *Berlin Under the New Empire,* vol. 2, chap. 11, and Günter Ogger, *Die Gründerjahre: Als der Kapitalismus jung und verwegen war* (Munich: Droemer Knaur, 1982), chap. 9.
11. アントワープとロシアのジャコブス・フレール商会は、破綻の原因は融通手形の金利引き上げにあると非難した。以下参照。 *[Memphis] Daily Avalanche,* December 19, 1872, and *Chicago Daily Tribune,* December 10, 1872; ロシア南部の銀行についての副領事による報告。以下に収録。UK Parliament, *Reports from H. M. Consuls on Manufactures and Commerce of Their Consular Districts,* BPP-C.1427 (1876), 450–457; Jeffrey Fear and Christopher Kobrak, "Origins of German Corporate Governance and Accounting, 1870–1914: Making Capitalism Respectable" (paper presented at International Economic History Congress, Helsinki, Finland, August

ナキストと非革命的なカトリック信者とを同時に陰謀と関連づける発想は、カトリック教会が606年に正教会よりも優位に立ち大淫婦バビロンになったという、黙示録のプロテスタント的解釈の正教会による解釈を踏まえれば、さほど逆説的ではないように思える。

7. Frederic Zuckerman, *The Tsarist Secret Police Abroad: Policing Europe in a Modernising World* (New York: Palgrave Macmillan, 2003).
8. エリック・ホブズボームは以下の文献の第6章で、1820年代のデカブリストや炭焼き党について述べているが、1848年についてはまったく異質なものとして論じている。Eric Hobsbawm, *The Age of Revolution* (New York: Vintage Books, 1962)〔安川悦子／水田洋訳『市民革命と産業革命』岩波書店、1968年〕.
9. Ze'ev Iviansky, "Individual Terror: Concept and Typology," *Journal of Contemporary History* 12, no. 1 (1977): 43–63.
10. Richard J. Johnson, "Zagranichnaia Agentura: The Tsarist Political Police in Europe," *Journal of Contemporary History* 7, no. 1 (1972): 221–242.
11. David Ricardo, *On the Principles of Political Economy and Taxation* (London: John Murray, 1821), chap. 2〔羽鳥卓也／吉澤芳樹訳『経済学および課税の原理　上』岩波書店、1987年〕.
12. Avner Offer, "Ricardo's Paradox and the Movement of Rents in England, c. 1870–1910," *Economic History Review* 33, no. 2 (1980): 236–252.
13. たとえばパルヴス、ローザ・ルクセンブルク、レーニンは、ヨーロッパの地主権力批判のモデルとしてアメリカ農業を利用することが多かった。アメリカの農業に対するマルクスの見解は、1849年から70年にかけて大きく変化した。以下参照。Kohei Saito, "The Emergence of Marx's Critique of Modern Agriculture: Ecological Insights from His Excerpt Notebooks," *Monthly Review: An Independent Socialist Magazine* 66, no. 5 (October 2014): 25〔斎藤幸平「マルクスの近代農業批判の成立と抜粋ノート」『唯物論』88号、2014年〕.
14. Paul W. Gates, "Frontier Estate Builders and Farm Laborers," in *The Jeffersonian Dream: Studies in the History of American Land Policy and Development,* ed. Allan G. Bogue and Margaret Beattie Bogue (Albuquerque: University of New Mexico Press, 1996).
15. Saito, "The Emergence of Marx's Critique."
16. 本書第4章を参照。
17. Franco Venturi, *Roots of Revolution: A History of the Populist and Socialist Movements in Nineteenth Century Russia* (New York: Knopf, 1960), xvii.

第9章　穀物の大危機

1. Ilya Grigorovich Orshansky, *Evrei v Rossii: Ocherki ekonomicheskogo i obshchestvennogo byta russkikh evreev* (St. Petersburg, 1877), 50–55; C. W. S. Hartley, *A Biography of Sir Charles Hartley, Civil Engineer (1825–1915): The Father of the Danube* (Lewiston, NY: Mellen Press, 1989), 190–193.

なかで述べられている。Aashish Velkar, "'Deep' Integration of 19th Century Grain Markets: Coordination and Standardisation in a Global Value Chain" (Working Paper No. 145/10, London School of Economics, July 2010).

43. アンドレは2001年に倒産したが、アーチャー・ダニエルズ・ミッドランドがそれに取って代わり、ABCDという略称は残った。Dan Morgan, *Merchants of Grain* (New York: Viking, 1979)〔NHK食糧問題取材班監訳『巨大穀物商社』日本放送出版協会、1980年〕.

44. Morgan, *Merchants of Grain,* 30–34. フリブール家は当初、フリブールという社名で操業していた。コンティネンタルは1921年にここから発足した。

45. Ilya Grigorovich Orshansky, *Evrei v Rossii: Ocherki ekonomicheskogo i obshchestvennogo byta russkikh evreev* (St. Petersburg, 1877), 8–10, 71–90; 引用は6ページより。オルシャンスキーの論文は1860年代に書かれたが、一部は総督による検閲のために、オデーサの『デン』誌に掲載されなかった〔訳注：ロシア帝国の地方行政組織には県以外に総督府があった〕。彼の死後、上記の書籍にはすべての論文が検閲なしで掲載された。オルシャンスキーの著作がたどった経緯については以下を参照。John D. Klier, "The Pogrom Paradigm in Russian History," in *Pogroms: Anti-Jewish Violence in Modern Russian History,* ed. John D. Klier and Shlomo Lambroza (New York: Cambridge University Press, 1992), 32.

46. Morgan, *Merchants of Grain,* 5.

第8章　何をなすべきか

1. *Lloyd's Weekly Newspaper* (London), April 29, 1866; Claudia Verhoeven, *The Odd Man Karakozov: Imperial Russia, Modernity, and the Birth of Terrorism* (Ithaca, NY: Cornell University Press, 2009)〔宮内悠介訳『最初のテロリスト カラコーゾフ』筑摩書房、2020年〕. 彼がポーランド人であるか否かに関しては45ページ、3年前に起きたことについては62ページ、公園での散歩に関しては67ページを参照。

2. Eugen Weber, *Apocalypses: Prophesies, Cults, and Millennial Beliefs Through the Ages* (Cambridge, MA: Harvard University Press, 1999), 96–98.

3. 「わたしは2人の証人に対し、荒布をまとって1260日のあいだ預言する力を与えよう」。Henry Forest Burder, *Notes on the Prophecies of the Apocalypse* (London: Ward & Co., 1849), 124–126, 187〔訳注：上記の引用文自体はヨハネの黙示録第11章第3節にある〕.

4. Burder, *Notes on the Prophecies of the Apocalypse,* 124–126, 187. イングランド内戦期の終末論信仰については以下を参照。Paul Boyer, *When Time Shall Be No More: Prophecy Belief in Modern American Culture* (Cambridge, MA: Harvard University Press, 1992); Weber, *Apocalypses.*

5. Burder, *Notes on the Prophecies of the Apocalypse,* 123–132.

6. プロテスタントのことに関しては以下を参照。Burder, *Notes on the Prophecies of the Apocalypse,* 124–126, 187. カトリックによる陰謀と他の世俗的な陰謀との関連づけについては次を参照。Verhoeven, *The Odd Man Karakozov,* 50–54. 革命的なア

Society 44, no. 2 (2011): 18–69; Freda Harcourt, *Flagships of Imperialism: The P&O Company and the Politics of Empire from Its Origins to 1867* (New York: Manchester University Press, 2006), 181–190; Crosbie Smith, *Coal, Steam and Ships: Engineering, Enterprise, and Empire on the Nineteenth-Century Seas* (New York: Cambridge University Press, 2018), 364–365.

33. ルイ・ドレフュスに関する家族の回顧録によると、彼は自分が華々しい成功を収めることができたのは先物市場を使ってリスクを管理する自身の能力のおかげであると述べていた。Louis Dreyfus & Co., *À l'occasion de son centenaire La Maison Louis Dreyfus & Cie rend hommage a son fondateur qui reste present dans son oeuvre* (privately printed, 1951).

34. Wilhelm Basson, *Die Eisenbahnen im Kriege nach den Erfahrungen des letzten Feldzuges* (Ratibor, Germany: V. Wichura, 1867).

35. Edwin A. Pratt, *The Rise of Rail Power in War and Conquest, 1833–1914* (London: P. S. King & Son, Ltd., 1915), 122–128.

36. [A Prussian General Staff officer], "German General Staff Railroad Concentration, 1870," reprinted and translated in *Military Historian and Economist* 3, no. 2 (April 1918), 161ff (巻末の補遺だが、ページ番号は1で始まる). ドイツ語の原典は見つからなかった。マーティン・ファン・クレフェルトはプロイセンの兵站システムを機能不全と批判している。こうした見方を論評したものとして以下の文献の第9章と第10章を参照のこと。Quintin Barry, *Moltke and His Generals* (Warwick, UK: Helion & Co., 2015).

37. Alistair Horne, *The Fall of Paris: The Siege and the Commune, 1870–71* (New York: Penguin Books, 1981), 64–67.

38. Anonymous, *Antwerp: Commercially Considered;* Robinson, *Antwerp: An Historical Sketch,* 281; Veraghtert, "Antwerp Grain Trade," 85; Colmar Freiherr von der Goltz, *The Nation in Arms: A Treatise on Modern Military Systems and the Conduct of War* (London: Hodder & Stoughton, 1914), 260–263. マーティン・ファン・クレフェルトは以下の文献の第3章において、こうしたことをはじめとする連絡線システムからのさまざま逸脱は、ドイツの軍事機構の機能不全を示すものと見なしている。Martin van Creveld, *Supplying War: Logistics from Wallenstein to Patton* (Cambridge: Cambridge University Press, 1977)〔石津朋之監訳・解説『補給戦』中央公論新社、2022年〕.

39. Dennis Showalter, *The Wars of German Reunification* (New York: Oxford University Press, 2004), 249–250.

40. Goltz, *The Nation in Arms,* 260–263.

41. Pratt, *The Rise of Rail Power,* 57.

42. 1874年、ニューヨーク農産品取引所は格付けされた穀物の証明書を受け入れる方向に変わった。Richard Edwards, *Origin, Growth, and Usefulness of the New York Produce Exchange* (New York: New York Produce Exchange, 1884), 45–47; ロンドンの市場がアメリカの格付け制度の使用に消極的だったことについては、次の文献の

21. Wilfrid Robinson, *Antwerp: An Historical Sketch* (London: R. & T. Washbourne, 1904), 281.
22. 1880年には300万トンが到着した。ヨーロッパでこれを上回ったのは、ロンドン（600万トン）とリヴァプール（500万トン）だけだった。アントワープに続くのが、ハンブルク（280万トン）とマルセイユ（210万トン）だ。Paul Guillaume, *L'Escaut depuis 1830* (Brussels: A. Castaigne, 1903), 2: 370.
23. Parvus, "Der Weltmarkt und die Agrarkrisis," *Die Neue Zeit* 14 (November 1895): 197ff.
24. George James Short Broomhall and John Henry Hubback, *Corn Trade Memories, Recent and Remote* (Liverpool: Northern Pub. Co., 1930), 25–31.
25. R. C. Michie, "The International Trade in Food and the City of London Since 1850," *Journal of European Economic History* 25, no. 2 (fall 1996): 369–404; Baltico, *Life on "the Baltic," and Shipping Idylls for Shipping Idlers* (London: Ward Lock & Co., 1903); Hugh Barty-King, *The Baltic Exchange: Baltick Coffee House to Baltic Exchange, 1744–1994* (London: Quiller Press, 1994); Richard Malkin, *Boxcars in the Sky* (New York: Import Publications, 1951); Broomhall and Hubback, *Corn Trade Memories.*
26. "Overend & Gurney," *Glasgow Herald,* January 16, 1869.「豚乗せベーコン」については以下を参照。[Anonymous], *Breach of Privilege: Being the Evidence of Mr. John Bull Taken before the Secret Committee on the National Distress in 1847 and 1848* (London: John Ollivier, 1849), 62–92.
27. [Walter Bagehot], "Commercial History and Review of 1866," *The Economist,* March 9, 1867, 4–5; [Walter Bagehot], "Commercial History and Review of 1867," *The Economist,* March 14, 1868, 2–3; [Walter Bagehot], "Commercial History and Review of 1868," *The Economist,* March 18, 1869, 6–7; Chenzi Xu, "Reshaping Global Trade: The Immediate and Long-Run Effects of Bank Failures," *Proceedings of Paris December 2020 Finance Meeting EUROFIDAI—ESSEC,* October 14, 2020. 以下で閲覧可能。SSRN, https://ssrn.com/abstract=3710455.
28. スエズ地峡のシャルーフでは、爆発物ではなくロブニッツ社の浚渫機で硬い岩石を取り除いたが、たまった岩を処理するには爆発物が必要だった。"The Removal of Rock Under Water Without Explosives," *Engineering and Building Record,* October 12, 1889.
29. David A. Wells, "Great Depression of Trade: A Study of Its Economic Causes," *Contemporary Review* (August 1877): 277.
30. Wells, "Great Depression of Trade," 277.
31. Harold J. Dyas and D. H. Aldcroft, *British Transport: An Economic Survey from the Seventeenth Century to the Twentieth* (Surrey, UK: Leicester University Press, 1969), chap. 8.
32. William Henry Moyer, "PRR's Navy, Part V: Transatlantic Shipping Lines," *The Keystone: Official Publication of the Pennsylvania Railroad Technical and Historical*

(Antwerp: Pandore, 2002); Fernand Suykens, G. Asaert, and A. De Vos, *Antwerp: A Port for All Seasons* (Antwerp: Ortelius Series, 1986); Edwin J. Clapp, *The Navigable Rhine* (Boston: Houghton Mifflin, 1911), 48–50.

12. Karel Veraghtert, "Antwerp Grain Trade, 1850–1914," in *Maritime Food Transport,* ed. Klaus Friedland (Cologne: Böhlau Verlag, 1994), 90; Van Ysselsteyn, *The Port of Rotterdam* (Rotterdam: Nijgh & Van Ditmar's Publishing Co., 1908), 45.
13. Laurence Evans, "Bread and Politics: Civil Logistics and the Limits of Choice," in *Maritime Food Transport,* ed. Klaus Friedland (Cologne: Böhlau Verlag, 1994), 581; P. N. Muller, "De Handel van Nederland in de Laatste vijf en twintig Jahr, 1847–1871," *De Ekonomist* (1875): 1–25; Frederik Bernard Löhnis, "Onze Zuivel Industrie," *De Ekonomist* (1884): 837–846.
14. ヨーロッパの港湾都市における食品価格については以下を参照。Wilhelm Abel, *Agricultural Fluctuations in Europe from the Thirteenth to the Twentieth Centuries* (New York: St. Martin's Press, 1980)〔寺尾誠訳『農業恐慌と景気循環』未來社、1986年〕.
15. 交通地理学の概説については以下を参照。Jean-Paul Rodrigue, *The Geography of Transport Systems* (Milton Park, UK: Taylor & Francis, 2016).
16. John Kirkland, *Three Centuries of Prices of Wheat, Flour and Bread* (London: J. G. Hammond, 1917), 31–35.
17. Sarah Moreels et al., "Fertility in the Port City of Antwerp (1846–1920): A Detailed Analysis of Immigrants' Spacing Behaviour in an Urbanizing Context" (working paper, WOG/HD/2010-14, Scientific Research Community Historical Demography), https://core.ac.uk/download/pdf/34472007.pdf (2021年3月28日にアクセス).
18. こうしたことは関税障壁が高くなったときにも起きた。食糧貿易についての適用除外（mehlverkehr）のおかげで、製粉業者は、海外で同量の小麦粉を販売していれば、外国産穀物に課される関税を回避できた。ヨーロッパ諸国間の小麦粉販売にはもちろん関税が伴ったが、製粉業者が自らの輸入した穀物についてどれだけの割合を小麦粉にして輸出したのかを証明するのはほとんど不可能だった。とくに、一定量の穀物に対する小麦粉の生産量が規定の割合に比べてきわめて大きい先進的な製粉所の場合は、そのような傾向が強かった。以下参照。Judit Klement, "How to Adapt to a Changing Market? The Budapest Flour Mills at the Turn of the Nineteenth and Twenties [sic] Centuries," *Hungarian Historical Review* 4, no. 4 (2015): 834–867; US State Department, Bureau of Statistics, *Extension of Markets for American Flour* (Washington, DC: US Government Printing Office, 1894).
19. Paul Freyburger, Patent, E 170 a Büschel 1550, Patentkommission der Zentralstelle für Gewerbe und Handel, Landesarchive Baden-Wurttemberg, www.landesarchiv-bw.de/plink/?f=2-58962 (2020年11月3日にアクセス).
20. Carl Strikwerda, *A House Divided: Catholics, Socialists, and Flemish Nationalists in Nineteenth-Century Belgium* (Lanham, MD: Rowman & Littlefield Publishers, 2000), 78–81.

56. “Transportation: Reception of the Committee in Montreal,” *New York Times,* September 17, 1873.

第7章　爆発音と大変化

1. *Hillsborough Recorder,* May 9, 1866.
2. *Reynolds's Newspaper,* April 29, 1866; *Manchester Courier and Lancashire General Advertiser,* May 1, 1866; *Lloyd's Weekly Newspaper* (London), April 29, 1866; “Terrible Catastrophe,” *New York Herald,* April 21, 1866; “The Aspinwall Horror,” *Daily Cleveland Herald,* April 23, 1866.
3. 荷造りの方法については以下を参照。“The Nitro-Glycerine Case,” *New York Herald,* April 26, 1866. 爆発力に関しては次を参照。George Ingham Brown, *The Big Bang: A History of Explosives* (Phoenix Mill, UK: Sutton Publishing, 1999), 101–102.
4. 爆発の仕組みについては以下を参照。Stanley Fordham, *High Explosives and Propellants* (Elmsford, NY: Pergamon Press, 1980), 25–28.
5. アルフレッド・ノーベルの証言の文字起こしは以下に掲載されている。“The Nitro-Glycerine Case”; Henry S. Drinker, *Tunneling, Explosive Compounds, and Rock Drills* (New York: John Wiley, & Sons, 1878), 31.
6. Vaclav Smil, *Creating the Twentieth Century: Technical Innovations of 1867–1914 and Their Lasting Impact* (New York: Oxford University Press, 2004).
7. Anonymous, *Antwerp: Commercially Considered: A Series of Articles Reprinted from “The Syren and Shipping”* (London: Wilkinson Brothers Ltd., 1898); Fernand Braudel, *Civilization and Capitalism, 15th–18th Century,* vol. 3: *The Perspective of the World* (New York: Harper & Row, 1984), 143–157〔村上光彦訳『物質文明・経済・資本主義 15-18世紀 世界時間　Ⅲ-1・Ⅲ-2』みすず書房、1996-1999年〕.
8. Edward Harris, Earl of Malmesbury, “Our National Engagements and Armaments,” House of Lords, Parl. Deb. (3d ser.) (1871) col. 1376.
9. マシュー・サイモンとデイヴィッド・E・ノヴァックは、1871年から1914年にいたる期間をアメリカのヨーロッパに対する商業的侵略と呼んでいる。終わりの年を1914年にしているのは、このときにアメリカの国際収支が変化したからだろう。以下参照。Matthew Simon and David E. Novak, “Some Dimensions of the American Commercial Invasion of Europe, 1871–1914: An Introductory Essay,” *Journal of Economic History* 24, no. 4 (December 1964): 591–605. J. C. Zadoks, “The Potato Murrain on the European Continent and the Revolutions of 1848,” *Potato Research* 51 (2008): 5–45.
10. “Die Großstadt wirft die nationalen Eierschalen ab und wird zum Knotenpunkt des Weltmarktes.” Parvus, “Der Weltmarkt und die Agrarkrisis.” *Die Neue Zeit*において1895年11月から1896年3月まで、10回に分けて連載されたもの。この記事は1898年にロシア語のパンフレットとして出版され、1899年3月に*Nachalo*誌上でウラジーミル・レーニンに絶賛された。
11. Jan Blomme et al., *Momentum: Antwerp's Port in the 19th and 20th Century*

Thomas Weber, *The Northern Railroads in the Civil War, 1861–1865* (New York: King's Crown Press, 1952).

39. Robina Lizars and Kathleen MacFarlane Lizars, *Humours of '37, Grave, Gay, and Grim: Rebellion Times in the Canadas* (Toronto: W. Briggs, 1897), 361–363; Church, *History of Rockford and Winnebago County, Illinois,* 322–324. スタントンは民主党のジェイムズ・ブキャナン政権の司法長官になった1860年、崩壊に向かう大統領顧問団や内戦の脅威の高まりに関する内部情報を、ワトソンを通じて次期大統領エイブラハム・リンカーンに伝えていた。Thomas and Hyman, *Stanton,* 93–107.
40. これより大規模だったのはノルマンディー上陸作戦だけだ。
41. Stephen W. Sears, *To the Gates of Richmond: The Peninsula Campaign* (New York: Ticknor & Fields, 1992), 21, 24.
42. Edward Hagerman, "The Reorganization of Field Transportation and Field Supply in the Army of the Potomac, 1863: The Flying Column and Strategic Mobility," *Military Affairs* 44, no. 4 (December 1980): 182–186.
43. Scott Reynolds Nelson and Carol Sheriff, *A People at War: Civilians and Soldiers in America's Civil War* (New York: Oxford University Press, 2008), 215–218.
44. Thavolia Glymph, "The Second Middle Passage: The Transition from Slavery to Freedom at Davis Bend, Mississippi" (unpublished PhD thesis, Purdue University, 1994), 92–95.
45. Nelson and Sheriff, *A People at War,* 88–91.
46. Thomas and Hyman, *Stanton,* 288–290.
47. James Arthur Ward, *That Man Haupt: A Biography of Herman Haupt* (Baton Rouge: Louisiana State University Press, 1973), 312
48. 鉄道の建設はそれまでハーマン・ハウプトのもとで進められていた。Robert G. Angevine, *Railroads and the State: War, Politics, and Technology in Nineteenth-Century America* (Stanford, CA: Stanford University Press, 2004), 136.
49. Edwin A. Pratt, *The Rise of Rail Power in War and Conquest, 1833–1914* (London: P. S. King & Son, Ltd., 1915), 17–21.
50. Pratt, *The Rise of Rail Power,* 136.
51. L. A. Hendricks, "Meade's Army," *New York Herald,* September 25, 1863.
52. Henry Clay Symonds, *Report of a Commissary of Subsistence, 1861–1865* (Sing Sing, NY: Author, 1888), 86.
53. 以下を参照。Boeger, "Hardtack and Cofee [sic]."
54. Symonds, *Report of a Commissary of Subsistence,* 129–134. 以下の文献にはシャーマンの自慢話が取り上げられている。William Nester, *The Age of Lincoln and the Art of American Power, 1848–1876* (Lincoln: Potomac Books, Inc., 2014), 213. Robert A. Divine and R. Hall Williams, *America Past and Present* (New York: Longman, 1998), 467.
55. Carl Russell Fish, "The Northern Railroads," *American Historical Review* 22 (July 1917): 782.

News," *Glasgow Herald,* August 6, 1870.

27. "Report from the Select Committee on East India Railway Communication, Together with the Proceedings of the Committee, Minutes of Evidence, and Appendix," *House of Commons Parliamentary Papers* 284 (July 18, 1884).
28. Cento G. Veljanovski, "An Institutional Analysis of Futures Contracting," in *Futures Markets: Their Establishment and Performance,* ed. Barry A. Goss (New York: New York University Press, 1986), 26–27.
29. ケインズ理論に批判的で、先物市場に肯定的な新古典主義の議論が以下で展開されている。Lester G. Tesler, "Futures Trading and the Storage of Cotton and Wheat," *Journal of Political Economy* 66, no. 2 (June 1958): 233–255. また、Milton Friedman, "In Defense of Destabilizing Speculation" が次の書籍の第13章として転載されている。*The Optimum Quantity of Money and Other Essays,* ed. Michael D. Bordo (Chicago: Aldine Publishing Co., 1969).
30. Chicago Board of Trade, *Sixth Annual Report* (1864), 34.
31. 先物における利乗せの説明については以下を参照。Donna Kline, *Fundamentals of the Futures Market* (New York: McGraw-Hill, 2001), 19–23. 先物とオプションを組み合わせたストラングルやカラーといった方法については、Kline, *Fundamentals,* 193–218を参照。
32. Joost Jonker and Keetie E. Sluyterman, *At Home on the World Markets: Dutch International Trading Companies from the 16th Century Until the Present* (The Hague: Sdu Uitgevers, 2000), chap. 4.
33. 大規模穀物倉庫を運営していたアイラ・マンは、この方法で財を築いたが、価格が予想と異なる方向に変わって失敗した。以下参照。William G. Ferris, "The Disgrace of Ira Munn," *Journal of the Illinois State Historical Society* (1908–1984) 68, no. 3 (June 1975): 202–212.
34. 穀物（小麦粉を含む）の量は、1859年の1670万ブッシェルから1860年には3080万ブッシェル、1862年には5200万ブッシェル、1863年には6300万ブッシェルに増加した。*American Railroad Journal* 23, no. 45 (November 9, 1867): 1064. 1863年になると、モントリオールとの競争やアメリカの鉄道のおかげで、数字が安定し始めた。
35. Churella, *Building an Empire,* chap. 8.
36. Thomas and Hyman, *Stanton,* 152–153.
37. この考えは、派閥が互いに競争をすることで大きな共和国が維持されるという、「ザ・フェデラリスト第10篇」におけるジェイムズ・マディソンの主張に近い。シカゴからニューヨークまでの路線を担うのがたった1人の商人という状態は有害だ。少なくとも4人いれば、1人による支配を防ぐことができる。
38. 5番目の競争相手がロンドンに本社を置くグランド・トランク鉄道で、モントリオールとメイン州ポートランドを結んでいた。Thomas and Hyman, *Stanton,* 152–154. トマス・ウェーバーは以下の文献の第5章と第7章で、戦争中に幹線鉄道が拡張したことと、軌間の異なる路線の相互連絡や鉄道橋の建設を促進する権限を大統領に与える法が制定されたことについて述べているが、両者のつながりには触れていない。

ーは説明している。Boeger, “Hardtack and Cofee [sic],” 290.

19. 「公共の要請により即時の納品または履行が必要とされる場合、必要な物品またはサービスは、当該物品が通常個人間で売買される場所および様式、または当該サービスが履行される場所および様式により、公開市場での購入または契約によって調達することができる」。Article 41, Section 1048, in US War Department, *Revised US Army Regulations* (155).
20. Annual, Personal & Special Reports, 1865, Brown, Samuel L.; E. 1105, Records of the Office of the Quartermaster General, Record Group 92, National Archives Building, Washington, DC.
21. Arthur Barker, *The British Corn Trade: From the Earliest Times to the Present Day* (London: Sir Isaac Pitman & Sons. 1920), 10.
22. この規則があらゆる契約に適用されたのは1863年3月27日である。以下参照。Harold Speer Irwin, *Evolution of Futures Trading* (Madison: Mimir Publishers, Inc.), 81.
23. 「定期契約」という表現は混乱を招く。1850年代にニューヨークの人々が綿花の先物契約を言い表すのにこの用語を使用していたためだ。本文で説明したような先物契約は、綿花については現物の品質等級による価格差に対処するために「ベーシス」システムが導入された1872年頃まで存在しなかった。以下参照。Irwin, *Evolution of Futures Trading,* 84–85.
24. たとえばモントリオールの銀行は、顧客が銀行信用を使って商品の「定期取引」をすることに反対した。“Financial and Commercial: Monetary,” *Chicago Tribune,* June 13, 1865.
25. ニューヨーク農産品取引所は1874年、穀物の格付けと受け渡しを証明書に基づいて行う方法に切り替えた。つまり穀物契約を標準化したのだ。Richard Edwards, *Origin, Growth, and Usefulness of the New York Produce Exchange* (New York: New York Produce Exchange, 1884), 45–47.
26. Edwards, *Origin, Growth, and Usefulness of the New York Produce Exchange,* 45–47; George James Short Broomhall and John Henry Hubback, *Corn Trade Memories, Recent and Remote* (Liverpool: Northern Pub. Co., 1930), 34. ピーター・ノーマンは、中央清算機関を伴う最初の正式な先物市場は、リヴァプールにおける1874年の綿花市場清算所の創設をもって始まった、と述べている。ノーマンによると、アメリカのシステムは会員間の取引の決済を行っていたので、本当の意味での先物市場の試練に耐えるものではなかったという。だが同時代の資料には、リヴァプールの先物市場が「アメリカの手法にならって」つくられたと書かれている。トレーダーは、ニューヨーク綿花取引所（1870年に先物取引のために設立された）の決めた格付けを使用して先物を売買していたが、先物取引は1874年から1882年にかけての一連の変更を通じて制度化されていった。以下参照。Charles William Smith, *Commercial Gambling: The Principal Causes of Depression in Agriculture and Trade* (London: Sampson, Low, Marston & Co., 1893), 6; Thomas Ellison, *The Cotton Trade of Great Britain* (London: Effingham Wilson, Royal Exchange, 1886), 272–280; “Commercial

vol. 1: *Building an Empire* (Philadelphia: University of Pennsylvania Press, 2013), chap. 8; Palmer H. Boeger, "Hardtack and Cofee [sic]" (unpublished PhD diss., University of Wisconsin, 1953), 83.

9. この新しい規則の詳細は以下に記されている。US War Department, *Revised United States Army Regulations of 1861*: 宣誓書と軍法会議については、それぞれ次を参照。pp. 534–535; p. 538.

10. E・D・ブリンガム大尉（CS, Boston, Mass.）あての文書、1863年1月13日; Letters sent, volume 43; Records of the Office of the Commissary General of Subsistence, Record Group 192, National Archives Building, Washington, DC.

11. 業者にとっては、国債を受け取れたことが１つの利点だったようだ。国債の利息はグリーンバックではなく金貨で支払いを受けることが可能だった。ファーガソンの金庫にグリーンバックではなく国債と小切手が入っていたという事実からも、そのことがうかがえる。

12. Boeger, "Hardtack and Cofee [sic]," 212–213.

13. 標準的な契約におけるエンバクの分量については以下を参照。"Lists of Proposals Received for Furnishing Forage," E. 1250, Vol. 1, Records of the Office of the Quartermaster General, Record Group 92, National Archives Building, Washington, DC.

14. Annual, Personal & Special Reports, 1865, Brown, Samuel L.; E. 1105, Records of the Office of the Quartermaster General, Record Group 92, National Archives Building, Washington, DC. ファーガソンと補佐官はこの「まちまちな金額を提示するさまざまな人間」と共謀しており、そこにペンシルヴェニア州選出のハリー・ホワイト上院議員の兄弟であるアレクサンダー・M・ホワイトという業者が加わった。"Wood's Budget," *Indiana [Pennsylvania] Progress,* November 26, 1885.

15. 必要とされたトウモロコシの総量については以下を参照。US Quartermaster's Department, Report of the Quartermaster General of the United States Army to the Secretary of War for the Year Ending June 30, 1865 (Washington, DC: Government Printing Office, 1865), 165. 1865年6月期、陸軍は約2400万ブッシェルのエンバクを受領した。1000万ブッシェルは契約に基づいて購入したもので、「公開市場で」購入した分は1180万ブッシェルという前例のない量にのぼった。S・L・ブラウンの報告によれば、これは「1865年1月1日までにニューヨーク市で調達されたもので、急を要したために、公開市場で必要量を購入せねばならなかった」(164ページ).

16. Boeger, "Hardtack and Cofee [sic]," 102–195.

17. "David Dows," in A*merica's Successful Men of Affairs: An Encyclopedia of Contemporaneous Biography,* ed. Henry Hall (New York: New York Tribune, 1896), 201.

18. A[lexander] E[ctor] Orr, "To the Old Friends of David Dows This Short Sketch of His Active and Honorable Life Is Respectfully Dedicated, by A. E. Orr, Brooklyn, 1888," JohnShaplin, May 21, 2011, http://johnshaplin.blogspot.com/2011/05/david-dows.html. ダウズには公開市場操作を利用するどのような権限があったかをボーガ

第6章　アメリカの穀物神

1. William Émile Doster, *Lincoln and Episodes of the Civil War* (New York: G. P. Putnam's Sons, 1915), 126–131; E. D. Townsend, *Anecdotes of the Civil War in the United States* (New York: D. Appleton and Co., 1884), 79–81; Benjamin P. Thomas and Harold M. Hyman, *Stanton: The Life and Times of Lincoln's Secretary of War* (New York: Alfred A. Knopf, 1962), 152–164.「材木挽き」の件については以下を参照。Charles A. Church, *History of Rockford and Winnebago County, Illinois* (Rockford, IL: W. P. Lamb, 1900), 322–324. 南北戦争についての標準的な軍事史、鉄道史、政治史の研究にワトソンが登場しないことをわたしは疑問に思う。補給総監の月報には何度も名前が出てくる。それにリーヴァイ・C・ターナーとラファイエット・C・ベイカーは直属の部下だったので、後段で触れるターナー・ベイカー文書（Turner-Baker Papers）においても、当然ながら頻繁に言及されている。
2. Peter Cozzens, *The Shipwreck of Their Hopes: The Battles for Chattanooga* (Urbana: University of Illinois Press, 1994), chap. 1; Fairfax Downey, *Storming of the Gateway, Chattanooga, 1863* (New York: David McKay Co., 1960); Thomas B. Buell, *The Warrior Generals: Combat Leadership in the Civil War* (New York: Crown Publishers, 1997), 284.
3. ジェイムズ・ウィスローの日記。以下に引用がある。Wiley Sword, *Mountains Touched with Fire: Chattanooga Besieged, 1863* (New York: St. Martin's Press, 2013), 83.
4. ワトソンの思索については以下の文献より。Mark Wilson, "The Business of Civil War" (PhD diss., University of Chicago, 2002), 490; Buell, *Warrior Generals.*
5. ローランドはファーガソンの妻のおじであるため、人物を一意に特定することは難しい。ヘンリー・W・ヘクターの宣誓供述書、1863年12月。以下の資料より。Case Files of Investigations by Levi C. Turner and Lafayette C. Baker, 1861–1866 (microfilm), case file no. 3752 (rolls 107–119), M797, RG 94, Records of the Adjutant General's Office, 1780s–1917, War Department Division, National Archives, Washington, DC (以下Turner-Baker Papersと略記). 干し草とエンバクの配合率は以下に記されている。US War Department, *Revised United States Army Regulations of 1861 with an Appendix Containing the Changes and Laws Affecting Army Regulations and Articles of War to June 25, 1863* (Washington, DC: Government Printing Office, 1863), 166. ラバの餌については14対9だった。
6. デイヴィッド・F・ローランドの宣誓供述書、1863年12月。Turner-Baker Papersより。国家探偵隊の創設については以下を参照。Thomas and Hyman, *Stanton,* 153.
7. Erna Risch, *Quartermaster Support of the Army: A History of the Corps, 1775–1939* (Washington, DC: Center of Military History, United States Army, 1989), 381–382. 最終的に回収された金額と関係した政治家については以下を参照。Charles A. Dana, "The Lincoln Papers," *Fort Wayne Sunday Gazette,* June 14, 1885, 2; William P. Wood, "Wood's Budget," *Indiana [Pennsylvania] Progress,* November 26, 1885, 2.
8. Thomas and Hyman, *Stanton,* 126–146; Albert Churella, *The Pennsylvania Railroad,*

Before the Civil War (New York: Oxford University Press, 1970).

57. 以下に引用あり。Foner, *Free Soil, Free Labor, Free Men,* 56.
58. Forrest A. Nabors, *From Oligarchy to Republicanism: The Great Task of Reconstruction* (Columbia: University of Missouri Press, 2017).
59. この点に関しては、以下の文献の第4章とわたしの見解は異なる。Robert William Fogel, *Without Consent or Contract: The Rise and Fall of American Slavery* (New York: Norton, 1989).
60. Chief engineer's report, Memphis and Charleston Railroad Annual Report (1851), 14–15.
61. Nelson, *Iron Confederacies,* chap., 1; John Majewski, *A House Dividing: Economic Development in Pennsylvania and Virginia Before the Civil Wa*r (New York: Cambridge University Press, 2000).
62. データは以下からのもので、統計パッケージRを使って処理した。Steven Ruggles et al., *Integrated Public Use Microdata Series: Version 6.0 [dataset]* (Minneapolis: University of Minnesota, 2015), http://doi.org/10.18128/D010.V6.0R.
63. 歴史家たちは、いわゆる奴隷権力を、アメリカ政治における「偏執的スタイル」の一例として片付けてきた〔訳注：「奴隷権力」については、本文の118ページを参照〕。David Brion Davis, *The Slave Power Conspiracy and the Paranoid Style* (Baton Rouge: Louisiana State University Press, 1969).
64. Nabors, *From Oligarchy to Republicanism.*
65. 奴隷制の廃止が商人や製造業者を新生面に導いたことの意味合いに関しては以下を参照。Henry L. Swint, "Northern Interest in the Shoeless Southerner," *Journal of Southern History* 16, no. 4 (November 1950): 457–471.
66. 以下の論文にステープル理論の解説が記されている。Melville H. Watkins, "A Staple Theory of Economic Growth," *Canadian Journal of Economics and Political Science / Revue canadienne d'economique et de science politique* 29 (May 1963): 141–158.
67. Laurence Evans, "Bread and Politics: Civil Logistics and the Limits of Choice," in *Maritime Food Transport,* ed. Klaus Friedland (Cologne: Böhlau Verlag, 1994); Laurence Evans, "The Gift of the Sea: Civil Logistics and the Industrial Revolution," *Historical Reflections* 15, no. 2 (summer 1988): 361–415.
68. 以下の文献においてアラン・プレッドは、1860年から1914年にかけて特定の大都市のほうが小さな都市に比べて急速に成長する傾向が強かった理由を説明するうえで重要な変数として、情報流通を重視している。Allan Pred, *The Spatial Dynamics of U.S. Urban Industrial Growth, 1800–1914* (Cambridge, MA: Massachusetts Institute of Technology, 1966).
69. サイモン・クズネッツも同様のことを述べているが、この重要な地理的要素や主力商品という視点が欠けている。Simon Kuznets, "Economic Growth and Income Inequality," *American Economic Review* 45, no. 1 (March 1955): 1–28.
70. "Necessity of Immediate Attack on Russia," *Reynolds's Newspaper,* March 12, 1854.

University Press, 1987).

43. Sean Patrick Adams, "Soulless Monsters and Iron Horses: The Civil War, Institutional Change, and American Capitalism," in *Capitalism Takes Command: The Social Transformation of Nineteenth-Century America*, ed. Michael Zakim and Gary J. Kornblith (Chicago: University of Chicago Press, 2011); Gerald Berk, *Alternative Tracks: The Constitution of American Industrial Order, 1865–1916* (Baltimore: Johns Hopkins University Press, 1994).

44. スタントンおよびワトソンの鉄道会社との関係については以下の文献の第3章から第5章を参照。Benjamin P. Thomas and Harold M. Hyman, *Stanton: The Life and Times of Lincoln's Secretary of War* (New York: Alfred A. Knopf, 1962). 鉄道所有者はいつも意見が合うわけではなかった。スタントンの携わった初期の鉄道関連訴訟のなかに、ペンシルヴェニア鉄道の橋の封鎖に関わる事件があった。封鎖されれば、国有有料道路はエリー鉄道に対する優位性を得ることができた。

45. Elliot West, *The Contested Plains: Indians, Goldseekers, and the Rush to Colorado* (Lawrence: University Press of Kansas, 1998).

46. Laurence Evans, "Transport, Economics and Economists: Adam Smith, George Stigler, et al.," *International Journal of Maritime History* 5, no. 1 (June 1993): 203–219.

47. Scott Reynolds Nelson, *Iron Confederacies: Southern Railways, Klan Violence, and Reconstruction* (Chapel Hill: University of North Carolina Press, 1999), chap. 8.

48. Richard H. White, *Railroaded: The Transcontinentals and the Making of Modern America* (New York: Norton & Company, 2011); Charles Postel, *The Populist Vision* (New York: Oxford University Press, 2007); Bryant Barnes, "Fresh Fruit and Rotten Railroads: Fruit Growers, Populism, and the Future of the New South," *Agricultural History* 96, no.1-2 (2022): 54–90.

49. Ralph N. Traxler, "The Texas and Pacific Railroad Land Grants: A Comparison of Land Grant Policies of the United States and Texas," *Southwestern Historical Quarterly* 61, no. 3 (1958): 359–370.

50. Nelson, *A Nation of Deadbeats,* chap. 7.

51. 以下の文書の1852年8月14日の箇所。Hannibal & St. Joseph's Railroad Co. Records, Chicago Burlington & Quincy Papers, Newberry Library, Chicago, Illinois; Larson, *Bonds of Enterprise;* Nelson, *A Nation of Deadbeats.*

52. Robert R. Russel, *Improvement of Communication with the Pacific Coast as an Issue in American Politics, 1783–1864* (New York: Arno Press, 1981), 165–166.

53. Malavasic, *The F Street Mess.*

54. "Atchison's Speech," *Missouri Courier,* July 7, 1853; Perley Orman Ray, *The Repeal of the Missouri Compromise: Its Origin and Authorship* (Cleveland, OH: Arthur H. Clark Co., 1908), 80.

55. Nelson, *A Nation of Deadbeats,* chap. 7; Malavasic, *The F Street Mess.*

56. Eric Foner, *Free Soil, Free Labor, Free Men: The Ideology of the Republican Party*

1850–1896 (New York: Cambridge University Press, 2001). リチャード・フランクリン・ベンゼルは次の文献において、「競争的資本主義という市場経済」を論じつつも（32ページ）、ややこしいことに随所で「拡張主義的な産業資本主義」にも触れている（60ページ）。ただし、はっきりわかる形で共和党と穀物と鉄道とを結び付けているわけではない。Richard Franklin Bensel, *Yankee Leviathan: The Origins of Central State Authority in America* (New York: Cambridge University Press, 1990).

36. "David Dows," in *America's Successful Men of Affairs: An Encyclopedia of Contemporaneous Biography,* ed. Henry Hall (New York: New York Tribune, 1896), 200–203; "David Dows," *New York Times,* March 31, 1890; A[lexander] E[ctor] Orr, "To the Old Friends of David Dows This Short Sketch of His Active and Honorable Life Is Respectfully Dedicated, by A. E. Orr, Brooklyn, 1888," JohnShaplin, May 21, 2011, http://johnshaplin.blogspot.com/2011/05/david-dows.html.

37. 以下参照。ジョン・マリー・フォーブスからポール・フォーブスあての文書。1854年11月26日。Paul Siemen Forbes Papers, Forbes Family Papers, Harvard Baker Library Historical Collection, Cambridge, Massachusetts.

38. 「ラストワンマイル（最後の1マイル）物流」は交通の結節点から最終目的地まで物品を運ぶのに伴う費用に関わる概念だ。物流の専門家は発送地点とサプライチェーンをつなぐルートをファーストワンマイル（最初の1マイル）と呼ぶことがある。

39. この会社の名称は1860年から1868年のあいだに変わっている。当初、「ニューヨーク農産品取引会社」が購入した建物の2階または1階を「ニューヨーク商業協会」が借りていた。1868年、商業協会の名称はニューヨーク農産品取引所に変更された。そして1872年になると、ニューヨーク農産品取引所はニューヨーク農産品取引会社から建物を購入した。New York Produce Exchange, *Report of the New York Produce Exchange* (New York: New York Produce Exchange, [1873]), 17–18. 最後の1マイルは鉄道会社と現代のケーブル会社の成功を理解するうえでは欠かせない問題だ。どちらもシカゴのようなハブと、たとえば住宅や穀物店のような個々のユニットとを接続するインフラを建設している。鉄道がアメリカの経済成長にとって必要ではなかったと述べたロバート・フォーゲルは、まさにこの点について間違いを犯している。彼の反実仮想モデルはニューヨークとシカゴを結ぶ運河の上に成り立っているが、鉄道は運河に著しく依存していた。鉄道は運河の延びていない場所へのアクセスを提供することによって経済成長に貢献したのだ。Orr, "To the Old Friends of David Dows."

40. ここに挙げた人物は、連邦忠誠出版連合の財務委員だった。この連合はニューヨークに拠点を置く共和党系組織で、南北戦争中に共和党を支持する内容のパンフレットをもっぱら出版していた。

41. Larson, *Bonds of Enterprise*; Irene Neu, *Erastus Corning: Merchant and Financier, 1794–1872* (Ithaca, NY: Cornell University Press, 1960).

42. Nelson, *A Nation of Deadbeats,* chap. 8. 1857年の恐慌に際して銀行がとった方針に実業家たちが非難を浴びせたことについては以下を参照。James L. Houston, *The Panic of 1857 and the Coming of the Civil War* (Baton Rouge: Louisiana State

24. V. M. Karev, *Nemtsy Rossii* (Moscow: ERN, 1999), 1:451–452.
25. 小麦生産地における農奴制に制限をかける厳しい「財産規則」については以下を参照。Kornilov, *Modern Russian History,* 1: 262–265.
26. Louis Bernard Schmidt, "Westward Movement of the Wheat Growing Industry of the United States," *Iowa Journal of History and Politics* 18, no. 3 (July 1920): 396–412.
27. J. J. Holleman, "Does Cotton Oligarchy Grip South and Defy All Plans for Diversification and Relief?" *Atlanta Constitution,* September 27, 1914. 労働者の主人から地主への変遷については以下を参照。Gavin Wright, *Old South, New South: Revolutions in the Southern Economy Since the Civil War* (New York: Basic Books, 1986).
28. Sven Beckert, *Empire of Cotton: A Global History* (New York: Knopf, 2014)〔鬼澤忍ほか訳『綿の帝国』紀伊國屋書店、2022年〕.
29. Isaac A. Hourwich, *The Economics of the Russian Village* (New York: Columbia College, 1892).
30. Gates, "Frontier Estate Builders"; Kondratieff, *Rynok khlebov i ego regulirovanie vo vremia voiny i revoliutsii.*
31. ルーマニアの都市ガラツィを拠点とする穀物貿易については以下を参照。United Kingdom, Parliament, *Report by Her Majesty's Consuls on Manufactures and Commerce of Their Districts,* BPP-C.637 (1872), 1335–1340.
32. Alice Elizabeth Malavasic, *The F Street Mess: How Southern Senators Rewrote the Kansas-Nebraska Act* (Chapel Hill: University of North Carolina Press, 2017); Scott Reynolds Nelson, *A Nation of Deadbeats: An Uncommon History of America's Financial Disasters* (New York: Knopf, 2012); John Lauritz Larson, *Bonds of Enterprise: John Murray Forbes and Western Development in America's Railway Age* (Iowa City: University of Iowa Press, 2001).
33. アリエル・ロンによると、農業界によるこの大運動は草の根の取り組みだった。農民活動家が長い時間をかけてこの嘆願の一部を形にし、かれらの力がきわめて大きかったという点についてはわたしも同意見だが、この新政党の主要な金銭的支えになっていたのは交通男爵だと思う。Ariel Ron, *Grassroots Leviathan: Agricultural Reform and the Rural North in the Slaveholding Republic* (Baltimore: Johns Hopkins University Press, 2020).
34. ここでわたしが述べていることをロバート・シャーキー風に言うなら、共和党におけるウィリアム・ピット・フェッセンデン派がサディアス・スティーヴンズ派に影響力を及ぼしたということである。以下参照。Robert P. Sharkey, *Money, Class, and Party: An Economic Study of Civil War and Reconstruction* (Baltimore, MD: Johns Hopkins University Press, 1959)〔楠井敏朗訳『貨幣、階級および政党』多賀出版、1988年〕.
35. チャールズ・R・ビアードに続く進歩主義学派は、共和党のなかに産業ブルジョアジーの台頭を見た。その現代的解釈が以下の文献に認められる。Sven Beckert, *The Monied Metropolis: New York and the Consolidation of the American Bourgeoisie,*

を参照。Yakup Bektas, "The Crimean War as a Technological Enterprise," *Notes and Records: The Royal Society Journal of the History of Science* 71, no. 3 (September 20, 2017): 233–262. スクリュープロペラや郵便物輸送契約、過熱蒸気機関の重要性については以下を参照。Freda Harcourt, *Flagships of Imperialism: The P&O Company and the Politics of Empire from Its Origins to 1867* (New York: Manchester University Press, 2006). ジョン・ペンの過熱蒸気機関とジョン・エルダーの複式機関は船舶用複式機関の嚆矢である。船舶用複式機関の長い開発史に関しては次を参照。Crosbie Smith, *Coal, Steam and Ships: Engineering, Enterprise and Empire on the Nineteenth-Century Seas* (New York: Cambridge University Press, 2018). アンドルー・ジェーミソンは以下の文献において、過熱の効果が現れるのは圧力を上げ、廃蒸気を利用した場合であることがわかるまでに、何十年もかかったと述べている。Andrew Jamieson, *Text-book on Steam and Steam Engines* (London: Charles Griffin and Company, 1889).

17. Skrine, *The Expansion of Russia,* 162.
18. Parvus, *Türkiye'nin malî tutsaklığı,* trans. Muammer Sencer (1914; repr. İstanbul: May Yayınları, 1977), 29–32; Murat Birdal, *The Political Economy of Ottoman Public Debt: Insolvency and European Financial Control in the Late Nineteenth Century* (New York: I. B. Tauris, 2010).
19. Julius de Hagemeister, *Report on the Commerce of the Ports of New Russia, Moldavia, and Wallachia Made to the Russian Government in 1835* (London: Effingham Wilson, 1836). ハーゲマイスターはエカチェリーナの呼び寄せた外国人こそが最良の農民で、ドン・コサックは土地を無駄にしていると考えていた。「コサックたちの秩序のあり方自体が、あらゆる農業の追求に対する最大の障害になっている。農地の改良は個人所有によってのみ可能なことだが、かれらのあいだに根付いている財産の共有権のために、それは永遠に妨げられるに違いない」。
20. Steven L. Hoch, "The Banking Crisis, Peasant Reform, and Economic Development in Russia, 1857–1861," *American Historical Review* 96, no. 3 (1991): 795–820.
21. Hoch, "The Banking Crisis," 810–815.
22. しかし政府が地価の調査を行わなかったため、農奴解放の結末は実際のところもっと混沌としていた。農民の支払った金額があまりにも少ないこともあれば、多すぎることもあった。Alexander Polunov, *Russia in the Nineteenth Century: Autocracy, Reform, and Social Change, 1814–1914* (Armonk, NY: M. E. Sharpe, 2005), 90–96; Steven L. Hoch, "Did Russia's Emancipated Serfs Really Pay Too Much for Too Little Land? Statistical Anomalies and Long-Tailed Distributions," *Slavic Review* (2004): 247–274.
23. Paul W. Gates, "Frontier Estate Builders and Farm Laborers," in *The Jeffersonian Dream: Studies in the History of American Land Policy and Development,* ed. Allan G. Bogue and Margaret Beattie Bogue (Albuquerque: University of New Mexico Press, 1996); Nikolai D. Kondratieff, *Rynok khlebov i ego regulirovanie vo vremia voiny i revoliutsii* (1922; repr. Moscow: Nauka, 1991).

(Washington, DC: Government Printing Office, 1903), 28–30; Rubinow, *Russia's Wheat Surplus,* 45–50.

6. Alexander Kornilov, *Modern Russian History* (New York: Alfred A. Knopf, 1917), chap. 22; Ted Widmer, *Lincoln on the Verge: Thirteen Days to Washington* (New York: Simon & Schuster, 2020).
7. Francis Henry Skrine, *The Expansion of Russia* (Cambridge: Cambridge University Press, 1915), 149–150.
8. Skrine, *The Expansion of Russia,* 151. 以下の文献も参照。同書の第3章では、「イギリスの国益に対するロシアの脅威は些細なものだった」と述べられている。Orlando Figes, *The Crimean War: A History* (New York: Metropolitan Books, 2011).
9. Laurence Oliphant, *Russian Shores of the Black Sea in the Autumn of 1852* (London: William Blackwood and Sons, 1853), 36. アレクサンダー・キングレイクの記述からは、オリファントがエルギン伯爵ジェイムズ・ブルースの秘書でありながら素人スパイでもあったことがうかがえる。Alexander William Kinglake, *The Invasion of the Crimea: Its Origin, and an Account of Its Progress Down to the Death of Lord Raglan* (New York: Harper & Brothers, 1868), 2:57–60. クリミア戦争中には、オスマン帝国の陸軍元帥オマル・パシャに助言している。
10. C. W. S. Hartley, *A Biography of Sir Charles Hartley, Civil Engineer (1825–1915): The Father of the Danube* (Lewiston, NY: Mellen Press, 1989); "Danube, European Commission of the," in *Appletons' Annual Cyclopaedia and Register of Important Events* (New York: D. Appleton, 1884), 272–274.
11. Oliphant, *Russian Shores of the Black Sea in the Autumn of 1852,* 363.
12. オスマン帝国へのイギリスの肩入れが強まっていく過程については以下を参照。Frederick Stanley Rodkey, "Lord Palmerston and the Rejuvenation of Turkey, 1830–1841: Pt. 1, 1830–39," *Journal of Modern History* 1, no. 4 (December 1929): 570–593; and Frederick Stanley Rodkey, "Lord Palmerston and the Rejuvenation of Turkey, 1830–1841: Pt. 2, 1839–41," *Journal of Modern History* 2, no. 2 (June 1930): 193–225. ロドキーはオスマン帝国の「無法状態」を過大に記しているが、イギリスの経済的利害についての記述は的確だ。
13. 1845年から73年にかけての平均価格は1クオーターあたり53シリング2ペンスだった。John Kirkland, *Three Centuries of Prices of Wheat, Flour and Bread* (London: J. G. Hammond, 1917), 33–34.
14. "Free Trade Bread Riots," *Derby Mercury,* February 25, 1854; *[London] Standard,* January 11, 1854; John Burnett, *Plenty and Want: A Social History of Food in England from 1815 to the Present Day* (1966; repr. New York: Routledge, 2005), chaps. 2 and 7.
15. Mesut Uyar and Edward J. Erickson, *A Military History of the Ottomans: From Osman to Ataturk* (Santa Barbara, CA: ABC-CLIO, 2009).
16. 海戦については以下を参照。Eric J. Grove, *The Royal Navy Since 1815: A New Short History* (New York: Palgrave MacMillan, 2005), chap. 2. 補助金に関しては次

29. David Baguley, *Napoleon III and His Regime: An Extravaganza* (Baton Rouge: Louisiana State University Press, 2000).
30. André Liesse, *Evolution of Credit and Banks in France: From the Founding of the Bank of France to the Present Time,* 61st Cong., 2nd sess., Senate Document 522 (Washington, DC, 1909), pt. 2.
31. Theodore Zeldin, *"Ambition, Love and Politics": France, 1848–1945* (Oxford: Oxford University Press, 1973); Steven Soper, *Building a Civil Society: Associations, Public Life, and the Origins of Modern Italy* (Toronto: University of Toronto Press, 2013), chap. 4. 1845年以前の高級レストランについては次を参照。Rebecca Spang, *The Invention of the Restaurant: Paris and Modern Gastronomic Culture* (Cambridge, MA: Harvard University Press, 2000)〔小林正巳訳『レストランの誕生』青土社、2001年〕.
32. John M. Kleeberg, "The Disconto-Gesellschaft and German Industrialization" (PhD diss., University of Oxford, 1988); John C. Eckalbar, "The Saint-Simonians in Industry and Economic Development," *American Journal of Economics and Sociology* 38, no. 1 (1979): 83–96; Liesse, *Evolution of Credit and Banks in France.*
33. Kleeberg, "The Disconto-Gesellschaft."
34. Jacob Riesser, *The German Great Banks and Their Concentration,* 61st Cong., 2nd sess., Senate Document 593 (Washington, DC, 1911); "Emperor's Speech at the Opening of the Session," *[Dublin] Freeman's Journal,* February 16, 1853.

第5章　資本主義と奴隷制

1. Adolph Thiers, "Discours de M. Thiers sur le régime commercial de la France" (Paris: Paulin, L'Heureux, 1851); ギュスターヴ・ド・モリナーリはティエールの言葉を引き、この費用に検討を加えている。Gustave de Molinari, *Lettres sur la Russie* (Brussels and Leipzig: A. Lacroix, 1861).
2. 収穫量についての記述は以下の文献から。I. M. Rubinow, *Russian Wheat and Wheat Flour in European Markets,* Bulletin no. 66 (Washington, DC: US Department of Agriculture, Bureau of Statistics, 1908). アメリカの穀物収穫量は19世紀を通じて安定していた。次を参照。Giovanni Federico, *Feeding the World: An Economic History of Agriculture, 1800–2000* (Princeton, NJ: Princeton University Press, 2005).
3. Raj Patel and Jason W. Moore, *A History of the World in Seven Cheap Things: A Guide to Capitalism, Nature, and the Future of the Planet* (Oakland: University of California Press, 2017).
4. I. M. Rubinow, *Russia's Wheat Surplus: Conditions Under Which It Is Produced,* Bulletin no. 42 (Washington, DC: US Department of Agriculture, Bureau of Statistics, 1906); Alan L. Olmstead and Paul W. Rhode, "The Red Queen and the Hard Reds: Productivity Growth in American Wheat, 1800–1940," *Journal of Economic History* 62, no. 4 (December 2002): 929–966.
5. James A. Blodgett, "Relations of Population and Food Products in the United States"

“Dietary Change and Cereal Consumption in Britain in the Nineteenth Century,” *Agricultural History Review* 23, no. 2 (1975): 97–115; John Burnett, *Plenty and Want: A Social History of Food in England from 1815 to the Present Day* (1966; repr. New York: Routledge, 2005).

21. Naum Jasny, *Competition Among Grains* (Stanford, CA: Stanford University Press, 1940), 41–51.

22. Jonathan Pereira, “Triticum Vulgare,” in *The Elements of Materia Medica and Therapeutics* (Philadelphia: Blanchard and Lea, 1854), 2:119–125; Carr, *Necessity of Brown Bread.*

23. マックス・ルブナーは農夫パンを食べる都市労働者が減っていることに気付いたが、よいことだと認識していた。以下を参照。Max Rubner, “Über den Werth der Weizenkleie für die Ernährung des Menschen,” *Zeitschrift für Biologie* 19 (1883): 45–100. イギリスのパンをめぐる食習慣の変化については次を参照。Christian Peterson, *Bread and the British Economy, c. 1770–1870* (Brookfield, VT: Ashgate Publishing Co., 1995). オーストリア・ハンガリー帝国では、階級によるパンの違いが消えることはなかった。一例として以下を参照。“The Returned Veterans’ Fest in Salzburg,” *Hours at Home* (November 1869): 30–34.

24. Burnett, *Plenty and Want.*

25. Israel Helphand, *Technische Organisation der Arbeit (“Cooperation” und “Arbeitsheilung”)*: Eine Kritische Studie (Basel: University of Basel, 1891). 以下はこの時代の人口移動に関する動態調査として最良のものである。Leslie Page Moch, *Moving Europeans: Migration in Western Europe Since 1650* (Bloomington: University of Indiana Press, 2003), chap. 4. 本文中の産業化に関する地理的観点からの説明は次の文献に依拠している。Phillip Scranton, “Multiple Industrializations: Urban Manufacturing Development in the American Midwest, 1880–1925,” *Journal of Design History* 12, no. 1 (1999): 45–63. ヨーロッパの産業化と都市化に関する大半の説明は、残念ながらその大変化を安価な食糧のもたらした効果でなく、食糧の安値化の理由であるとしている。

26. Burnett, *Plenty and Want*; Charles H. Feinstein, “Pessimism Perpetuated: Real Wages and the Standard of Living in Britain During and After the Industrial Revolution,” *Journal of Economic History* 58, no. 3 (September 1998): 625–658; Roderick Floud et al., *Height, Health, and History: Nutritional Status in the United Kingdom, 1750–1980* (New York: Cambridge University Press, 1990); Simon Szreter and Graham Mooney, “Urbanization, Mortality, and the Standard of Living Debate: New Estimates of the Expectation of Life at Birth in Nineteenth-Century British Cities,” *Economic History Review* (1998): 84–112.

27. Blanchard Jerrold, *The Life of Napoleon III* (London: Longmans, Green and Company, 1882), 4:378.

28. 社会主義という言葉が19世紀にどのような使われ方をしていたかについて、アンディ・ジマーマンから教示を受けた。

Agro-ecosystems," *Annual Review of Phytopathology* 46, no. 1 (2008): 75–100.

2. Rebecca Earle, *Potato* (New York: Bloomsbury Academic, 2019).
3. William H. McNeill, "How the Potato Changed the World's History," *Social Research* 66, no. 1 (1999): 67–83.
4. P. M. Austin Bourke, "Emergence of the Potato Blight, 1843–1846," *Nature,* August 22, 1964, 805–808; Susan Goodwin et al., "Panglobal Distribution of a Single Clonal Lineage of the Irish Potato Famine Fungus," *Proceedings of the National Academy of Sciences* 91 (November 1994): 11591–11595.
5. "Foreign Grain Markets," *The Economist,* February 14, 1846; Jonathan Sperber, *The European Revolutions, 1848–1851* (New York: Cambridge University Press, 2005).
6. E. C. Large, *The Advance of the Fungi* (London: Jonathan Cape, 1949), 36.
7. "France," *[London] Daily News,* May 19, 1862.
8. Cecil Woodham-Smith, *The Great Hunger: Ireland, 1845–1849* (New York: Penguin Books, 1991).
9. Amartya Sen, *Poverty and Famines: An Essay on Entitlement and Deprivation* (New York: Oxford University Press, 1981)〔黒崎卓／山崎幸治訳『貧困と飢饉』岩波書店、2000年〕.
10. センはベンガル飢饉が抱えていた類似の問題を説明している。アイルランドの飢饉に関する文献の多くは、土地所有関係ではなく食糧の入手可能性に注目してきた。
11. Susan Elizabeth Fairlie, "Anglo Russian Grain Trade" (unpublished PhD diss., London School of Economics, 1959), 93–94.
12. J. C. Zadoks, "The Potato Murrain on the European Continent and the Revolutions of 1848," *Potato Research* 51 (2008): 5–45; Sperber, *The European Revolutions.*
13. 同時に、プロイセンやフランスなどの一部の国は穀物輸出の禁止にも及んでいる。Carl Johannes Fuchs, *Der englische Getreidehandel und seine Organisation* (Jena: Gustav Fischer, 1890), 11.
14. Fuchs, *Der Englische Getreidehandel,* 11.
15. Paul Bairoch, *Economics and World History: Myths and Paradoxes* (Chicago: University of Chicago Press, 1995), 21–22.
16. Graham L. Rees, *Britain's Commodity Markets* (London: Elek, 1972), chap. 6.
17. Gelina Harlaftis, *A History of Greek-Owned Shipping: The Making of an International Tramp Fleet, 1830 to the Present Day* (New York: Routledge, 1996); Fairlie, "Anglo-Russian Grain Trade"; Patricia Herlihy, "Russian Grain and Mediterranean Markets, 1774–1861" (unpublished PhD diss., University of Pennsylvania, 1963).
18. "The Prices and Stocks of Wheat in Europe," *The Economist,* March 9, 1850; Fairlie, "Anglo-Russian Grain Trade," 110.
19. Daniel C. Carr, *The Necessity of Brown Bread for Digestion, Nourishment, and Sound Health; and the Injurious Effects of White Bread* (London: Effingham Wilson, 1847).
20. Jack Magee, *Barney: Bernard Hughes of Belfast, 1808–1878, Master Baker, Liberal and Reformer* (Belfast: Ulster Historical Foundation, 2001); Edward J. T. Collins,

Canada, also, Annual Report of the Commerce of Montreal for 1869 (Montreal: Starke & Co., 1870).

31. John Antony Chaptal, *Chymistry Applied to Agriculture* (Boston: Hilliard, Gray & Co., 1839). この技術が1830年以降、どのように磨き上げられていったかについては以下を参照。 Francois Sigaut, “A Method for Identifying Grain Storage Techniques and Its Application for European Agricultural History,” *Tools and Tillage* 6, no. 1 (1988): 3–32.
32. Chaptal, *Chymistry Applied to Agriculture*; Charles Byron Kuhlmann, *The Development of the Flour Milling Industry in the United States with Special Reference to the Industry in Minneapolis* (Boston: Houghton Mifflin, 1929).
33. ダグラス・ノースが以下で述べているように、南部が中西部産の食糧に依存していたとわたしも考える。Douglass North, *The Economic Growth of the United States* (New York: Prentice Hall, 1961). だが次の文献は、この点に激しい反論を加えている。Robert E. Gallman, “Self-Sufficiency in the Cotton Economy of the Antebellum South,” *Agricultural History* 44, no. 1 (1970): 5–23; Sam Bowers Hilliard, *Hog Meat and Hoecake: Food Supply in the Old South, 1840–1860* (Carbondale: Southern Illinois University Press, 1972); Joe Francis, “King Cotton the Munificent: Slavery and (Under)development in the United States, 1789–1865” (working paper, April 2021), https:// joefrancis.info/pdfs/Francis_US_slavery.pdf.
34. Brysson Cunningham, *Cargo Handling at Ports: A Survey of the Various Systems in Vogue, with a Consideration of Their Respective Merits* (New York: Wiley and Sons, 1924).
35. Louis Adolph Thiers, *Discours de M. Thiers sur le régime commercial de la France* (Paris: Paulin, L'Heureux, 1851).
36. Steven Kaplan, *The Famine Plot Persuasion in Eighteenth-Century France* (Philadelphia: American Philosophical Society, 1982), chap. 2.
37. Monstuart E. Grant Duff, *Studies in European Politics* (Edinburgh: Edmonston and Douglas, 1866), 72.
38. ナポレオンによるヨーロッパでのこうした試みについて、アレクサンダー・ブクシュから教示を受けた。
39. Stanley Chapman, *Merchant Enterprise in Britain: From the Industrial Revolution to World War I* (New York: Cambridge University Press, 2004), 153–166.
40. Peter H. Lindert and Steven Nafziger, “Russian Inequality on the Eve of Revolution,” *Journal of Economic History* 74, no. 3 (2014): 767–798.

第4章　ジャガイモ疫病菌と自由貿易の誕生

1. フィトフトラ・インフェスタンスは寄生性卵菌である。最初は真菌と考えられていたが、細胞壁が（真菌や動物のように）キチンでつくられているのではなく（植物のように）セルロースでつくられているなど、卵菌類は多くの点で真菌とは異なる。Eva H. Stukenbrock and Bruce A. McDonald, “The Origins of Plant Pathogens in

20. Avner Offer, "Ricardo's Paradox and the Movement of Rents in England, c. 1870–1910," *Economic History Review* 33, no. 2 (1980): 236–252.
21. Melville H. Watkins, "A Staple Theory of Economic Growth," *Canadian Journal of Economics and Political Science / Revue canadienne d'economique et de science politique* 29 (May 1963): 141–158.
22. Timothy Pitkin, *A Statistical View of the Commerce of the United States of America, Including Also an Account of Banks, Manufactures, and Internal Trade and Improvements* (New Haven, CT: Durrie & Peck, 1835), 119–130.
23. アメリカの事例については以下を参照。Robin Einhorn, *American Taxation, American Slavery* (Chicago: University of Chicago Press, 2008).
24. アメリカで重商主義理論についてどのような調整がなされたかに関しては以下を参照。Johnson, "More Native Than French." 空間的な膨張については次を参照。Drew McCoy, *An Elusive Republic: Political Economy in Jeffersonian America* (Chapel Hill: University of North Carolina Press, 1980).
25. Hunter, "Wheat, War"; Rao, *National Duties;* Nelson, *A Nation of Deadbeats.*
26. Pitkin, *A Statistical View,* 108–118.
27. 「絶え間ない世話」については以下を参照。Alexis de Tocqueville, *Democracy in America* (New York: Colonial Press, 1899), 375〔松本礼二訳『アメリカのデモクラシー　第1巻・下』岩波書店、2005年。引用部分は山岡訳〕.「種をまき」「倉庫に搬入」に関しては次を参照。"Tobacco and Slavery," *Friend's Review* (June 6, 1857): 620; John J. McCusker and Russell R. Menard, *The Economy of British America, 1607–1789* (Chapel Hill: University of North Carolina Press, 1985). チェサピーク川上流域における奴隷制の衰退については以下を参照。Max Grivno, "'There Slavery Cannot Dwell': Agriculture and Labor in Northern Maryland" (unpublished PhD diss., University of Maryland, 2007). 奴隷を用いたヴァージニアの農場が穀物の収穫および製粉における技術イノベーションの源泉になったことに関しては次を参照。Daniel B. Rood, *The Reinvention of Atlantic Slavery: Technology, Labor, Race, and Capitalism in the Greater Caribbean* (New York: Oxford University Press, 2017). 奴隷制と穀物の関係については以下を参照。Carville Earle, *Geographical Enquiry and American Historical Problems* (Stanford, CA: Stanford University Press, 1991).
28. F. Lee Benns, "The American Struggle for the British West India Carrying Trade, 1815–1830," *Indiana University Studies* 10, no. 56 (1920): 1–207.
29. 数字は以下より。Pitkin, *A Statistical View,* 96–97, and L. P. McCarty, *Annual Statistician and Economist* (San Francisco, CA: LP McCarty, 1889), 199; Scott Reynolds Nelson, "The Many Panics of 1819," *Journal of the Early Republic* 40, no. 4 (2020): 721–727.
30. ジョナサン・B・ロビンソンのロバート・ウィルモットに対する答弁、1822年1月27日。*Journal and Proceedings of the Legislative Council of the Province of Upper Canada [4th session, 8th Provincial Parliament, beginning 1821],* 98–103; William J. Patterson, *Statements Relating to the Home and Foreign Trade of the Dominion of*

11. Esad, *Destruction des Janissaires,* 32–36; Virginia H. Aksan, A*n Ottoman Statesman in War and Peace: Ahmed Resmi Efendi, 1700–1783* (Leiden: J. H. Brill, 1995), 141–143; Ali Yaycioglu, *Partners of the Empire: The Crisis of the Ottoman Order in the Age of Revolutions* (Stanford, CA: Stanford University Press, 2016), 36–38; William C. Fuller, *Strategy and Power in Russia, 1600–1914* (New York: Simon & Schuster, 1998), 139–176; Hew Strachan, *European Armies and the Conduct of War* (New York: Routledge, 2005), 32–33. 17世紀オスマン帝国と効率性という問題に関しては以下を参照。Rhoads Murphey, *Ottoman Warfare, 1500–1700* (New Brunswick, NJ: Rutgers University Press, 1999).
12. John T. Alexander, *Bubonic Plague in Early Modern Russia: Public Health and Urban Disaster* (New York: Oxford University Press, 2003).
13. Virginia Aksan, *Ottoman Wars: 1700–1870: An Empire Besieged* (New York: Routledge, 2007), 151–154; Davies, *Russo-Turkish War,* 103, 145; M. Şükrü Hanioğlu, *A Brief History of Late Ottoman Empire* (Princeton, NJ: Princeton University Press, 2008), 44–45; Christopher Duffy, *Russia's Military Way to the West: Origins and Nature of Russian Military Power, 1700–1800* (New York: Routledge, 2015), 170–178; Christopher Duffy, *The Fortress in the Age of Vauban and Frederick the Great, 1600–1789* (New York: Routledge, 2015), 2:244–247; M. Gustave de Molinari, *Lettres sur la Russie* (Brussels and Leipzig: A. Lacroix, 1861), 234–235; Kelly O'Neill, *Claiming Crimea: A History of Catherine the Great's Southern Empire* (New Haven, CT: Yale University Press, 2017).
14. O'Neill, *Claiming Crimea.*
15. Patricia Herlihy, "Port Jews of Odessa and Trieste: A Tale of Two Cities," *Odessa Recollected: The Port and the People* (Brighton, MA: Academic Studies Press, 2018), 196–208; William H. McNeill, *Europe's Steppe Frontier, 1500–1800* (Chicago: University of Chicago Press, 1964); Alexander, *Bubonic Plague.*
16. Harold C. Hinton, "The Grain Tribute System of the Ch'ing Dynasty," *Far Eastern Quarterly* 11, no. 3 (1952): 339–354; Seung-Joon Lee, "Rice and Maritime Modernity: The Modern Chinese State and the South China Sea Rice Trade," in *Rice: Global Networks and New Histories,* ed. Francesca Bray et al., 99–117 (New York: Cambridge University Press, 2015).
17. Patricia Herlihy, *Odessa: A History, 1794–1914* (Cambridge, MA: Harvard University Press, 1986).
18. 英訳は以下より。Timothy John Binyon, *Pushkin: A Biography* (New York: Vintage, 2007), 154.
19. Brooke Hunter, "Wheat, War, and the American Economy During the Age of Revolution," *William and Mary Quarterly* 62, no. 3 (2005): 505–526; Gautham Rao, *National Duties: Custom Houses and the Making of the American State* (Chicago: University of Chicago Press, 2016); Scott Reynolds Nelson, *A Nation of Deadbeats: An Uncommon History of America's Financial Disasters* (New York: Knopf, 2012).

第3章　重農主義的な膨張

1. イギリスもまた自由貿易を信奉していないとエカチェリーナは考えていた。なぜなら、イギリスは毎年関税を調整して海軍の強化や特定産業の振興を図っていたからだ。以下参照。William E. Butler and Vladimir A. Tomsinov, *Nakaz of Catherine the Great: Collected Texts* (Clark, NJ: Lawbook Exchange Ltd., 2010).
2. Richard Pipes, "Private Property Comes to Russia: The Reign of Catherine II," *Harvard Ukrainian Studies* 22 (1998): 431–442. パイプスによると、農奴と奴隷の違いは、奴隷主が国際市場向けに生産していたのに対し、農奴主が地元での消費のために生産した点にあるという。後段で見るように、これは事実に反する。とくに川の近くや、黒い道の近辺、黒海の沿岸に住む農奴主についてはまったく当てはまらない。歴史家のセドリック・ロビンソンは以下の著作で、これまで奴隷制と農奴制の違いが強調されすぎていたと論じている。Cedric Robinson, *Black Marxism: The Making of the Black Radical Tradition* (Chapel Hill: University of North Carolina Press, 1983).
3. その一部はエカチェリーナが正教会から没収した土地である。
4. もっとも、革命期のフランス政府はアッシニアの扱いが稚拙で、急激なインフレーションを引き起こし、総裁政府やテロを招く結果になったのだが。
5. Marianne Johnson, "'More Native Than French': American Physiocrats and Their Political Economy," *History of Economic Ideas* 10, no. 1 (2002): 15–31.
6. Marten Gerbertus Buist, *At Spes non Fracta: Hope & Co. 1770–1815* (The Hague: Martinus Nijhoff, 1974); John Brewer, *The Sinews of Power: War, Money, and the English State, 1688–1783* (New York: Routledge, 1989)〔大久保桂子訳『財政=軍事国家の衝撃』名古屋大学出版会、2003年〕.
7. Esad, *Destruction des Janissaires,* 115.
8. 以下の文献では、ロシアの戦闘序列や戦術における変革に力点が置かれてはいるものの、ロシアとオスマンの軍事補給について丁寧な分析がなされている。Brian L. Davies, *The Russo-Turkish War, 1768–1774: Catherine II and the Ottoman Empire* (New York: Bloomsbury, 2016). 1793年にセリム3世は穀物の公定価格を廃止して穀物庁を設け、そこで柔軟な（rayic）価格設定を行った。ただし、独占を停止することはなかった。Seven Ağir, "The Evolution of Grain Policy: The Ottoman Experience," *Journal of Interdisciplinary History* 43, no. 4 (2013): 571–598.
9. Esad, *Destruction des Janissaires,* 115.
10. 軍事作戦が失敗したのち、イスタンブールの大麦管理官（arpa emini）に代わり穀物庁が設置された。そして一時期、穀物の公定価格は停止され、価格は交渉によって変動した。オスマン帝国における穀物供給に関しては以下を参照。Ağir, "The Evolution of Grain Policy." オスマン帝国軍の使用していた金融手段については次を参照。Sevket Pamuk, "The Evolution of Financial Institutions in the Ottoman Empire, 1600–1914," *Financial History Review* 11, no. 1 (2004): 7–32. オスマン軍では比較的融通のきくスフタジャというものも使われていたかもしれないが、手形ほど使いやすくはなかった。Esad, *Destruction des Janissaires,* 115.

Diseases Journal 8, no. 9 (September 2002): 971–975. 考えうるほかの感染ルートについては以下を参照。Monica H. Green, “Taking ‘Pandemic’ Seriously: Making the Black Death Global,” in *Pandemic Disease in the Medieval World: Rethinking the Black Death,* ed. M. H. Green (Kalamazoo, MI: Arc Medieval Press, 2014).

21. Monica H. Green, “The Four Black Deaths,” *American Historical Review* 125, no. 5 (2020): 1601–1631.

22. Fernand Braudel, *Civilization and Capitalism, 15th–18th Century, vol. 2: The Wheels of Commerce* (New York: Harper & Row, 1982)〔山本淳一訳『物質文明・経済・資本主義 15-18世紀 交換のはたらき　II-1・II-2』みすず書房、1986-1988年〕; Parvus, “Der Weltmarkt und die Agrarkrisis,.” *Die Neue Zeit*において1895年11月から1896年3月まで、10回に分けて連載された。

23. ヴェネツィアの中央銀行業については以下を参照。Stefano Ugolini, *The Evolution of Central Banking: Theory and History* (London: Palgrave Macmillan UK, 2017), 37–43. 手形に関しては次を参照。Sergii Moshenskyi, *History of the Wechsel, Bill of Exchange, and Promissory Note* (Bloomington, IN: Xlibris Corp., 2008).

24. Fariba Zarinebaf, *Crime and Punishment in Istanbul: 1700–1800* (Berkeley: University of California Press, 2010), 82.

25. Felicity Walton, “Ulster Milling Through the Years,” in *A Hundred Years A-milling: Commemorating an Ulster Mill Centenary,* ed. William Maddin Scott, 125–131 (Dundalk: Dundalgan Press, 1956); Brinley Thomas, “Escaping from Constraints: The Industrial Revolution in a Malthusian Context,” *Journal of Interdisciplinary History* 15, no. 4 (1985): 729–753.

26. [Mehmed Esad Efendi] in A. P. Caussin de Perceval, trans., *Précis historique de la destruction du corps des Janissaires par le sultan Mahmoud* (Paris, 1833), 2. 以下、Esad, *Destruction des Janissaires*と略記。

27. Alan L. Olmstead and Paul W. Rhode, “The Red Queen and the Hard Reds: Productivity Growth in American Wheat, 1800–1940,” *Journal of Economic History* 62, no. 4 (December 2002): 929–966; Wilfred Malenbaum, *The World Wheat Economy, 1885–1939* (Cambridge, MA: Harvard University Press, 1953).

28. ドニエストル川は南に流れているので、右岸は西側となる。

29. Martin Małowist, *Western Europe, Eastern Europe and World Development, 13th–18th Centuries: Collection of Essays of Marian Małowist* (Chicago: Haymarket Books, 2012); cf. Robert I. Frost, *The Oxford History of Poland-Lithuania, vol. 1: The Making of the Polish-Lithuanian Union, 1385–1569* (New York: Oxford University Press, 2018), 242–261; Cyrus Hamlin, “The Dream of Russia,” *The Atlantic* 58 (December 1886): 771–782.

30. Karen Barkey and Mark von Hagen, eds., *After Empire: Multiethnic Societies and Nation-Building* (Boulder, CO: Westview Press, 1997).

アンノーナと軍による徴発については以下を参照。Erdkamp, *The Grain Market in the Roman Empire.* Peter Brown, *Through the Eye of a Needle: Wealth, the Fall of Rome, and the Making of Christianity in the West, 350–550 AD* (Princeton, NJ: Princeton University Press, 2012), chap. 1.

11. *Procopius, with an English Translation by H. B. Dewing,* ed. and trans. H. B. Dewing (New York: Macmillan, 1914), 1: 464–469. ヨーロッパと東方世界との交易が、いつ、なぜ、どの程度縮小したのかという難題については以下を参照。Michael McCormick, *Origins of the European Economy: Communications and Commerce, AD 300–900* (Cambridge: Cambridge University Press, 2001). マコーミックは交易の減少が紀元550年頃に始まり、700年頃に底を打ったと述べている。ヨーロッパ側の嗜好が、交易減少の要因に数えられるかもしれないという。8世紀以降のアラブの陸上および水上交易は、商業の衰退というより、むしろ商業の台頭と連動していた。
12. J. H. W. G. Liebeschuetz, *Decline and Fall of the Roman City* (Oxford : Oxford University Press, 2001); Lester K. Little, "Life and Afterlife of the First Plague Pandemic," in *Plague and the End of Antiquity: The Pandemic of 541–750,* ed. Lester K. Little (New York: Cambridge University Press, 2007). アラン・ストックレーは以下の文献においてこのように述べている。ユスティニアヌスのペストは、古代ローマやフランク、ガリアの儀礼といった互いに競合する儀礼の正しさを証明する試金石であり、それらの儀礼がマリア信仰や、カペー朝の王が病人に触れると治癒するという考えなどの、キリスト教的な伝統へと変わっていった。Alain Stoclet, "Consilia humana, ops divinia, superstitio: Seeking Succor and Solace in Times of Plague, with Particular Reference to Gaul in the Early Middle Ages," in *Little, Plague and the End of Antiquity.* アッバース朝では世俗的なウマイヤ朝に比べてイスラムの伝統が強くなったことから、前述のものと同様の正統化プロセスがあったように思われる。
13. Jack Goody, *Islam in Europe* (Malden, MA: Polity Press, 2004).
14. Schoff, *The Periplus of the Erythraean Sea.*
15. Florin Curta, *The Making of the Slavs: History and Archaeology of the Lower Danube Region, ca. 500–700* (New York: Cambridge University Press, 2001), chap. 4; Jonathan Shepard, *The Cambridge History of the Byzantine Empire, c. 500–1492* (New York: Cambridge University Press, 2008), 324–327.
16. George Vernadsky, *The Origins of Russia* (Oxford: Clarendon Press, 1959), 242–263. 聖母マリアの話は、ビザンティンのルーシに対する戦勝（860-861年）を意味するものなのかもしれないとヴェルナツキーは述べている（213-226ページ）。
17. Nicholas V. Riasanovsky, *A History of Russia,* 6th ed. (New York: Oxford University Press, 2000).
18. Heinrich Eduard Jacob, *Six Thousand Years of Bread: Its Holy and Unholy History* (Garden City, NY: Doubleday, Doran, 1944).
19. R. E. F. Smith and David Christian, *Bread and Salt: A Social and Economic History of Food and Drink in Russia* (New York: Cambridge University Press, 1984).
20. Mark Wheelis, "Biological Warfare at the 1346 Siege of Caffa," *Emerging Infectious*

15. Brent Shaw, *Bringing in the Sheaves: Economy and Metaphor in the Roman World* (Toronto: University of Toronto Press, 2013).
16. James C. Scott, *Against the Grain: A Deep History of the Earliest States,* Yale Agrarian Studies (New Haven, CT: Yale University Press, 2017)〔立木勝訳『反穀物の人類史』みすず書房、2019年〕.
17. Parvus, "Türkische Wirren," *Sächsische Arbeiter-Zeitung,* September 10, 1896.

第2章　コンスタンティノープルの門

1. David W. Tandy, *Warriors into Traders: The Power of the Market in Early Greece* (Berkeley: University of California Press, 1997); Neal Ascherson, *Black Sea* (New York: Hill & Wang, 1996); [Pseudo-Aristotle], *Oeconomica,* trans. E. S. Forster (New York: Oxford University Press, 1920), Book II.2〔山本光雄／村川堅太郎訳『アリストテレス全集　15』岩波書店、1969年〕.
2. Ernst Kapp, *Philosophische oder vergleichende allgemeine Erdkunde als wissenschaftliche Darstellung der Erdverhältnisse und des Menschenlebens* (Braunschweig: G. Westerman, 1845); Lionel Casson, *Ships and Seafaring in Ancient Times* (Austin: University of Texas Press, 1994), chap. 9.
3. Lionel Casson, *Ancient Trade and Society* (Detroit, MI: Wayne State University Press, 1984).
4. Horace, *Epistles,* 2.1.156〔高橋宏幸訳『書簡詩』講談社、2017年〕.
5. O. S. Khokhlova et al., "Paleoecology of the Ancient City of Tanais (3rd Century BC–5th Century AD) on the North-Eastern Coast of the Sea of Azov (Russia)," *Quaternary International* 516 (May 2019): 98–110; Askold Ivantchik, "Roman Troops in the Bosporus: Old Problem in the Light of a New Inscription Found in Tanais," *Ancient Civilizations from Scythia to Siberia* 20, no. 2 (July 2014): 165.
6. Bettany Hughes, *Istanbul: A Tale of Three Cities* (New York: Hachette Book Group, 2017).
7. Paul Erdkamp, *The Grain Market in the Roman Empire: A Social, Political and Economic Study* (Cambridge: Cambridge University Press, 2005).
8. William Lynn Westermann, "Warehousing and Trapezite Banking in Antiquity," *Journal of Economic and Business History* 3, no. 1 (1930–1931): 30–54; Jason Roderick Donaldson, Giorgia Piacentino, and Anjan Thakor, "Warehouse Banking," *Journal of Financial Economics* 129, no. 2 (2018): 250–267.
9. Anna Komnene, *The Alexiad,* trans. E. R. A. Sewter (New York: Penguin Books, 1969), chap. 6〔相野洋三訳『アレクシアス』悠書館、2019年〕. ディオニュソスとホルムズ海峡との結び付きに関しては以下の文献の2–34ページ（本文）と130–133ページ（脚注）を参照。 Wilfred H. Schoff, ed. and trans., *The Periplus of the Erythraean Sea: Travel and Trade in the Indian Ocean by a Merchant of the First Century* (New York: Longmans, Green & Co., 1912).
10. この点に関してはジェイミー・クライナーに深謝申し上げる。穀物供給の2つの方法、

6. Ernst Kapp, *Philosophische oder vergleichende allgemeine Erdkunde als wissenschaftliche Darstellung der Erdverhältnisse und des Menschenlebens* (Braunschweig: G. Westerman, 1845).
7. この点についてはキース・ホプキンズによる次の古典的論文に依拠している。Keith Hopkins, "Taxes and Trade in the Roman Empire (200 B.C.–A.D. 400)," *Journal of Roman Studies* 70 (1980): 101–125.
8. Thomas J. Booth, "A Stranger in a Strange Land: A Perspective on Archaeological Responses to the Palaeogenetic Revolution from an Archaeologist Working Amongst Palaeogeneticists," *World Archaeology* 51, no. 4 (2019): 586–601.
9. Andrew Sherratt, "Diverse Origins: Regional Contributions to the Genesis of Farming," in *The Origins and Spread of Domestic Plants in Southwest Asia and Europe,* ed. Sue College and James Conolly (Walnut Creek, CA: Left Coast Press, 2007), 1–20.
10. Mancur Olson, "Dictatorship, Democracy, and Development," *American Political Science Review* 87, no. 3 (1993): 567–576. わたしはオルソンの発展段階論的な主張を支持することはできないが、「定住型の盗賊」という用語は、この変化を理解するのに役立つ。
11. Thomas Carlyle, *History of Friedrich II of Prussia, Called Frederick the Great* (London: Chapman & Hall, 1894), 3:83.
12. このような料金は「連携化」のための費用と呼ばれることもあった。General Assembly, Rhode Island, "An Act to Prevent Monopoly and Oppression, by excessive and unreasonable prices for many of the necessaries and conveniences of life, and for preventing engrossers, and for the better supply of our troops in the army with such necessaries as may be wanted," *Acts and Resolves at the General Assembly of the State of Rhode Island* (Providence: General Assembly, 1777), 18.
13. 相互関係については次を参照。UN Economic Commission for Europe (UNECE), "Assisting Countries to Monitor the Sustainable Development Goals: Tonne-Kilometres," UNECE, https://unece.org/DAM/trans/main/wp6/pdfdocs/SDG_TKM_paper.pdf (2021年7月27日にアクセス). 経済成長がもたらす「輸送の強度」は、温室効果ガスの排出との関連で懸念されている。Ana Alises, Jose Manuel Vassallo, and Andrés Felipe Guzmán, "Road Freight Transport Decoupling: A Comparative Analysis Between the United Kingdom and Spain," *Transport Policy* 32 (March 2014): 186–193; Jan Havenga, "Quantifying Freight Transport Volumes in Developing Regions: Lessons Learnt from South Africa's Experience During the 20th Century," *Economic History of Developing Regions* 27, no. 2 (December 2012): 87–113; Theresa Osborne et al., "What Drives the High Price of Road Freight Transport in Central America?" (World Bank Policy Research Working Paper 6844, April 2014).
14. Heinrich Eduard Jacob, *Six Thousand Years of Bread: Its Holy and Unholy History* (Garden City, NY: Doubleday, Doran, 1944), 23–34; Elizabeth A. Warner, *The Russian Folk Theatre* (Boston: De Gruyter, Inc., 1977), 27–28.

114. ショーによる記事は、以下についての論評である。Chris Wickham, *Framing the Early Middle Ages: Europe and the Mediterranean, 400–800* (New York: Oxford University Press, 2005).

10. Zbyněk Anthony Bohuslav Zeman and Winfried B. Scharlau, *The Merchant of Revolution: The Life of Alexander Israel Helphand (Parvus), 1867–1924* (New York: Oxford University Press, 1965)〔蔵田雅彦／門倉正美訳『革命の商人 パルヴスの生涯』風媒社、1971年〕; Boris Chavkin, "Alexander Parvus: Financier der Weltrevolution," *Forum für Osteuropäische Ideen-und Zeitgeschichte* 11, no. 2 (2007): 31–58; M. Asim Karaömerlioglu, "Helphand-Parvus and His Impact on Turkish Intellectual Life," *Middle Eastern Studies* 40, no. 6 (2004): 145–165. ほかの子どもたちや愛人については、ロシアの一般向け歴史雑誌で取り上げられている。以下参照。Vadim Erlikhman, "Doktor Parvus, Kuklovod Revolyutsia," *Rodina* (March 2015); Elisabeth Heresch, *Geheimakte Parvus: die gekaufte Revolution* (München: Herbig, 2013).

第1章　黒い道

1. クワス愛国心という言葉が最初に使われたのは以下の文献のなかであった。P. A. Vyazemsky, "Letter from Paris to S. D. Poltoratsky," *Moscow Telegraph*, 1827. 次を参照。Alexandra Vasilyevna Tikhomirova, "'Lapotno-kvasnoy patriotizm' i 'Rus poskonnaya': k voprosu o russkikh natsionalnykh predmetnykh simvolakh," *Antropologicheskiy Forum* 18 (2013): 334–339; R. E. F. Smith and David Christian, *Bread and Salt: A Social and Economic History of Food and Drink in Russia* (New York: Cambridge University Press, 1984), 77–79〔鈴木健夫ほか訳『パンと塩』平凡社、1999年〕; Carolyn Johnston Pouncy, *The "Domostroi": Rules for Russian Households in the Time of Ivan the Terrible* (Ithaca, NY: Cornell University Press, 2014).
2. Amaia Arranz-Otaegui et al., "Archaeobotanical Evidence Reveals the Origins of Bread 14,400 Years Ago in Northeastern Jordan," *PNAS* 31 (2018): 7925–7930.
3. 未来の危険への備えを子どもに学ばせるに当たって神話が果たす役割について、ポール・W・マップから教示を受けた。F・M・コーンフォードは以下の文献において、この歌が越夏貯蔵と秋植えに触れたものであることを論じている。F. M. Cornford, "The Aparxai and the Eleusinian Mysteries," in *Essays and Studies Presented to W. Ridgeway*, ed. E. C. Quiggin, 153–166 (Cambridge: Cambridge University Press, 1913). 歌の英訳については、おもに次を引用した。Helene P. Foley, ed., *The Homeric Hymn to Demeter: Translation, Commentary, and Interpretive Essays* (Princeton, NJ: Princeton University Press, 1994).
4. Ivan Jakovlevich Rudchenko, *Chumatskia Narodnya Pyesni* (Kiev: M. P. Fritsa, 1874).
5. Rudchenko, *Chumatskia Narodnya Pyesni*; M. Gustave de Molinari, *Lettres sur la Russie* (Brussels and Leipzig: A. Lacroix, 1861), 235–256. 中世における黒海からの輸出については以下を参照。William H. McNeill, *Europe's Steppe Frontier, 1500–1800* (Chicago: University of Chicago Press, 1964), chap. 2.

原　注

はじめに

1. Scott Reynolds Nelson, "The Real Great Depression," *Chronicle of Higher Education*, October 1, 2008, www.chronicle.com/article/the-real-great-depression. それから数週間にわたり、この記事はペルー（*La Republica*, October 2, 2008）、スペイン（*Cotizalia*, October 7, 2008）、カナダ（*Le Devoir*, October 8, 2008）、ハンガリー（*Portfolio*, October 13, 2008）、イタリア（*Il Foglio*, October 15, 2008）、スイス（*Weltwoche*, October 15, 2008）、ギリシャ（*Elefthrotypia*, October 26, 2008）で翻訳された。
2. 国際貿易取引通貨のシフトは比較的地味だった。2009年4月、中国のシンクタンクが、世界銀行や国際通貨基金（IMF）は欧米の影響下にあるとして、それに代わる中央銀行の設立を提案。これがのちにアジアインフラ投資銀行（AIIB）になった。その後、ロシアやヨーロッパ、中東、アフリカまでを鉄道でつなぐ「経済回廊」の一帯一路にかなりの資金が投下された。このプロジェクトへの対外融資はそのほとんどが、ドル建てやユーロ建てでなく人民元建てで行われた。人民元建ての国際取引は2015年に2兆元のピークをつけたが、株式市場の混乱が起きて減少した。Elcano Royal Institute, "Renminbi Internationalization: Stuck in Mid-River, for Now—Analysis," *Eurasia Review*, July 9, 2018, https://www.eurasiare view.com/09072018-renminbi-internationalization-stuck-in-mid-river-for-now-analysis.
3. Scott Reynolds Nelson, *A Nation of Deadbeats: An Uncommon History of America's Financial Disasters* (New York: Knopf, 2012).
4. "Let Them Eat Baklava," *The Economist*, March 17, 2012, www.economist.com/middle-east-and-africa/2012/03/17/let-them-eat-baklava.
5. オデーサ商工委員会の覚書、1873年。以下に英訳あり。UK Parliament, *Reports from H.M. Consuls on Manufactures and Commerce of Their Consular Districts*, BPP-C.1427 (1876), 438–439.
6. Parvus, "Der Weltmarkt und die Agrarkrisis." *Die Neue Zeit*において1895年11月から1896年3月まで、10回に分けて連載された。
7. Israel Helphand, *Technische Organisation der Arbeit ("Cooperation" und "Arbeitsheilung"): Eine Kritische Studie* (Basel: University of Basel, 1891), 30–34.
8. Helphand, *Technische Organisation Der Arbeit*; Parvus, "Der Weltmarkt und die Agrarkrisis," *Die Neue Zeit* 14 (November 1895): 197ff.
9. Parvus, *Die Kolonialpolitik und der Zusammenbruch* (Leipzig: Verlag der Leipziger Buchdruckerei Aktiengesellschaft, 1907), 78ff; この点は、クリス・ウィッカムの主張に関するブレント・ショーの論評と部分的に類似している。ウィッカムによれば、中世に特徴的な、小地域を土台とする騎士階級の形成においては、帝国の租税構造よりも交易における変化のほうが重要であるという。Brent D. Shaw, "After Rome: Transformations of the Early Mediterranean World," *New Left Review* 51 (2008): 89–

■マ行

■ヤ行

■ラ・ワ行

■ナ行

■ハ行

■タ行

■サ行

■カ行

索　引

■数字・欧文

■ア行

著者

スコット・レイノルズ・ネルソン（Scott Reynolds Nelson）

ジョージア大学歴史学部教授，ジョージア大学アスレティック・アソシエーション歴史学教授。ニューベリー図書館（シカゴ）やハーバード大学の研究員などを経て現職。2019～2020年グッゲンハイム・フェロー。マール・カーティ社会史賞（Merle Curti Social History Award），全米芸術表現賞（National Award for Arts Writing）を受賞した *Steel Drivin' Man: John Henry, the Untold Story of an American Legend*など5点の著書がある。米国ジョージア州アセンズ在住。

訳者

山岡 由美（やまおか・ゆみ）

翻訳家。出版社勤務を経て翻訳業に従事。主な訳書に，ゴールドマン『ノモンハン1939』，フォン・グラン『中国経済史』（以上みすず書房），張彧暋『鉄道への夢が日本人を作った』，ジョンソン『世界を変えた「海賊」の物語』（以上朝日新聞出版），ゴードン『アメリカ経済 成長の終焉 上・下』（共訳 日経BP），ブルネルマイヤー『レジリエントな社会』（共訳 日本経済新聞出版）。

穀物の世界史――小麦をめぐる大国の興亡

2023年10月13日　1版1刷

著　者	スコット・レイノルズ・ネルソン
訳　者	山岡由美
発行者	國分正哉
発　行	株式会社日経BP 日本経済新聞出版
発　売	株式会社日経BPマーケティング 〒105-8308　東京都港区虎ノ門4-3-12
装　幀	村松道代（タオハウス）
本文DTP	マーリンクレイン
印刷・製本	シナノ印刷

ISBN978-4-296-11535-8　Printed in Japan

本書籍に関するお問い合わせ、ご連絡は右記にて承ります。https://nkbp.jp/booksQA